丽水市生物多样性本底调查

遂昌卷

雷金松　主编

中国环境出版集团·北京

图书在版编目（CIP）数据

丽水市生物多样性本底调查. 遂昌卷 / 雷金松主编
-- 北京 : 中国环境出版集团, 2024.11
ISBN 978-7-5111-5811-6

Ⅰ. ①丽… Ⅱ. ①雷… Ⅲ. ①生物多样性－调查研究
－遂昌县 Ⅳ. ①Q16

中国国家版本馆CIP数据核字(2024)第040475号

责任编辑 丁莞歆
封面设计 宋 瑞

出版发行 中国环境出版集团
（100062 北京市东城区广渠门内大街 16 号）
网 址：http://www.cesp.com.cn
电子邮箱：bjgl@cesp.com.cn
联系电话：010-67112765（编辑管理部）
发行热线：010-67125803，010-67113405（传真）
印 刷 玖龙（天津）印刷有限公司
经 销 各地新华书店
版 次 2024 年 11 月第 1 版
印 次 2024 年 11 月第 1 次印刷
开 本 880×1230 1/16
印 张 13.75
字 数 390 千字
定 价 109.00 元

序言

丽水是华东地区重要的生态屏障，拥有无与伦比的生态优势。为了保护好这一生态屏障，实现其生态功能稳定发挥，乃至进一步提升其生态功能，创造未来的生物产业，发挥其生态、经济和社会效益，就必须阐明其生态优势产生的根基是什么、构成生态功能的生物多样性的物种是哪些、是什么样的生态系统将这些物种组成和谐的生命共同体、如何才能保障其生态功能的可持续发挥等科学问题。丽水市生态环境局联合生态环境部南京环境科学研究所等 50 余家单位的科技工作者开展了这一系列的相关研究，取得了丰硕的科研成果，汇集了“丽水市生物多样性本底调查”系列图书。

丽水全域内海拔 1 000 m 以上的山峰有 3 573 座，森林覆盖率高达 81.7%，生态环境状况指数已连续 18 年位居全省第一，被称为“中国生态第一市”，也素有“江南秘境”“浙江绿谷”“天然氧吧”等美誉。良好的生态环境孕育了丰富的生物物种资源，丽水作为全国 32 个陆地生物多样性保护优先区之一，其物种多样性居全省之冠，是名副其实的生物宝库。

生物多样性是人类可持续发展的基础，是地球生命共同体的血脉和根基。生物多样性保护是一项浩大而复杂的生态工程，不仅需要多学科专家的合作，也需要政府与民间的共同努力，令人庆幸的是，当下人们越来越重视生物多样性保护。作为“绿水青山就是金山银山”理念的重要萌发地和先行实践地，丽水始终坚持“生态优先，绿色发展”这一核心战略，一以贯之地推进生物多样性保护工作，开展了一系列创新探索：高站位谋划，编制了《丽水市生物多样性保护与可持续利用发展规划（2020—2035 年）》；高标准保护，努力建设以百山祖国家公园为主体的自然保护地体系；全地域调查，高起点推进全域生物多样性调查工作，发现了百山祖角蟾、丽水丽丝盖伞等多种新物种，特别是曾被宣布灭绝的阳彩臂金龟又在丽水被发现有稳定种群，为丽水的生物多样性增添了浓墨重彩的一笔；数字化赋能、可持续利用、全社会参与……一系列行动彰显了丽水守护绿水青山的决心，也坚定着丽水未来携手共建万物和谐的美丽家园的方向。

“丽水市生物多样性本底调查”系列图书从多彩的生态系统、多样的物种和丰富的遗传资源等角度出发，以专业、故事、科普的多样化笔触系统展示了丽水生物多样性之丰、之美和之魅，让广大读者领略诗画浙江大花园最美核心区的无穷魅力。或是翱翔苍天，或是枕眠草木，万物一幕幕自由又安逸的剪影是对丽水生态最好的认可，也是丽水生物多样性的生动写照，彰显出丽水作为华东生物王国的独特魅力。当那些千姿百态的珍稀物种“组团”映入眼帘时，仿佛让人身临其境地融入奇妙多彩的丽水大自然。

多年从事生物学和林学研究的工作经历让我深刻体会到，生物圈中的每个生态系统都与周围的其他生态系统相关联。这种关联性表现在方方面面，比如长江和黄河作为河流生态系统，源自西部源头的森林生态系统、草原生态系统，河水奔流东去，滋润着沿途的农田生态系统，养育着亿万人口和其他生物，在沿途形成了湖泊生态系统、湿地生态系统，最终挟裹着陆地上的土壤和其他物质汇入海洋生态系统。丽水的生态保护和建设同样立足本地、关系到全国乃至全球的共同利益。

在 2021 年 10 月于昆明举办的《生物多样性公约》缔约方大会第十五次会议（COP15）第一阶段会议上，丽水在生态文明论坛上分享了生物多样性保护案例，得到了全世界的广泛关注和点赞。丽水的工作是令人瞩目的，也给我留下了非常深刻的印象。

如今，丽水继续秉承“绿水青山就是金山银山”的理念走向未来，不仅通过生物多样性保护实现生态屏障功能的可持续稳定发挥，而且在生态产业化和产业生态化思想的指引下，正在探索如何将保护生物资源的生产力转化为新兴产业，把生物多样性保护工作作为丽水建设共同富裕示范区的动力源泉。我们的心愿是，高水平打造“全国生物多样性保护引领区”，积极探索人与自然和谐共生之路，争当全球生物多样性保护与可持续利用的参与者、贡献者、引领者，为建设人与自然和谐共生的美丽家园做出更大贡献。

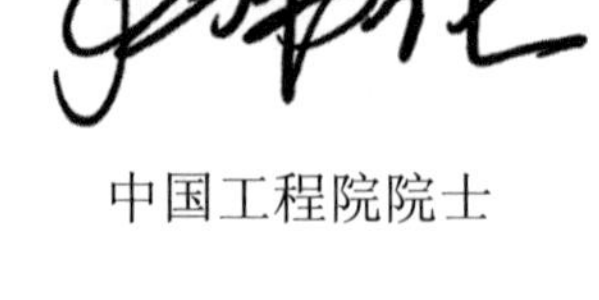

中国工程院院士

前言

生物多样性本底调查是开展生物多样性保护的重要基础性工作。为进一步摸清浙江省生物多样性本底情况，有针对性地开展生物多样性保护与监管，浙江省生态环境厅和浙江省林业局联合发布《关于开展重点区域生物多样性调查评估工作的通知》（浙环发〔2019〕25 号），其中浙江省丽水市遂昌县被列为重点调查区域。根据该通知要求，丽水市生态环境局和丽水市生态环境局遂昌分局联合生态环境部南京环境科学研究所开展了遂昌县生物多样性本底调查，基本掌握了遂昌县生物多样性本底现状，为全面提升遂昌县生物多样性保护水平和管理决策能力提供了坚实的数据支撑。

2019—2020 年，遂昌县全域开展了为期一年的调查。该调查按照 10 km×10 km 网格进行抽样，调查内容涵盖生态系统、陆生维管植物、陆生脊椎动物（哺乳动物、鸟类、两栖爬行动物）、陆生昆虫、水生生物（淡水鱼类、大型底栖无脊椎动物）、大型真菌等类群。调查共记录到物种 3 451 种。其中，国家一级重点保护野生动植物 5 种，国家二级重点保护野生动植物 107 种。

陆生维管植物调查共记录到 2 148 种，隶属 191 科 864 属。其中，蕨类植物 32 科 70 属 213 种，裸子植物 7 科 16 属 22 种，被子植物 152 科 778 属 1 913 种。国家一级重点保护野生植物 1 种，国家二级重点保护野生植物 53 种。

陆生脊椎动物调查共记录到 334 种，隶属 30 目 95 科，其中国家一级重点保护野生动物 4 种，国家二级重点保护野生动物 52 种。调查共记录到哺乳动物 8 目 19 科 47 种，其中国家一级重点保护野生动物 2 种，国家二级重点保护野生动物 4 种；鸟类共 18 目 57 科 220 种，其中国家一级重点保护野生动物 2 种，国家二级重点保护野生动物 42 种；爬行动物共 2 目 10 科 35 种，其中国家二级重点保护野生动物 3 种；两栖动物共 2 目 9 科 32 种，其中国家二级重点保护野生动物 3 种。

陆生昆虫调查共记录到 16 目 110 科 655 种，调查到国家二级重点保护野生动物 1 种。

水生生物调查共记录到淡水鱼类 6 目 14 科 55 种，其中国家二级重点保护野生动物 1 种；大型底栖无脊椎动物 99 种，隶属于 4 门 5 纲 28 科 79 属。

大型真菌调查共记录到 19 目 55 科 160 种。

编　者

2024 年 1 月

目录

第1章

总　论

1.1　区域概况

1.1.1　行政区划

遂昌县位于浙江省西南部，地理坐标为北纬 28°13′～28°49′，东经 118°41′～119°30′。县境极东至濂竹乡黄长岗，极西至柘岱口乡际下村竹洋乌岗凹，极南至龙洋乡大高山，极北至北界镇登埠村猪凹岭。东靠武义县、松阳县，南接龙泉市，西邻江山县和福建省浦城县，北毗衢州市衢江区、龙游县和金华市婺城区，县域总面积 2 539 km^2。县政府驻地为妙高街道，位于县境东部，海拔 200 m。该县距杭州市 296 km，距丽水市 96 km。龙丽高速公路和 50 省道、51 省道穿境而过。遂昌县辖 2 个街道 7 个镇 11 个乡 201 个行政村 9 个城市社区（表 1-1）。

表 1-1　遂昌县行政区划

乡镇街道	数量/个	所辖社区
妙高街道	27	西街、南街、东街、北街、龙潭、北门、井东、含晖、金溪、上江、黄庄、金岸、大桥、源坪、上南门、螺蛳垵、源口、仙岩、七山头、古院、后江、东峰、新东、东红、庄山、余家、苍畈、城东社区、城南社区、城西社区、城北社区、城中社区、前山社区、叶坦社区、腾龙社区
云峰街道	17	社后、东亭、门阵、同心、隔溪、马头、范村、连头、龙口、龙祥、下马、东姑、古亭、长濂、湖边、银都、洋浩、九云社区
新路湾镇	12	新路湾、官溪、新双溪、新溪、远路口、三井、社杨、蕉川、大马埠、小马埠、夹路畈、胡家
北界镇	9	北界、大谷岭、周村、淤弓、白水、王宅桥、苏村、登埠、王坞
大柘镇	12	车前、双溪新村、柘溪上、柘溪下、新旦、大田、永安、北山、黄垵、后垄、华洋、梭溪桥

乡镇街道	数量/个	所辖社区
石练镇	12	石练、姚埠、宏象、竹溪新村、淤溪、黄皮、柳村、大茂坑、迎新、金练兴、景新、爱丰
金竹镇	14	金竹、岭内、早坞、王川、百胜、叶村、夏东、梭溪塘岭、王村、交塘、兰蓬、龙溪、古楼、茶竹岭
王村口镇	13	桥东、桥西、钟根、山枣坪、山前、弓桥头、官塘、后塘、对正、吴处、大坑、石笋头、尹坞
黄沙腰镇	7	黄沙腰、大洞源、大熟、邵村、上定、仙人坝、小洞源
三仁乡	8	高碧街、小忠、好川、大觉、坑口、十三都、沙口、排前
濂竹乡	9	苏旺、治岭头、黄硡、刘坑、千义坑、大竹小岱、横坑、柘坑、瓦窑岗
应村乡	9	东源、西山头、桃溪、应村、天师硡、竹溪、双里、定溪、高棠
高坪乡	6	高坪新村、石坪、湖连、茶树坪、箍桶丘、淤竹
湖山乡	11	湖山、三归、湖方、珠村畈、坪峰、长安、红星坪、黄泥岭、福罗淤、奕山、姚岭
焦滩乡	5	焦�、蔡口、独山、大路沿、前山
蔡源乡	5	蔡和、双溪、大柯、永兴
西畈乡	7	举淤口、渡口、西畈、湖岱口、上西坑、独坑
柘岱口乡	5	柘岱口、毛阳、尹家、际下、五星
龙洋乡	6	凉潭口、九龙口、龙洋、黄赤、西滩、埠头洋
垵口乡	9	根竹口、桂洋、徐村、葛程、垵口、大山、乐山头、石仓、小岩

1.1.2 经济及社会发展状况

2020 年，遂昌全县生产总值为 130.7 亿元，按可比价格计算，比上一年增长 3.4%。其中，第一产业增加值为 12.29 亿元，增长 2.5%；第二产业增加值为 48.49 亿元，增长 2.6%；第三产业增加值为 69.92 亿元，增长 4.1%。三次产业增加值结构比例调整为 9.4∶37.1∶53.5。

全年农林牧渔业增加值为 12.41 亿元，按可比价格计算（下同），比上一年增长 2.6%；产值为 19.19 亿元，增长 2.4%。从分行业来看，农业产值为 12.09 亿元，同比增长 1.2%；林业产值为 3.92 亿元，同比下降 8.0%；牧业产值为 2.69 亿元，同比增长 28.8%；渔业产值为 2 815 万元，同比增长 6.0%；农林牧渔服务业产值为 2 118 万元，同比增长 12.6%。

全年工业增加值为 39.55 亿元，比上一年增长 3.4%。其中，规模以上工业增加值增长 4.2%。从三大门类来看，采矿业增加值同比增长 28.0%，制造业增加值同比增长 3.5%，电力、热力、燃气及水生产和供应业增加值同比下降 8.7%；从分产业来看，高端装备制造业、数字经济核心产业制造业、战略性新兴产业和高新技术产业增加值分别增长 4.4%、20.8%、38.5%和 11.1%。

2020 年年末，遂昌全县户籍人口为 229 139 人。其中，城镇人口为 88 222 人，占全县总人口的 38.5%；男性人口为 118 153 人，女性人口为 110 986 人，分别占总人口的 51.6%和 48.4%。

1.2 自然资源与地理环境

1.2.1 地质地貌

遂昌县内山地面积为 22.56 万 hm^2，占 88.83%；耕地面积为 1.03 万 hm^2，占 4.06%；水域面积为 1.8 万 hm^2，占 7.11%，素有“九山半水半分田”之称。地势西南高、东北低，由龙泉市和福建浦城县入境的仙霞岭山脉横贯南北，展布全县。县内海拔最高的山峰为九龙山主峰，海拔 1 724.2 m，为浙江省第四高峰，次之为黄基坪尖，海拔 1 719 m。县域范围内海拔千米以上的山峰有 703 座，其中 1 500 m 以上的山峰有 39 座。全县相对高度差高达 1 571.2 m。全县中山地块面积大于低山、丘陵、平原的综合面积，整体显示为中山地块。山地大部发育为壮年初期（如九龙山区），但西北部乌溪江出境地区和东北部襟溪出境地区接近于壮年晚期。

距今 13.38 亿年前（元古代），遂昌接境处于滨海—浅海环境之中，接受了巨厚的砂岩、泥质砂岩、富铝黏土岩、中酸性火山岩沉积，浙闽运动使县域产生近东西向褶皱，开始上升隆起，海水退出。后经 9. 4 亿年间的风化剥蚀，原有的沉积缺失殆尽。在距今 1.6 亿～1.4 亿年（侏罗纪晚期）的燕山运动早期，大规模火山活动形成的巨厚火山岩覆盖全境，并伴随大量的岩浆侵入，期末断裂频起，北东向断裂使人柘至治岭头地块陷落，造就了叶油断陷盆地，又有北东向断裂，造就了金竹断陷盆地。随着燕山运动的继续发展，在距今 1.4 亿～0.8 亿年（白垩纪早期），金竹盆地和叶油断陷盆地中有湖泊相和河流相沉积，同时又有火山喷发，在上江至人桥一带堆积了较厚的火山岩，在火山间隙期也接受了湖泊相沉积。在此期间，产生了燕山晚期岩浆活动，出现了一些侵入岩体，生成了大量萤石矿床。到白垩纪晚期，全县域脱离水面，经受风化剥蚀，缺失第三纪沉积。第四纪构造活动微弱，仅河谷堆积少量冲积物。地壳演化形成的遂昌地质构造的总体格局是表壳岩石具双层结构模式，即基底为元古界变质岩，盖层以燕山期陆相中酸性～酸性火山岩为主，隆起与凹陷并存，各期形成了不同方向的断裂发育，燕山期火山构造类型齐备，乃是境内地质构造的特点。

1.2.2 气候特征

县域气候属中亚热带季风类型，气候总体特征表现为降水充沛、雨热同步，具有明显的山地垂直气候带特征，小气候类型繁多。白马山、南尖岩、九龙山等高山地区常年无高温天气，是夏季避暑胜地。1991—2020 年，全县平均气温 17.5℃。县内雨量充沛，空间分布不均，县城年均降水量 1 636.1 mm，年均雨日 167 天。最多降水量 2 206.4 mm（2010 年），最少降水量 1 038.6 mm（1978 年），最长连续降雨 23 天，最长连续无降雨 37 天，一日最大雨量 140.8 mm（1997 年 7 月 9 日），主要降水集中在 3—9 月，6 月降水量最多。县城多年平均日照 1 580.9 小时，平均霜期

114.5 天，无霜期 251 天，年平均降雪日数 7.8 天，最多 28 天（1983—1984 年），积雪最大深度 30 cm（1961 年 2 月 16 日）。

县内春季气温呈波浪式升高，雨量和热量同步上升，有利于粮林果作物生长。白马山、南尖岩、九龙山等高山地区终年无高温天气，是夏季避暑胜地。

县内主要气象灾害有台风、暴雨、雨雪冰冻、春季低温阴雨、夏秋季高温干旱、汛期洪涝及局部冰雹、大风等。另外，由不利气象条件引发的地质灾害、农业气象灾害、森林火灾等次生灾害和衍生灾害也较为严重。随着全球气候变暖，遂昌县极端天气事件增多，气象灾害的发生频率和影响程度呈增加趋势。据史料记载，自宋元以来，全县共出现较大水灾 68 次、旱灾 59 次，较大范围降冰雹 26 次。

1.2.3 水文与水资源

全县共有河流 1 467 条，河道总长度 2 838 km，分属钱塘江、瓯江两大水系，因此遂昌又被称作“钱瓯之源”。西北部的乌溪江、洋溪源、周公源、湖山源和桃溪、官溪、桃源属钱塘江水系，流域面积为 1 865 km^2，占县域面积的 73.45%；东南部的南溪、北溪、襟溪、濂溪属瓯江水系，流域面积为 674 km^2，占县域面积的 26.55%。乌溪江是县域内最大的河流。

县内有市级河道松阴溪 1 条，总长 11 km；县级河道乌溪江、高碧溪、濂溪等 16 条，总长 342 km。多年平均径流总量为 27.88 亿 m^3。全县水域总面积为 71.891 km^2，水域类型以河流、山塘、水库为主，平均水资源总量为 27.88 亿 m^3，多年平均降水量为 44.7 亿 m^3。全县水力资源蕴藏量为 40 万 kW。全县共建成小水电站 112 座，总装机 25.82 万 kW，年发电量 7 亿 kW·h。

1.2.4 土壤与矿产资源

全县总面积 25.4 万 hm^2，人均占有量为 17 亩[①]，为全省人均占有陆地面积的 4.7 倍。地貌以中山为主，群山耸立，间有低山、丘陵、岗地和谷地。其中，林业用地占 84.71%，农业用地占 8.77%，居民点及工矿用地占 1.10%，交通用地占 0.37%，水域占 1.85%，未利用地占 3.20%。90%以上的地面被植物或水面覆盖，生态环境优越。土壤种类有红壤、黄壤、岩性土、潮土、水稻土 5 个土类，11 个亚类，34 个土属，70 个土种，并有明显的分布范围。红壤主要分布在海拔 800 m 以下的低山、丘陵和低阶地，面积约为 178.89 万亩，具有一定的肥力水平，适宜马尾松、油茶、油桐、杉木、毛竹等生长，部分缓坡地宜辟果园；黄壤主要分布在海拔 800 m 及以上的中山山地，面积为 158.83 万亩，适宜杉木、黄山松、柳杉、毛竹和木荷、拟赤杨等阔叶树种生长，是县内杉木主要适生土类之一；水稻土为县内主要耕作土，主要分布在 350 m 以下的中部盆谷地区，面积为 32.79 万亩（水稻土面积为 15 万亩）；岩性土主要分布在湖山乡至金珠乡一带，面积为 7 845 亩，

① 1 亩 = 1/15 hm^2。

肥力较差，碱性反应明显，适宜桑树、枣树、乌桕等喜钙林木生长，但水土易遭冲刷；潮土面积仅为 1 643 亩，质地轻松，沙砾含量大，呈微酸性，有机质含量贫乏，保水保肥性能差，适宜桑麻之类植物生长。

遂昌是浙江省矿产资源比较丰富的县之一，已发现矿种 30 余种，主要有金、银、铅、锌、钴、萤石和花岗岩等矿产，县域内有两个萤石矿田（湖山萤石矿田和黄沙腰萤石矿田）和一处黄金矿山，是浙江省黄金、白银、萤石的主要产地。

第 2 章

调查技术方法

2.1 调查区域

本次调查范围为遂昌县全域，重点调查县域范围内的自然保护区、森林公园、饮用水水源保护区、生态公益林等重要生态功能区。

调查前，根据《关于发布县域生物多样性调查与评估技术规定的公告》（环境保护部公告 2017 年第 84 号）的要求，采用 10 km×10 km 的网格作为基本调查单元，制作遂昌县 10 km×10 km 网格并进行编号，每个网格代表一个调查单元，共划分了 42 个调查单元。在县域范围内，若该调查单元面积≥25 km^2（即网格面积的 25%），则视为有效调查单元，必须纳入本次生物多样性调查工作范围；反之，则为非有效调查单元。经统计，遂昌县共有有效调查单元 31 个。

2.2 调查时间

2019 年 11 月，丽水市生态环境局委托生态环境部南京环境科学研究所在遂昌县开展了为期一年的生物多样性本底调查。调查团队于 2019 年 12 月下旬启动了遂昌县鸟类冬季调查，随后陆续开展了陆生维管植物、两栖爬行动物、哺乳动物、陆生昆虫、水生生物、大型真菌等类群的调查，类群分别至少开展了 3 次野外调查，并结合遥感和地理信息技术对遂昌县的土地利用、植被类型、基础设施等生态系统格局及其变化进行了详细的描述。截至 2020 年 12 月，完成了遂昌县生物多样性本底调查工作。

2.3　调查方法

遂昌县生物多样性本底调查涉及该县境内的生态系统和物种多样性调查，其中物种多样性调查具体包括陆生维管植物、陆生脊椎动物、陆生昆虫、水生生物和大型真菌等类群。

2.3.1　生态系统调查方法

1．调查与评价内容

本项目调查主要基于遥感影像解译、地面核查及查阅历史资料等技术手段，调查遂昌县生态系统的主要类型、面积、组成和分布特征等，生态系统分类体系参考生态环境部“全国生态环境十年变化（2000—2010 年）遥感调查与评估”项目。生态系统调查与评价内容包括以下 3 个方面。

（1）生态系统类型分布与构成的现状评价

以 2019 年的数据为基础，分别从生态系统一级分类和三级分类分析与评估区域生态系统类型和空间分布特征，以及各类型生态系统构成和面积比例，具体内容如下：

① 分析区域内不同生态系统类型的空间分布；

② 分析与评价不同生态系统类型的构成与面积比例。

（2）生态系统分布与构成的变化评价

以 2010 年和 2019 年的数据为基础，分别从生态系统一级分类和三级分类分析与评价生态系统类型与分布的变化过程与趋势，具体内容如下：

① 分析与评价近 10 年各类型生态系统空间分布的变化特征；

② 分析与评价近 10 年各类型生态系统的构成与面积比例的变化特征。

（3）生态系统景观格局特征分析与评价

分别以生态系统一级分类和三级分类数据为基础，分析与评价该区域 2010 年和 2019 年两个时期的生态系统景观格局特征，重点评价生态系统的连通性、破碎化程度及其变化趋势。

2．调查与评价指标

根据调查与评价内容，构建县域生态系统格局调查与评价指标体系（表 2-1）。

表 2-1　县域生态系统格局调查与评价指标体系

调查内容	调查与评价指标	数据需求
生态系统类型与结构	基于一级分类的各类生态系统类型结构比例	各类生态系统面积
		各类生态系统分布
	基于三级分类的各类生态系统类型结构比例	各子类型生态系统面积
		各子类型生态系统分布

调查内容	调查与评价指标	数据需求
生态系统结构变化	生态系统类型面积变化	2010—2019年各时段一级和三级各类生态系统面积
生态系统景观格局特征及其变化	斑块数（NP）/个	2010—2019年各时段一级和三级各类生态系统分布
	平均斑块面积（MPS）/hm^2	2010—2019年各时段一级和三级各类生态系统分布
	边界密度（ED）/（m/hm^2）	2010—2019年各时段一级和三级各类生态系统分布
	最邻近距离（ENN）/m	2010—2019年各时段一级和三级各类生态系统分布
	聚集度指数（CONTAG）/%	2010—2019年各时段一级和三级各类生态系统分布

3. 调查与分析方法

（1）数据源与数据处理

遥感数据源：包括分辨率为30 m的环境卫星CCD影像或Landsat TM/ETM影像，以及高分遥感影像数据（10 m以下）。县域尺度调查和评估使用环境卫星CCD影像或Landsat TM/ETM影像，重要物种栖息地调查与评价可采用高分遥感影像。遥感数据见表2-2。

表2-2 遂昌县生态系统评价遥感数据

卫星种类	分辨率	时相
环境卫星CCD影像	30 m	2010年、2019年
Landsat TM/ETM影像	30 m	2010年、2019年
高分遥感影像	10 m以内	2019年

“3S”技术处理：运用Erdas9.3软件选取60个易于识别的同名地物点与实地调研的地面控制点对影像进行几何精纠正，均方根误差（RMSE）控制在0.5个像元之内。对纠正后的影像进行镶嵌处理，建立2个时期的区域遥感影像数据库。依据遥感图像中地物及其周边环境的颜色、纹理、形状、结构等特征，结合已有成果及野外调查数据，建立研究调查区遥感解译标志。以实地考察区域特点的结果为基础，结合专家经验，采用先目视解译、后非监督分类的方法将区域的生态系统类型进行解译。2010年和2019年两期生态系统空间分布数据集的精度要求至少达到三级分类水平。

（2）分析和评价方法

本研究调查的各项任务主要以构建评价指标体系进行分析和评估。各项任务的分析和评价方法如下：

① 基于一级分类的各类生态系统结构比例

该比例指土地覆被分类系统中基于一级分类的各类生态系统的面积比例。计算方法为

$$P_{ij} = \frac{S_{ij}}{\mathrm{TS}} \tag{2-1}$$

式中，P_{ij}——土地覆被分类系统中基于一级分类的第 i 类生态系统在第 j 年的面积比例；

S_{ij}——土地覆被分类系统中基于一级分类的第 i 类生态系统在第 j 年的面积，km^2；

TS——评价区域总面积，km^2。

② 基于三级分类的各类生态系统类型结构比例

该比例指土地覆被分类系统中基于三级分类的各类生态系统的面积比例。计算方法为

$$P'_{ij} = \frac{S'_{ij}}{\mathrm{TS}} \tag{2-2}$$

式中，P'_{ij}——土地覆被分类系统中基于三级分类的第 i 类生态系统在第 j 年的面积比例；

S'_{ij}——土地覆被分类系统中基于三级分类的第 i 类生态系统在第 j 年的面积，km^2；

TS——评价区域总面积，km^2。

③ 生态系统类型面积变化

该变化指研究区一定时间范围内某种生态系统类型的数量变化情况。计算方法为

$$E_v = \mathrm{EU}_b - \mathrm{EU}_a \tag{2-3}$$

式中，E_v——研究时段内某一生态系统类型的变化；

EU_a、EU_b——研究期初（EU_a）及研究期末（EU_b）某一种生态系统类型的面积，km^2。

④ 斑块数

斑块数（NP）指评价范围内斑块的数量，可应用 GIS 技术及景观结构分析软件 FRAGSTATS 4.1 进行计算。其生态学意义是，斑块个数可以反映景观的空间格局，经常被用于描述整个景观的异质性，一般规律是斑块个数越多，破碎度越高；斑块个数越少，破碎度越低。

⑤ 平均斑块面积

平均斑块面积（MPS）指评价范围内的平均斑块面积，可应用 GIS 技术以及景观结构分析软件 FRAGSTATS 4.1 进行分析，计算方法如下：

$$\mathrm{MPS} = \mathrm{CA/NP} \tag{2-4}$$

式中，MPS——平均斑块面积，hm^2；

CA——景观或某一斑块类型总面积，hm^2；

NP——斑块数量，个。

其生态学意义是，MPS 代表一种平均状况，在景观结构分析中反映两方面的意义：一是景观中 MPS 值的分布区间对图像或地图的范围及景观中最小斑块粒径的选取有制约作用；二是 MPS 可以指征景观的破碎程度。

⑥ 边界密度

边界密度（ED）可以从边形特征描述景观的破碎化程度。计算方法为

$$\mathrm{ED}_i = \frac{1}{A_i}\sum_{j=1}^{m} P_{ij} \tag{2-5}$$

$$\mathrm{ED} = \frac{1}{A}\sum_{i=1}^{m}\sum_{j=1}^{m} P_{ij} \tag{2-6}$$

式中，ED——景观边界密度，$\mathrm{m/hm^2}$；

A——斑块面积，$\mathrm{hm^2}$；

m——1，2，3，…，m；

P_{ij}——景观中第 i 类景观要素斑块与相邻第 j 类景观要素斑块间的边界长度，m。

其生态学意义是，ED 可以从斑块的边界周长方面反映景观类型的破碎程度。ED 值越大，景观类型被边界割裂的程度越高；反之，景观类型保存完好、连通性高。该指标在一定程度上反映了景观类型的破碎化程度，与生态扩散过程相关，也影响干扰的扩散。

⑦ 最邻近距离

最邻近距离（ENN）指某景观类型斑块之间的平均最邻近距离。计算方法为

$$\mathrm{ENN} = \frac{\sum_{i=1}^{m}\sum_{j=1}^{n} h_{ij}}{N} \tag{2-7}$$

式中，ENN——最邻近距离，m；

i——斑块类型，$i = 1$，…，m；

j——斑块数目，$j = 1$，…，n；

h_{ij}——斑块 ij 与其最近邻体的距离，m；

N——景观中斑块总数，个。

其生态学意义是，一般来说 ENN 值大，反映出同类型斑块间的相隔距离远，分布较离散；反之，说明同类型斑块间的相隔距离近，呈团聚分布。另外，斑块间距离的远近对干扰很有影响，如距离近，相互间容易发生干扰；距离远，相互干扰就少。

⑧ 聚集度指数

聚集度指数（CONTAG）反映景观中不同斑块类型的非随机性或聚集程度。计算方法为

$$\mathrm{CONTAG} = \left[1 + \left(\sum_{i=1}^{m}\sum_{k=1}^{m}\left[P_i\left(\frac{g_{ik}}{\sum_{k=1}^{m} g_{ik}}\right)\right]\left[\ln(P_i)\left(\frac{g_{ik}}{\sum_{k=1}^{m} g_{ik}}\right)\right] / 2\ln(m)\right)\right](100) \tag{2-8}$$

式中，CONTAG——聚集度指数；

P_i——i 类型斑块所占面积百分比，%；

g_{ik}——i 类型斑块和 k 类型斑块毗邻的数目，个；

m——景观中的斑块类型总数目，个。

其生态学意义是，理论上，CONTAG 值较小时表明景观中存在许多小斑块，趋于 100 时表明景观中有连接度极高的优势斑块类型存在。CONTAG 指标描述的是景观里不同斑块类型的团聚程度或延展趋势。该指标因含有空间信息而成为描述景观格局最重要的指数之一。一般来说，聚集度指数高说明景观中的某种优势斑块类型形成了良好的连接性；反之，则表明景观是具有多种要素的密集格局，景观的破碎化程度较高。

2.3.2　陆生维管植物调查方法

陆生维管植物多样性调查主要依据遂昌县的自然生态系统类型，通过野外实地调查，并结合对历史资料的整理分析，全面了解遂昌县陆生维管植物的种类组成、种群分布等。调查对象包括蕨类植物、裸子植物和被子植物。对于国家、浙江省重点保护野生植物或特有物种的分布区域，适当增加调查强度。在县域陆生维管植物物种多样性现状的基础上，评估物种丰富度、特有种及珍稀濒危状况。

1. 调查方法

样线法：陆生维管植物调查主要采用样线法，在植物生长旺盛的地点布设调查样线，徒步开展调查。随时记录沿途观察到的植物种类、分布、生境等信息，拍摄植物及其生境照片，并记录调查线路轨迹。当调查样线不能连续行走时，可采取分段的方式。森林类型的调查样线每条长度不低于 3 km，灌丛类型的调查样线每条长度不低于 2 km，草地、湿地、经济林类型的调查样线每条长度不低于 1 km。

样方法：重点物种调查采用样方法，森林群落样方大小为 10 m×10 m，灌丛群落样方大小为 5 m×5 m，草本群落样方大小为 2 m×2 m，观察记录重点物种所在生境、植物群落信息及种群状况等。

2. 鉴定方法

蕨类植物：野外肉眼直接观察或利用手持放大镜观察，记录蕨类植物根状茎、叶片，尤其是孢子囊群、孢子囊穗的形态特征，并记录蕨类植物种类。分别拍摄植物生长环境、个体全貌特征、根状茎、茎、叶、孢子囊群、孢子囊穗的特征照片。适当采集具有孢子囊群、孢子囊穗的蕨类植物标本，那些在野外调查过程中难以确定种类的必须采集植物标本，以便在室内作进一步的物种鉴定。

裸子植物：野外肉眼直接观察或利用手持放大镜观察，记录裸子植物茎、叶、大小孢子叶球或雌雄球花，尤其是球果的形态特征，并记录裸子植物种类。分别拍摄植物生长环境，植物个体全貌特征，植物茎、叶、雌雄球花、球果的特征照片。适当采集具有枝叶、雌雄球花、球果的植物标本，那些在野外调查过程中难以确定种类的必须采集植物标本，以便在室内作进一步的物种鉴定。

被子植物：野外肉眼直接观察或利用手持放大镜观察，记录被子植物茎、叶、花、果实的形态特征，并记录植物是否含有乳汁、挥发油，是否为寄生或腐生植物及其寄主植物，利用挖掘工具适当采集一些草本植物的地下营养器官，如根状茎、块茎、鳞茎、球茎、块根等。分别拍摄植物生长环境，植物个体全貌特征，植物地下营养器官，地上茎、叶、花、果实及种子的特征照片。适当采集具有枝叶、花、果实的植物标本，那些在野外调查过程中难以确定种类的必须采集植物标本，以便在室内作进一步的物种鉴定。

3. 调查工具

野外调查仪器与工具主要有手持可折叠的10倍放大镜、手持GPS、望远镜、枝剪、铁锹、标本采集袋、标本夹、瓦楞纸板、挂号牌、野外采集记录本、钢卷尺、长卷尺、测深杆、测高杆、TruPulse 激光测高测距仪、防水工作服、高筒胶靴、橡胶手套、铁耙、锚型沉水植物打捞器、水桶、铅笔、签字笔、数码相机及防雨、防晒、防虫咬等防护用品和创可贴、消毒酒精等常规药品。

室内植物标本压制与鉴定、数据录入常用仪器与工具主要有植物标本材料烘箱、吸水纸、标本夹、体视显微镜（解剖镜）、显微摄影装置、镊子、解剖针、台式电脑、标本柜等。

2.3.3 陆生脊椎动物调查方法

通过野外实地调查，并结合对历史资料的整理分析，全面了解遂昌县陆生脊椎动物（包括哺乳动物、鸟类和两栖爬行动物）的物种组成、分布、生境、受威胁因素和保护现状，并针对重点保护野生动物的栖息地适当增加调查强度，在遂昌县陆生脊椎动物物种多样性现状的基础上，评估物种丰富度及其分布状况、栖息地质量、受威胁情况及保护现状。根据各动物类群采用不同的调查方法和工具。

1. 哺乳动物

（1）调查方法

红外相机自动拍摄法：对于大中型哺乳动物，采用红外相机自动拍摄法调查，在林地、灌丛生境设置红外相机。红外相机设置拍照+视频模式，每2～3个月更换一次相机内存卡并获取照片，根据照片读取动物种类信息。

笼捕法：对于小型陆生哺乳动物，如刺猬、啮齿类等，采用笼捕法调查，于下午天黑前在林间、灌丛、草地、水边等生境布设捕鼠笼，放置诱饵，次日上午进行检视，对捕到的动物拍照记录。使用GPS、相机等设备准确记录时间、地点、动物种类和数量等数据。

铗日法：对于小型陆生哺乳动物，如啮齿类等，采用铗日法调查，于下午天黑前布设铗子，放置诱饵，次日上午进行检视，对捕到的动物拍照记录。使用 GPS、相机等设备准确记录时间、地点、动物种类和数量等数据。

网捕法：对于飞行类哺乳动物采用网捕法调查，其中对于洞穴型翼手目，采用网捕法调查其物种和个体数量；对于树栖型翼手目，将雾网或蝙蝠竖琴网安放在林道等飞行活动通道，捕获并记录物种和个体数量。使用 GPS、相机等设备准确记录时间、地点、动物种类和数量等数据。

（2）调查工具

调查工具包括地图、GPS 定位仪、对讲机、卫星电话、照相机、红外相机、夜视仪、摄像机、录音机、捕鼠笼、鼠铗、雾网、竖琴网及必要的野外防护设备和药品等。

2. 鸟类

（1）调查方法

样线法：调查人员选择鸟类活动频繁的时段，以 1.5～3 km/h 的步行速度沿着设置好的固定样线行走，记录沿线两侧（包括前方）各约 100 m 看到和听到的鸟类。调查时用双筒望远镜确定目标，并记录鸟类名称、数量、经纬度、海拔、所处生境类型、栖息地受干扰情况及影像等信息。每条样线长度为 1～2 km。

样点法：以观察者为中心形成一个圆，记录一定范围内的所有鸟类个体。调查时用双筒望远镜或单筒望远镜确定目标，记录观察到的鸟类名称、数量、经纬度、所处生境类型、栖息地受干扰情况及影像等信息。

红外相机辅助调查法：结合哺乳动物红外相机自动拍摄法开展地面活动的鸟类调查，尤其是鸡形目等的调查，具体的调查方法详见哺乳动物调查方法部分。

（2）调查工具

调查工具包括 GPS 定位仪、双筒望远镜、单筒望远镜（三脚架）、数码相机、记录本、笔、工具书等。

3. 两栖爬行动物

（1）调查方法

两栖爬行动物调查以样线法为主，调查记录样线两侧的两栖爬行动物。对于一些狭域分布的物种，如角蟾等，需要选择特定繁殖季、固定繁殖场来开展详细调查，获取翔实的数据。对于遂昌县植被类型保存较好的地区，如南部的凤阳山区域，适当增加调查力度，开展栖息地的全面调查。另外，在生境比较复杂、可视性较差的地区，可扩大范围详细搜寻。

样线法：根据影响两栖爬行动物分布的环境因素，如海拔梯度、植被类型、水域等科学合理地设置样线，样线应尽可能包含各种生境类型，包括水域、耕地、林地等。两栖动物调查以短样线为主，样线长度在 100～500 m；爬行动物调查以长样线为主，样线长度在 500～2 000 m。样线的宽度根据视野情况而定，一般为 2～6 m。对于样线难以达到最低要求的特殊情况，可以适当增加样线数。采用样线法调查时，调查人员应沿样线观察两栖爬行动物，行进期间对看到的或路死个体进行现场鉴定并记录物种名称、形态、经纬度和个体数量。每条样线通常分配2～3人开展调查，其中1～2人负责调查报告种类和记录数量，1人负责拍照并记录轨迹样线信息，包括海拔、地理坐标、栖息地生境等信息。

走访调查法：走访的对象主要是当地管理部门的技术人员及当地居民，通过向他们展示动物图鉴核实近期见到的两栖爬行动物种类，并了解其分布状况，最终确定遂昌县内现有两栖爬行动物种类及分布情况。

室内分子鉴定：对于在野外不易鉴定到种的个体及可能为新种的个体，应采集少量个体标本带回至室内，经清水冲洗，最终用浓度为75%的酒精保存。根据需要进行组织取样，用于后续的DNA测序鉴定。

（2）调查工具

调查工具包括GPS定位仪、数码相机、头灯、手电筒、录音设备、抄网、塑料袋、密封袋、塑料瓶、水鞋、塑料桶、记录表、记录笔、镊子、针线、注射器、麻醉瓶、纱布、脱脂棉、乙醇、常备药品及野外个人防护用品等。

2.3.4 陆生昆虫调查方法

陆生昆虫多样性调查尽可能涵盖遂昌县全部的陆生昆虫物种种类，其中蝴蝶作为环境指示生物物种是必须调查的类群。通过调查了解遂昌县陆生昆虫的分布、生境状况等，综合评估遂昌县陆生昆虫物种丰富度和空间分布格局。

1. 调查方法

样线法：调查时沿生境路线缓慢匀速前行，速度为1～2.5 km/h。不固定调查样线长度，根据典型生境区域情况开展调查。样线踏查行进期间记录物种名称和个体数量、经纬度、海拔、生境类型等信息，两人一组，一人观测拍照，报告种类和数量，另一人记录。记录样线左右各2.5 m、上方5 m、前方5 m范围内见到的所有昆虫及枯枝落叶、树洞、石块下等生境中的种类和数量。对于非保护物种和不能确定的种类，采用网捕后进行鉴定的方法完成，现场鉴定疑难样本应带回实验室进行处理或借用分子手段进行鉴定。调查主要在晴朗或多云、温暖、风速小于40 km/h的气候条件下进行。白天的调查时间一般为9：00—18：00，考虑有些昆虫的夜行性活动习性，夜晚在植被丰富区域增加一些补充调查，调查采用样线法、灯诱法、陷阱法等。调查避开夏季中午极热天气或大风大雨天气。

马来氏网法：马来氏网是一种架设于野外的帐幕类采集工具，其底部及垂直面为黑色纱网，上部为白色网，当昆虫从地下爬出，或沿地面飞行时受垂直网拦截停下，利用昆虫的趋光性和趋高习性，引导其向上爬入顶部的采集筒中（采集筒须加酒精）来完成定点采集，记录采集到的物种名称、数量、采集点经纬度、海拔、生境类型、采集时间、人员等信息。

灯诱法：即在夜晚应用灯光将具有趋光性的昆虫吸引过来再行采集的方法。选择典型生境开阔区域进行夜间采集和灯诱法调查，时间一般为 19：00—22：00。诱虫灯采用高压汞灯，功率为 450 W，保障诱虫灯有足够的亮度和射程，使用落地式白色幕布支架进行昆虫诱集，记录采集到的物种名称、数量、采集点经纬度、海拔、生境类型、采集时间、人员等信息。

陷阱法：在主要样线的典型生境（植被丰富、生境多样）布设陷阱，采用一次性塑料杯子（>100 mL）布设于样线上，杯子放置于土壤中，杯口上沿与地面平齐，在距离杯口 2/3 处设置出水口。杯中盛有化学诱捕剂（陈醋、高度白酒及蝉粉等组成）以引诱附近的昆虫，陷阱内建议用糖、醋、酒精、水等组成引诱剂或防腐剂。记录采集到的物种名称、数量、采集点经纬度、海拔、生境类型、采集时间、人员等信息。

2. 调查工具

调查工具包括长焦照相机、微距照相机、捕虫网（包括气网、扫网、马来氏网）、高压汞灯、蓄电池（+逆变器）、灯诱设备、黄盘、一次性塑料杯、工兵铲、无水酒精、白酒、陈醋、可乐、洗涤灵、三角纸袋、标本保存瓶、GPS 定位仪、记录本、标签纸、记录笔、铅笔、吸水纸、昆虫针、三级台、标本盒、自封袋、氨水、注射器、针插标本板、镊子、解剖针、乳胶手套、胶鞋、手电筒等。

2.3.5　水生生物调查方法

水生生物多样性调查工作主要针对遂昌县的湖泊、水库和河流等水域进行实地调查，并结合历史资料收集整理，全面了解遂昌县包括淡水鱼类、大型底栖无脊椎动物在内的水生生物物种种类组成和种群分布等，并综合评估水生生物栖息地质量及受威胁状况。根据不同类群的生活习性采取不同的调查方法和工具。

1. 淡水鱼类

（1）调查方法

鱼类多样性调查以现场捕获法为主，并辅以渔获物统计法和走访调查法。

现场捕获法：在溪流和坑塘等区域的断面和样点处进行自行采集，以撒网、浮网、拖网、地笼等采样工具采集鱼类样本，记录采集到的物种名称、数量、采集点经纬度、海拔、生境类型、采集时间、人员等信息。

渔获物统计法：统计调查水体区域内各类渔具、渔法所捕捞的渔获物中的所有种类。

走访调查法：走访渔民、码头、水产市场等有当地鱼类交易的地方，或者休闲垂钓的地方，采集鱼类标本进行补充调查。

（2）调查工具

调查工具包括解剖剪、镊子、水桶、福尔马林溶液、乙醇、自封袋、标本瓶、解剖镜、电子秤、手抄网等渔具、流速仪、GPS 定位仪、深水温度计、透明度盘、多普勒剖面仪、水质分析仪、标签纸等。

2．大型底栖无脊椎动物

（1）调查方法

大型底栖无脊椎动物调查在河道可涉水区域进行，采用彼德逊采泥器、D 形网、带网夹泥器等工具在河道断面进行采样，每个断面尽可能多地采集不同生境的小样方。每个小生境样方的采集距离为 30 cm，一个调查点需采集 10～15 个小样方。经 40 目钢筛筛洗后置于酒精内保存，带回实验室进行后续处理。

彼德逊采泥器采样：采用 1/16 m^2 的普通彼德逊（水深小于 3 m）或加重彼德逊（水深大于 3 m）开展调查，通常每个样点需要完成 3 个成功的彼德逊泥样，用于采集昆虫幼虫、寡毛类及小型软体动物。

拖网采样：在水深小于 2 m 的河流沿岸的浅水区使用拖网进行定性样品采集。采样时，将拖网（带有重锤）抛入水中，在船上缓慢拖行（船速 5～10 km/h）20～30 m 后提起拖网。

带网夹泥器采样：是一种大型底栖动物夹网，用来采集大型软体动物，采集面积为 1/16 m^2。采得泥样后应将网口闭紧，放在水中涤荡，清除网中泥沙，然后提出水面，拣出其中全部螺、蚌等底栖动物。

采样框定量采样：滩涂大型底栖动物采样时根据滩涂湿地现场状况用 GPS 精确定位确定站位，以后的采集站位根据首次的经纬度确定。定量采集用面积为 0.15 m^2 的采样框确定采样范围，选取框内范围的所有大型底栖动物，包括砾石表面的动物；挖出采样框内的底泥，用孔径 0.1 mm 的筛子冲洗去泥，获取大型底栖动物，挖掘深度约为 30 cm。每站重复采样两次，获得样品合并为一个，作为该站样品。

定性采集：定性采集是在采集点附近尽可能多地采集生物样品种类，补充定量采集生物种数的不足。所获生物样品用 95%的酒精固定后带回实验室。

室内鉴定：在实验室内对所获样品进行挑选、种类鉴定、个体计数和电子天平称重，统计并计算种数、栖息密度、生物量。样品采集和实验室内处理均按照《海洋调查规范　第 6 部分：海洋生物调查》（GB/T 12763.6—2007）进行。在生物取样的同时，利用温度计对采样点的间隙水温度进行现场精确测量并记录。

（2）调查工具

调查工具包括标本箱、称重工具、GPS 定位仪、数码相机、地图、彼德逊采泥器、D 型网、拖网、样品瓶、深水温度计、直尺、游标卡尺、光学显微镜、体视显微镜等。

2.3.6　大型真菌调查方法

大型真菌多样性调查主要依据遂昌县主要自然生态系统类型，通过野外实地调查，并结合对历史资料的整理分析，全面了解遂昌县大型真菌物种组成、分布、生境、威胁因子和保护现状，重点关注食用价值和药用价值较高的菌种分布情况，在遂昌县大型真菌物种多样性现状基础上，评估物种丰富度、特有性和应用价值等信息。

1. 调查方法

样线法：依据生境类型选择调查样线，沿着选定样线对遇到的大型真菌进行标本及影像采集，并录入其生境、基物、GPS 点位、分布地点等关键数据信息，样线长度不少于 500 m，每年调查 3 次。

访谈（问）法：通过访谈的形式对采集、利用真菌资源有经验的农户、当地有关技术人员和专家进行访问。走访当地市场，了解该地出产的和自由市场上出售的各种野生食用菌和药用菌的情况。

2. 调查工具

调查工具包括 GPS 定位仪、便携烘干机、标本盒、标尺、采集刀（铲）、野外采集记录本、铅笔、签字笔、数码相机、笔记本电脑、标签、吸水纸、锡纸、镊子、个人野外调查防护用品与装备等。

第 3 章

生态系统

3.1 生态系统结构特征

根据 2019 年生态系统遥感调查结果，遂昌县的森林生态系统的面积为 1 917.88 km^2，约占区域总面积的 75.54%，主要为常绿针叶林和常绿阔叶林，分别约占该系统总面积的 48.94%和 39.07%；灌丛生态系统的面积为 28.64 km^2，约占区域总面积的 1.13%，主要为常绿阔叶灌木林，约占该系统总面积的 98.95%；草地生态系统的面积为 51.72 km^2，约占区域总面积的 2.04%，为草丛；湿地生态系统的面积为 37.20 km^2，约占区域总面积的 1.47%，主要为河流，约占该系统总面积的 97.02%；农田生态系统的面积为 421.57 km^2，约占区域总面积的 16.6%，主要为旱地和水田，分别约占该系统总面积的 59.95%和 38.95%；城镇生态系统的面积为 66.64 km^2，约占区域总面积的 2.62%，主要为居住地和交通用地，分别约占该系统总面积的 65.62%和 30.21%；裸地生态系统的面积为 15.35 km^2，约占区域总面积的 0.6%，主要为裸岩，约占该系统总面积的 98.57%（表 3-1）。结果显示，遂昌县以自然生态系统为主，约占区域总面积的 80.17%，其中以生物多样性丰富的森林生态系统为主，广泛分布于全县；非自然生态系统主要为农田和城镇生态系统，约占区域总面积的 19.23%，其中农田主要分布在县域中部及东北部，城镇主要分布在县域东北部。

表 3-1 遂昌县三级生态系统构成特征

代码	一级	代码	二级	代码	三级	2010 年		2019 年	
						面积/km^2	比例/%	面积/km^2	比例/%
1	森林	11	阔叶林	111	常绿阔叶林	788.36	31.05	749.24	29.51
				112	落叶阔叶林	41.23	1.62	38.11	1.50
			小计			829.59	32.67	787.35	31.01

代码	一级	代码	二级	代码	三级	2010年		2019年	
						面积/km²	比例/%	面积/km²	比例/%
1	森林	12	针叶林	121	常绿针叶林	999.88	39.38	938.58	36.97
				122	落叶针叶林	90.65	3.57	60.16	2.37
			小计			1 090.53	42.95	998.74	39.34
		13	针阔混交林	131	针阔混交林	180.42	7.11	131.79	5.17
	合计					2 100.54	82.73	1 917.88	75.54
2	灌丛	21	阔叶灌丛	211	常绿阔叶灌木林	31.67	1.25	28.34	1.12
				212	落叶阔叶灌木林	1.39	0.05	0.16	0.01
			小计			33.06	1.30	28.50	1.12
		22	针叶灌丛	221	常绿针叶灌木林	0.23	0.01	0.13	0.01
	合计					33.29	1.31	28.64	1.13
3	草地	31	草地	313	草丛	38.52	1.52	51.72	2.04
	合计					38.52	1.52	51.72	2.04
4	湿地	42	湖泊	421	湖泊	1.33	0.05	0.08	0.00
				422	水库/坑塘	19.31	0.76	1.02	0.04
			小计			20.64	0.81	1.10	0.04
		43	河流	431	河流	18.02	0.71	36.09	1.42
				432	运河/水渠	—	—	0.01	0.00
			小计			18.02	0.71	36.10	1.42
	合计					38.65	1.52	37.20	1.47
5	农田	51	耕地	511	水田	178.75	7.04	164.20	6.47
				512	旱地	103.02	4.06	252.72	9.95
			小计			281.77	11.10	416.92	16.42
		52	园地	521	乔木园地	2.58	0.10	0.68	0.03
				522	灌木园地	10.30	0.41	3.97	0.16
			小计			12.88	0.51	4.65	0.18
	合计					294.65	11.60	421.57	16.60
6	城镇	61	居住地	611	居住地	21.19	0.83	43.73	1.72
		62	城市绿地	623	草本绿地	4.07	0.16	2.27	0.09
		63	工矿交通	631	工业用地	5.15	0.20	0.51	0.02
				632	交通用地	2.78	0.11	20.13	0.79
			小计			7.93	0.31	20.64	0.81
	合计					33.19	1.31	66.64	2.62
7	裸地	71	裸地	713	裸岩	—	—	15.13	0.60
				714	裸土	0.16	0.01	0.22	0.01
	合计					0.16	0.01	15.35	0.60

注：因四舍五入，表中数值加总不完全等于100%，本书余同。

3.2 生态系统变化分析

2010—2019 年，遂昌县生态系统呈农田、城镇、裸地和草地总面积增加，而森林、灌丛和湿地面积减少的趋势（图 3-1）。10 年间，森林生态系统面积共减少 182.66 km^2，减少的主要为常绿针叶林、针阔混交林和常绿阔叶林，分别减少了 61.3 km^2、48.63 km^2 和 39.12 km^2；减少的森林主要转向农田，其中减少的常绿针叶林主要转向旱地和水田，减少的针阔混交林和常绿阔叶林主要转向旱地（表 3-2 和表 3-3）。灌丛生态系统面积减少了 4.65 km^2，减少的主要为常绿阔叶灌木林；灌丛主要转向农田，其中减少的常绿阔叶灌木林主要转向旱地。草地生态系统面积增加了 13.20 km^2，增加的为草丛；增加的草地主要来源于森林和农田，其中增加的草丛主要来源于常绿针叶林、水田、落叶针叶林和针阔混交林。湿地生态系统面积共减少了 1.45 km^2，减少的主要为水库/坑塘；减少的湿地主要转向农田、裸地、森林和城镇，其中减少的水库/坑塘主要转向裸岩和常绿针叶林。农田生态系统面积共增加了 126.92 km^2，其中增加的主要为旱地，减少的主要为水田，分别净增加了 149.70 km^2 和减少了 14.55 km^2；增加的农田主要来源于森林，其中增加的旱地主要来源于水田、常绿针叶林、针阔混交林和常绿阔叶林，而减少的水田则主要转向旱地和居住地。城镇生态系统面积共增加了 33.45 km^2，增加的主要为居住地和交通用地，分别净增加了 22.54 km^2 和 17.35 km^2；增加的城镇主要来源于农田和森林，其中增加的居住地主要来源于水田，增加的交通用地主要来源于水田和常绿针叶林。裸地生态系统面积共增加了 15.19 km^2，增加的主要为裸岩，净增加了 15.13 km^2；增加的裸地主要来源于森林和湿地，其中增加的裸岩主要来源于常绿针叶林和河流。结果显示，遂昌县生态系统之间的变化主要存在于农田、城镇和森林之间，相互之间转化相对频繁，而其余自然生态系统的整体变化程度较小。

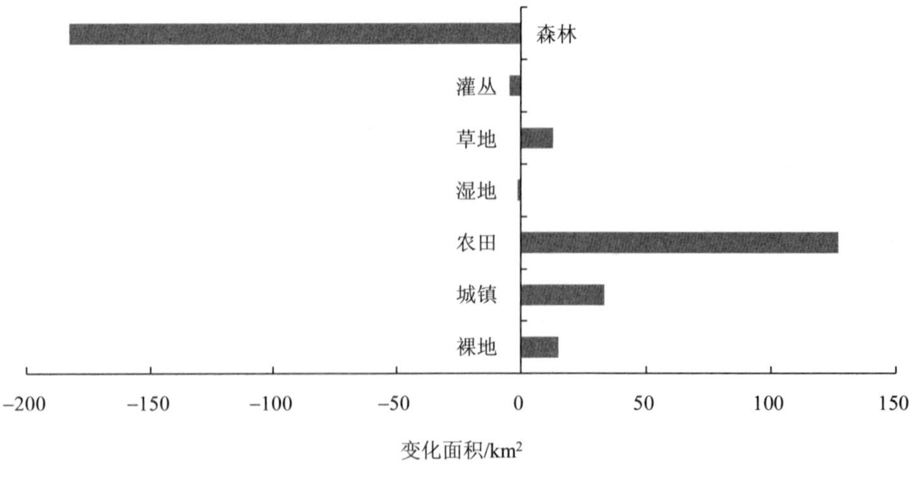

（a）一级生态系统

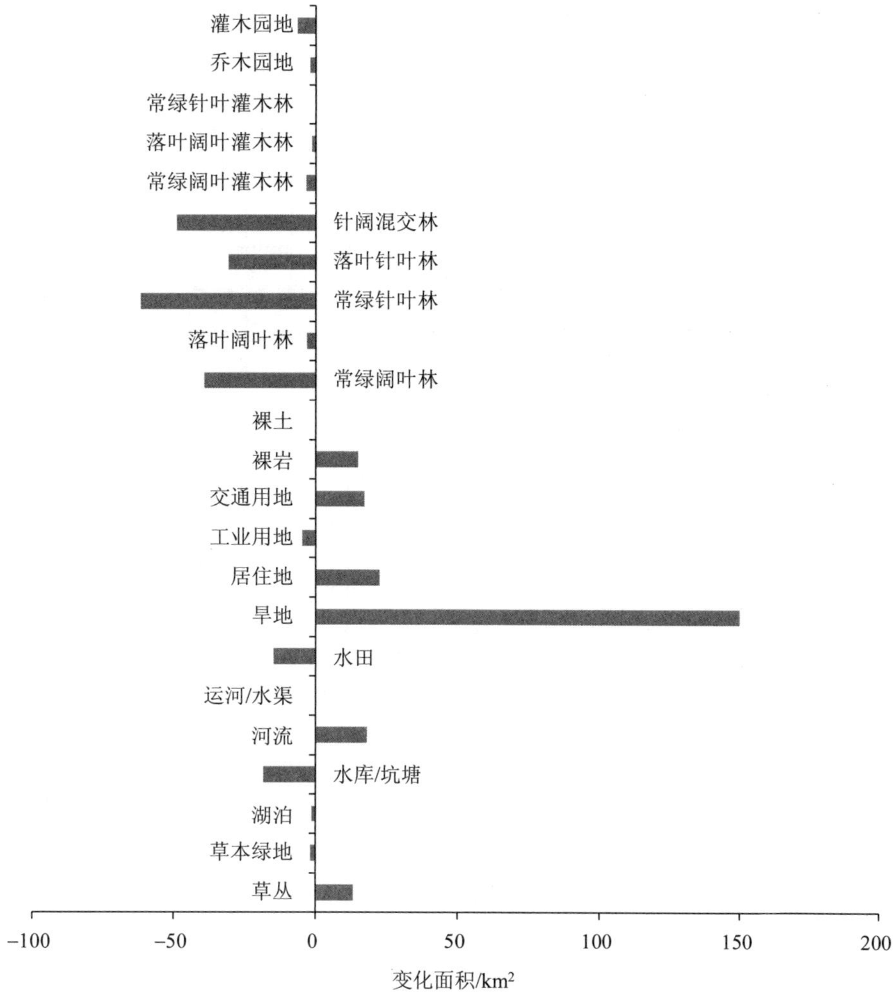

（b）三级生态系统

图 3-1　遂昌县 2010—2019 年生态系统面积变化

表 3-2　遂昌县生态系统一级转移矩阵　　单位：km²

	森林	灌丛	草地	湿地	农田	城镇	裸地
森林	1 884.81		16.65	4.60	138.44	18.24	8.90
灌丛	0.14	28.65	0.29	0.29	3.34	0.47	0.22
草地	0.05		25.46	0.23	10.79	1.63	0.28
湿地	2.71		1.16	26.77	2.83	2.26	2.79
农田	0.40		7.21	3.48	256.27	24.94	2.33
城镇	0.32		0.88	1.86	10.09	19.13	0.74
裸地			0.01	0.01	0.02	0.06	0.06

表 3-3 遂昌县生态系统三级转移矩阵 单位：km^2

	草丛	草本绿地	湖泊	水库/坑塘	河流	运河/水渠	水田	旱地	居住地	工业用地	交通用地	裸岩	裸土	常绿阔叶林	落叶阔叶林	常绿针叶林	落叶针叶林	针阔混交林	常绿阔叶灌木林	落叶阔叶灌木林	常绿针叶灌木林	乔木园地	灌木园地
草丛	25.5	0.0			0.2		3.3	7.5	1.2		0.5	0.3	0.0			0.1							
草本绿地	0.1	1.4			0.0		0.8	1.4	0.2		0.1	0.0											
湖泊	0.3	0.0	0.1		0.7		0.1	0.1	0.0		0.0	0.0											
水库/坑塘	0.3	0.0		1.0	15.6		0.2	0.3	0.2	0.0	0.1	0.4	0.0			1.1		0.0					
河流	0.6	0.0			9.5		0.7	1.4	1.1		0.7	2.4	0.0			1.6							
水田	4.2	0.2			2.2	0.0	97.2	56.5	12.0	0.0	4.6	1.6	0.0			0.2							
旱地	2.5	0.1			1.1	0.0	22.0	69.2	5.2	0.0	2.2	0.6	0.0			0.2							
居住地	0.5	0.1			0.9	0.0	2.8	3.9	10.8	0.0	1.4	0.6	0.0	0.1		0.1							
工业用地	0.2	0.0			0.5		0.1	0.8	2.6	0.5	0.4	0.0	0.0			0.0							
交通用地	0.1	0.2			0.4		0.1	0.3	0.4		1.0	0.1				0.1							
裸土	0.0				0.0			0.0	0.1		0.0	0.0	0.0										
常绿阔叶林	2.8	0.0			0.8		4.4	20.3	1.5		1.8	1.9	0.0	720.3		5.7							
落叶阔叶林	0.4	0.0			0.0		0.3	1.8	0.1		0.1	0.1			38.1	0.2							
常绿针叶林	6.3	0.1			1.8	0.0	11.9	39.9	3.4		3.6	4.5	0.0	0.1		928.2							
落叶针叶林	3.6	0.0			0.8	0.0	8.2	13.3	1.6		1.1	1.2	0.0			0.6	60.2						
针阔混交林	3.4	0.1			1.1	0.0	9.8	28.0	2.8	0.0	2.0	1.0	0.0			0.4		131.8					
常绿阔叶灌木林	0.2	0.0			0.1		0.3	2.1	0.1		0.1	0.1				0.1			28.3				
落叶阔叶灌木林	0.0	0.0			0.2		0.2	0.5	0.1		0.1	0.0	0.0							0.2			
常绿针叶灌木林	0.0				0.0		0.0	0.0	0.0	0.0	0.0	0.0									0.1		
乔木园地	0.0				0.0		0.2	1.7	0.0		0.0											0.7	
灌木园地	0.6	0.0			0.1		1.4	3.7	0.3		0.2	0.1											4.0

3.3 生态系统景观格局分析

本节分别以生态系统一级分类和三级分类数据为基础，分析与评价区域 2010 年和 2019 年两个时期生态系统景观格局特征，重点评价生态系统的连通性、破碎化程度及其变化趋势。

根据 2019 年生态系统景观格局分析结果，遂昌县一级生态系统斑块数为 42 806 个，平均斑块面积为 5.86 hm^2，边界密度为 66.04 m/hm^2，聚集度指数为 68.45%，最邻近距离为 119.38 m

（表 3-4）。其中，斑块主要为城镇、农田、草地和裸地，其斑块数分别为 14 669 个、7 650 个、6 034 个和 5 727 个；平均斑块面积则以森林为最大，为 50.55 hm^2，最小为裸地，为 0.27 hm^2；边界密度以森林为最大，为 45.73 m/hm^2，农田次之，为 44.01 m/hm^2，最小为灌丛，为 4.87 m/hm^2；最邻近距离以灌丛为最大，为 345.53 m，森林最小，为 77.43 m（表 3-5）。三级生态系统的斑块数为 84 219 个，平均斑块面积为 2.98 hm^2，边界密度为 129.22 m/hm^2，聚集度指数为 58.26%，最邻近距离为 129.60 m。其中，斑块主要为交通用地、旱地和水田，其斑块数分别为 13 436 个、12 334 个和 10 812 个；平均斑块面积则以常绿阔叶林为最大，为 15.73 hm^2，常绿针叶林次之，为 14.00 hm^2，最小为运河/水渠，仅为 0.10 hm^2；边界密度以常绿针叶林为最大，为 58.84 m/hm^2，运河/水渠最小，仅为 0.01 m/hm^2；最邻近距离以常绿针叶灌木林为最大，为 3 420.35 m，常绿针叶林为最小，为 89.42 m（表 3-6）。

表 3-4　遂昌县一、三级生态系统景观格局特征及其变化

年份	斑块数（NP）/个		平均斑块面积（MPS）/hm^2		边界密度（ED）/（m/hm^2）		聚集度指数（CONT）/%		最邻近距离（ENN）/m	
	一级	三级	一级	三级	一级	三级	一级	三级	一级	三级
2010	5 717	22 428	43.90	11.19	30.87	88.92	77.80	61.71	307.19	247.46
2019	42 806	84 219	5.86	2.98	66.04	129.22	68.45	58.26	119.38	129.60

表 3-5　遂昌县一级类别斑块景观格局特征及其变化

类型	斑块数（NP）/个		边界密度（ED）/（m/hm^2）		平均斑块面积（MPS）/hm^2		最邻近距离（ENN）/m	
	2010 年	2019 年	2010 年	2019 年	2010 年	2019 年	2010 年	2019 年
森林	545	3 736	26.17	45.73	380.12	50.55	93.11	77.43
灌丛	1 480	1 601	5.18	4.87	2.26	1.79	395.48	345.53
草地	612	6 034	3.48	9.97	6.28	0.86	479.86	153.50
湿地	441	3 389	3.55	5.57	8.73	1.10	318.45	157.40
农田	1 927	7 650	19.77	44.01	15.29	5.51	176.09	92.13
城镇	703	14 669	3.57	16.25	4.70	0.45	417.56	95.38
裸地	9	5 727	0.03	5.69	1.91	0.27	5 907.90	122.95

表 3-6　遂昌县三级类别斑块景观格局特征及其变化

类型	斑块数（NP）/个		边界密度（ED）/（m/hm^2）		平均斑块面积（MPS）/hm^2		最邻近距离（ENN）/m	
	2010 年	2019 年	2010 年	2019 年	2010 年	2019 年	2010 年	2019 年
草丛	625	5 999	3.47	9.94	6.16	0.86	459.02	154.18
草本绿地	49	567	0.40	0.69	8.31	0.40	2 478.23	258.46

类型	斑块数（NP）/个		边界密度（ED）/（m/hm²）		平均斑块面积（MPS）/hm²		最邻近距离（ENN）/m	
	2010 年	2019 年	2010 年	2019 年	2010 年	2019 年	2010 年	2019 年
湖泊	35	34	0.14	0.03	3.79	0.24	373.75	147.77
水库/坑塘	169	240	1.18	0.30	11.43	0.43	989.04	372.71
河流	334	3 299	2.37	5.43	5.39	1.09	174.27	159.42
运河/水渠		14		0.01		0.10		2 621.21
水田	2 486	10 812	16.61	32.69	7.19	1.52	172.07	89.86
旱地	1 009	12 334	8.72	40.13	10.21	2.05	271.35	91.02
居住地	638	6 050	2.57	9.47	3.32	0.72	457.36	127.05
工业用地	51	162	0.39	0.18	10.10	0.31	438.29	407.61
交通用地	86	13 436	0.43	9.20	3.23	0.15	149.70	101.94
裸岩		5 545		5.57		0.27		122.80
裸土	8	83	0.02	0.08	2.05	0.27	7 386.45	1 564.25
常绿阔叶林	3 415	4 580	44.44	45.32	22.24	15.73	127.53	112.43
落叶阔叶林	1 423	1 561	5.32	5.21	2.90	2.44	360.46	318.20
常绿针叶林	3 807	6 703	54.84	58.84	26.26	14.00	100.87	89.42
落叶针叶林	3 870	5 530	13.03	11.69	2.34	1.09	221.39	162.55
针阔混交林	2 724	5 087	17.46	17.80	6.62	2.59	178.15	121.31
常绿阔叶灌木林	1 360	1 502	4.85	4.75	2.33	1.89	425.91	369.19
落叶阔叶灌木林	96	67	0.25	0.06	1.45	0.24	1 272.09	1 381.39
常绿针叶灌木林	34	36	0.06	0.04	0.71	0.40	4 360.68	3 420.35
乔木园地	49	120	0.27	0.18	5.26	0.57	2 429.65	719.91
灌木园地	160	458	1.01	0.85	6.44	0.87	1 078.12	203.75

2010—2019 年，遂昌县生态系统景观格局总体特征变化较大，一、三级类型中斑块数和边界密度呈上升趋势，而平均斑块面积、聚集度指数和最邻近距离呈明显下降趋势。一、三级类型的斑块数分别增加 37 089 个和 61 791 个，边界密度分别增加 35.17 m/hm^2 和 40.30 m/hm^2；平均斑块面积分别减少 38.04 hm^2 和 8.21 hm^2，最邻近距离分别减少 187.81 m 和 117.86 m，聚集度指数分别减少 9.35%和 3.45%。生态系统中，变化较大的是城镇和农田。城镇和农田的斑块数分别增加 13 966 个和 5 723 个，而平均斑块面积分别减少 4.25 hm^2 和 9.78 hm^2。结果显示，遂昌县的破碎化程度随着城市化的进程不断加剧，森林被分割，面积萎缩。

第 4 章

陆生维管植物

4.1　物种组成

通过本次调查并结合《浙江植物志》《九龙山自然资源综合科学考察报告》等文献资料，遂昌县共记录陆生维管植物 2 148 种，隶属 191 科 864 属，其中蕨类植物 32 科 70 属 213 种，裸子植物 7 科 16 属 22 种，被子植物 152 科 778 属 1 913 种。

4.1.1　蕨类植物

遂昌县共有蕨类植物 213 种，隶属 32 科，占浙江省蕨类植物 49 科的 65.31%。根据科的统计分析（表 4-1），含 10 种以上的大中型科有 6 个，即鳞毛蕨科（Dryopteridaceae）4 属 55 种、水龙骨科（Polypodiaceae）11 属 29 种、蹄盖蕨科（Athyriaceae）6 属 24 种、金星蕨科（Thelypteridaceae）8 属 19 种、铁角蕨科（Aspleniaceae）1 属 13 种、卷柏科（Selaginellaceae）1 属 11 种，共含 31 属 151 种，分别占遂昌县蕨类植物总属数、总种数的 44.29%和 70.89%，是遂昌县蕨类植物区系的主要组分。这表明该区域蕨类植物区系的种类集中在少数的大型科和中型科，区系优势现象十分突出。除此以外，含 2～9 种的小型科有石杉科（Huperziaceae）、石松科（Lycopodiaceae）、木贼科（Equisetaceae）、阴地蕨科（Botrychiaceae）、紫萁科（Osmundaceae）、瘤足蕨科（Plagiogyriaceae）、里白科（Gleicheniaceae）、膜蕨科（Hymenophyllaceae）、碗蕨科（Dennstaedtiaceae）、鳞始蕨科（Lindsaeaceae）、凤尾蕨科（Pteridaceae）、书带蕨科（Vittariaceae）、乌毛蕨科（Blechnaceae）、剑蕨科（Loxogrammaceae）共 14 科，其他 12 科为仅含 1 种的单种科。小型科和单种科占总科数的 81.25%，是遂昌县蕨类植物科的组成主体。

表 4-1　遂昌县蕨类植物科的分级及统计结果

科的分级	科数	科占比/%	属数	属占比/%	种数	种占比/%
大型科（≥ 20 种）	3	9.38	21	30	108	50.70
中型科（10～19 种）	3	9.38	10	14.29	43	20.19
小型科（2～9 种）	14	43.75	27	38.57	50	23.47
单种科（1 种）	12	37.50	12	17.14	12	5.63

遂昌县共有蕨类植物 70 属，占浙江省蕨类植物 116 属的 60.34%。根据属的统计分析（表 4-2），含 10 种及以上的大型属有 5 个，即卷柏属（*Selaginella*）11 种、铁角蕨属（*Asplenium*）13 种、复叶耳蕨属（*Arachniodes*）11 种、鳞毛蕨属（*Dryopteris*）32 种、耳蕨属（*Polystichum*）10 种；含 5～9 种的中型属共有 5 个，分别为对囊蕨属（*Deparia*）8 种、瓦韦属（*Lepisorus*）8 种、蹄盖蕨属（*Athyrium*）7 种、双盖蕨属（*Diplazium*）5 种和金星蕨属（*Parathelypteris*）5 种；含 2～4 种的寡种属有 26 个，如膜蕨属（*Hymenophyllum*）4 种、毛蕨属（*Cyclosorus*）3 种、石杉属（*Huperzia*）2 种等；其他 34 属为只含 1 种的单种属。这些寡种属和单种属共含 103 种蕨类植物，占遂昌县蕨类植物种数的 48.36%，是遂昌县蕨类植物区系属、种多样性的重要组成部分。

表 4-2　遂昌县蕨类植物属的分级及统计结果

属的分级	属数	属占比/%	种数	种占比/%
大型属（≥ 10 种）	5	7.14	77	36.15
中型属（5～9 种）	5	7.14	33	15.49
寡种属（2～4 种）	26	37.14	69	32.39
单种属（1 种）	34	48.57	34	15.96

4.1.2　种子植物

遂昌县植物种类丰富。本次调查通过多方面的资料收集和野外调查已知遂昌县共有野生种子植物 159 科 794 属 1 935 种，其中裸子植物 7 科 16 属 22 种，被子植物 152 科 778 属 1 913 种（包括种以下分类单位，不包括栽培品种，下同）。

根据各科包含种数的多少，遂昌县 159 个种子植物科可以划分为大科（50 种及以上）、较大科（20～49 种）、中等科（10～19 种）、较小科（2～9 种）和单种科（1 种）5 个等级。每类的科、属、种数目见表 4-3。

表 4-3　遂昌县种子植物科的统计

科的级别	科		属		种	
	科数	占类群/%	属数	占类群/%	种数	占类群/%
大科（50 种及以上）	6	3.77	240	30.23	570	29.46
较大科（20～49 种）	20	12.58	211	26.57	623	32.20
中等科（10～19 种）	30	18.87	143	18.01	391	20.21
较小科（2～9 种）	74	46.54	171	21.54	322	16.64
单种科（1 种）	29	18.24	29	3.65	29	1.50
合计	159	100.00	794	100.00	1 935	100.01

根据表 4-3，50 种及以上的大科仅 6 个，按每科种数的多少依次是禾本科（Poaceae）67 属 130 种、菊科（Asteraceae）66 属 123 种、蔷薇科（Rosaceae）26 属 107 种、莎草科（Cyperaceae）13 属 80 种、豆科（Fabaceae）40 属 74 种和唇形科（Lamiaceae）28 属 56 种，它们都是全球广布的大科。20～49 种的较大科共 20 个，按每科种数多少依次是兰科（Orchidaceae）30 属 49 种、百合科（Liliaceae）19 属 45 种、茜草科（Rubiaceae）25 属 44 种、玄参科（Scrophulariaceae）17 属 36 种、蓼科（Polygonaceae）6 属 36 种、樟科（Lauraceae）7 属 34 种、壳斗科（Fagaceae）6 属 34 种、忍冬科（Caprifoliaceae）6 属 33 种、毛茛科（Ranunculaceae）10 属 32 种、虎耳草科（Saxifragaceae）14 属 31 种、大戟科（Euphorbiaceae）11 属 29 种、荨麻科（Urticaceae）9 属 29 种、伞形科（Apiaceae）15 属 28 种、山茶科（Theaceae）8 属 28 种、葡萄科（Vitaceae）6 属 27 种、冬青科（Aquifoliaceae）1 属 25 种、桑科（Moraceae）6 属 21 种、马鞭草科（Verbenaceae）6 属 21 种、杜鹃花科（Ericaceae）5 属 21 种、卫矛科（Celastraceae）4 属 20 种，它们主要是泛热带和世界广布的科。上述两者共 26 科，占全区域种子植物科总数的 16.35%，包含 451 属 1 193 种，分别占属和种总数的 56.80%和 61.65%，成为遂昌县种子植物区系的主体。较小科和单种科共 103 科 200 属 351 种，分别占科、属和种总数的 64.78%、25.19%和 18.14%，该区域种子植物中的特有、古老、珍稀和孑遗植物多在其中。若仅以每科、属的数目多少排列，前 10 科的顺序依次是禾本科（67 属）、菊科（66 属）、豆科（40 属）、兰科（30 属）、唇形科（28 属）、蔷薇科（26 属）、茜草科（25 属）、百合科（19 属）、玄参科（17 属）、伞形科（15 属）。

种子植物共 794 属。按每属包含的种数不同分成 5 级，即大属（20 种及以上）、较大属（10～19 种）、中等属（5～9 种）、较小属（2～4 种）、小属（1 种），各等级的属数和包含的种数见表 4-4。可以看出，20 种及以上的大属仅 4 个，依次是薹草属（*Carex*）42 种、悬钩子属（*Rubus*）33 种、蓼属（*Polygonum*）28 种、冬青属（*Ilex*）25 种；10～19 种的较大属 22 个，依次是堇菜属（*Viola*）18 种、石楠属（*Photinia*）15 种、荚蒾属（*Viburnum*）15 种、槭属（*Acer*）14 种、珍珠菜属（*Lysimachia*）14 种、山矾属（*Symplocos*）14 种、卫矛属（*Euonymus*）13 种、忍冬属

（*Lonicera*）13 种、菝葜属（*Smilax*）13 种、紫珠属（*Callicarpa*）12 种、铁线莲属（*Clematis*）11 种、莎草属（*Cyperus*）11 种、榕属（*Ficus*）11 种、刚竹属（*Phyllostachys*）11 种、景天属（*Sedum*）11 种、葡萄属（*Vitis*）11 种、猕猴桃属（*Actinidia*）10 种、山茶属（*Camellia*）10 种、薯蓣属（*Dioscorea*）10 种、胡枝子属（*Lespedeza*）10 种、润楠属（*Machilus*）10 种、杜鹃花属（*Rhododendron*）10 种。两者共 26 属，占总属数的 3.27%，包含 395 种，占总种数的 20.41%。而 2～4 种的较小属和仅有 1 种的单种属共 706 属，占总属数的 88.92%，包含 1 131 种，占总种数的 58.45%。它们是遂昌县植物区系的主体，也表明该植物区系的多样性。

表 4-4 遂昌县种子植物属的统计

属的级别	大属（≥20 种）	较大属（10～19 种）	中等属（5～9 种）	较小属（2～4 种）	单种属（1 种）	合计
属数	4	22	62	275	431	794
占总属数/%	0.50	2.77	7.81	34.63	54.29	100.00
包含种数	128	267	409	700	431	1 935
占总种数/%	6.61	13.80	21.14	36.18	22.27	100..00

4.1.3 国家重点保护与受威胁植物

根据 2021 年 9 月发布的《国家重点保护野生植物名录》，通过我们的野外调查和文献统计，目前共发现遂昌县有国家一级重点保护野生植物南方红豆杉（*Taxus wallichiana* var. *mairei*）一种；国家二级重点保护野生植物 28 科 42 属 53 种，如长柄石杉（*Huperzia javanica*）、闽浙马尾杉（*Phlegmariurus mingcheensis*）、福建柏（*Fokienia hodginsii*）、九龙山榧树（*Torreya grandis* var. *jiulongshanensis*）、长叶榧树（*Torreya jackii*）等。

根据《中国生物多样性红色名录——高等植物卷》（2020 年，下同），遂昌县有易危等级以上物种 65 种，其中极危（CR）物种有 5 种，如九龙山榧树、银杏（*Ginkgo biloba*，栽培）、莼菜（*Brasenia schreberi*）、浙江猕猴桃（*Actinidia zhejiangensis*）、大花无柱兰（*Amitostigma pinguicula*）；濒危（EN）物种有 16 种，如长序榆（*Ulmus elongata*）、短萼黄连（*Coptis chinensis* var. *brevisepala*）、浙江金线兰（*Anoectochilus zhejiangensis*）、白芨（*Bletilla striata*）等；易危（VU）物种有 44 种，如福建柏、白豆杉（*Pseudotaxus chienii*）、华重楼（*Paris polyphylla* var. *chinensis*）、建兰（*Cymbidium ensifolium*）、台湾独蒜兰（*Pleione formosana*）等。此外，遂昌县还记录到 564 个中国特有种。

4.2 区系分析

4.2.1 蕨类植物区系分析

1．科的分布类型分析

由表 4-5 可知，遂昌县的 32 个蕨类植物科涉及 6 种分布类型，没有中国特有分布科。其中，世界分布的有 10 科，占总科数的 31.25%；热带分布的有 16 科，占 50%；温带分布的仅 6 科，占 18.75%。世界分布的 10 科为卷柏科（Selaginellaceae）、蕨科（Pteridiaceae）、凤尾蕨科（Pteridaceae）、乌毛蕨科（Blechnaceae）、骨碎补科（Davalliaceae）、水龙骨科（Polypodiaceae）、剑蕨科（Loxogrammaceae）、蘋科（Marsileaceae）、槐叶蘋科（Salviniaceae）、满江红科（Azollaceae）；泛热带分布的 11 科为里白科（Gleicheniaceae）、海金沙科（Lygodiaceae）、膜蕨科（Hymenophyllaceae）、碗蕨科（Dennstaedtiaceae）、鳞始蕨科（Lindsaeaceae）、姬蕨科（Hypolepidaceae）、蹄盖蕨科（Athyriaceae）等；热带亚洲和热带美洲间断分布的 4 科为石杉科（Huperziaceae）、紫萁科（Osmundaceae）、瘤足蕨科（Plagiogyriaceae）、禾叶蕨科（Grammitidaceae）；热带亚洲至热带大洋洲分布的科仅有槲蕨科（Drynaraceae）；北温带分布的 5 科为石松科（Lycopodiaceae）、木贼科（Equisetaceae）、阴地蕨科（Botrychiaceae）、书带蕨科（Vittariaceae）、球子蕨科（Onocleaceae）；东亚分布的仅有稀子蕨科（Monachosoraceae）。

表 4-5 遂昌县蕨类植物科、属分布类型

分布类型	科数	占总科数的比例/%	属数	占总属数的比例/%
世界分布	10	31.25	17	24.29
泛热带分布	11	34.38	20	28.57
热带亚洲和热带美洲间断分布	4	12.50	2	2.86
旧世界热带分布	—	—	5	7.14
热带亚洲至热带大洋洲分布	1	3.13	2	2.86
热带亚洲至热带非洲分布	—	—	6	8.57
热带亚洲分布	—	—	4	5.71
北温带分布	5	15.63	6	8.57
东亚分布	1	3.13	8	11.43
合　计	32		70	

2．属的分布类型分析

由表 4-5 可知，遂昌县的 70 个蕨类植物属涉及 9 种分布类型，无中国特有属。其中，世界分布的有 17 属，占总属数的 24.29%；热带分布的有 39 属，占 55.71%；温带分布的有 14 属，占 20%。

世界分布的 17 个属为粉背蕨属（*Aleuritopteris*）、蹄盖蕨属（*Athyrium*）、满江红属（*Azolla*）、玉柏属（*Dendrolycopodium*）、鳞毛蕨属（*Dryopteris*）、木贼属（*Equisetum*）等；泛热带分布的 20 个属为复叶耳蕨属（*Arachniodes*）、铁角蕨属（*Asplenium*）、凤丫蕨属（*Coniogramme*）、毛蕨属（*Cyclosorus*）、碗蕨属（*Dennstaedtia*）等；热带亚洲和热带美洲间断分布的有乌毛蕨属（*Blechnum*）和双盖蕨属（*Diplazium*）2 个属；旧世界热带分布的 5 个属为假脉蕨属（*Crepidomanes*）、芒萁属（*Dicranopteris*）、团扇蕨属（*Gonocormus*）、鳞盖蕨属（*Microlepia*）、修蕨属（*Selliguea*）；热带亚洲至热带大洋洲分布的 2 个属为槲蕨属（*Drynaria*）和针毛蕨属（*Macrothelypteris*）；热带亚洲至热带非洲分布的 6 个属为角蕨属（*Cornopteris*）、贯众属（*Cyrtomium*）、瓦韦属（*Lepisorus*）、茯蕨属（*Leptogramma*）、星蕨属（*Microsorium*）、盾蕨属（*Neolepisorus*）；热带亚洲（印度—马来西亚）分布的 4 个属为安蕨属（*Anisocampium*）、小膜盖蕨属（*Araiostegia*）、肠蕨属（*Diplaziopsis*）、舌蕨属（*Elaphoglossum*）；北温带分布的 6 个属为阴地蕨属（*Botrychium*）、碎米蕨属（*Cheilanthes*）、紫萁属（*Osmunda*）、东方荚果蕨属（*Pentarhizidium*）、卵果蕨属（*Phegopteris*）、多足蕨属（*Polypodium*）。

在遂昌县蕨类植物属的分布类型中，尽管热带属所占的百分比高达 55.71%，但该县域的蕨类植物区系并非热带性质。其原因主要有以下 3 点：①这些热带分布属中严格限于热带地区分布的属极少，多数是由热带扩散至亚热带甚至温带分布的属，如凤尾蕨属、石韦属、金星蕨属、碗蕨属等；②虽然这些热带属所含的种类较多，但只有少数种出现在该县域，如凤尾蕨属（世界 300 种，中国 68 种，本区 4 种）、毛蕨属（世界 200 种，中国 100 种，本区 3 种）、石韦属（世界 70 种，中国 40 种，本区 3 种）、碗蕨属（世界 80 种，中国 10 种，本区 2 种）、海金沙属（世界 45 种，中国 10 种，本区 1 种）和里白属（世界 25 种，中国 17 种，本区 2 种）等；③从遂昌县九龙山的蕨类植物种的分布来看，纯热带部分的蕨类植物种仅约占 13%，低于温带型种和过渡型种，具有较明显的亚热带向暖温带过渡的特点。

4.2.2 种子植物区系分析

遂昌县种子植物区系起源古老，孑遗植物多。在其种子植物区系中，有较多的古老科和属。裸子植物的松杉纲始见于晚石炭纪，全球共 7 科，我国分布的 6 科在遂昌县均有分布，其中松科 4 属 6 种、杉科 3 属 3 种、柏科 3 属 3 种、罗汉松科 1 属 2 种、三尖杉科 1 属 2 种、红豆杉科 3 属 5 种。被子植物中也保存有众多的原始类群，如木兰科有 7 属 8 种，其中鹅掌楸属（*Liriodendron*）和木莲属（*Manglietia*）均为第三纪孑遗植物。与木兰科比较接近的原始类群，如蜡梅科、睡莲科、金粟兰科、三白草科、小檗科、木通科、毛茛科等在遂昌县都有野生的代表种类。被保存的原始种类表明遂昌县的种子植物区系是古老的。

遂昌县种子植物区系成分复杂，来源于多种地理成分。根据吴征镒的分类标准，遂昌县种子植物的 794 属可划分为 15 个类型（表 4-6），包括了我国种子植物除中亚分布外的所有分布类型。

这表明遂昌县组成种子植物区系的地理成分复杂性。在各种分布类型中，世界分布的属共 69 属，占总属数的 8.69%，表明遂昌县植物区系与全球植物区系有广泛的联系。这些属大多是草本，对生境的适应能力极强。在本区系中，属于热带性质的属（2～7 项）共 327 属，占总属数的 41.18%；温带性质的属（8～14 项）共 374 属，占总属数的 47.10%，显示出温带成分略占优势。

表 4-6　遂昌县种子植物属的分布类型

分布类型	属数	占总属数的比例/%
1. 世界分布	69	8.69
2. 泛热带分布	139	17.51
3. 热带亚洲和热带美洲分布	21	2.64
4. 旧世界热带分布	45	5.67
5. 热带亚洲至热带大洋洲分布	29	3.65
6. 热带亚洲至热带非洲分布	24	3.02
7. 热带亚洲（印度—马来西亚）	69	8.69
8. 北温带分布	122	15.37
9. 东亚和北美洲间断分布	67	8.44
10. 旧世界温带分布	45	5.67
11. 温带亚洲分布	7	0.88
12. 地中海区、西亚至中亚分布	4	0.50
13. 中亚分布	3	0.38
14. 东亚分布	126	15.87
15. 中国特有	24	3.02
总　计	794	100.0

在各类热带成分中，泛热带分布的属高居榜首，共计 139 属，占 17.51%，代表的属有铁苋菜属（*Acalypha*）、牛膝属（*Achyranthes*）、下田菊属（*Adenostemma*）、莲子草属（*Alternanthera*）、紫金牛属（*Ardisia*）、马兜铃属（*Aristolochia*）、芦竹属（*Arundo*）、羊蹄甲属（*Bauhinia*）等。其次是热带亚洲（印度—马来西亚）的属，共计 69 属，占 8.69%，如苘麻属（*Abutilon*）、野菰属（*Aeginetia*）、合萌属（*Aeschynomene*）、赤杨叶属（*Alniphyllum*）、蕈树属（*Altingia*）、石椒草属（*Boenninghausenia*）等。其他热带成分还有旧世界热带分布的 45 属，占 5.67%，如八角枫属（*Alangium*）、合欢属（*Albizia*）、山姜属（*Alpinia*）、五月茶属（*Antidesma*）、天门冬属（*Asparagus*）、十万错属（*Asystasia*）、艾纳香属（*Blumea*）等；热带亚洲至热带大洋洲分布的 29 属，占 3.65%，如臭椿属（*Ailanthus*）、链珠藤属（*Alyxia*）、开唇兰属（*Anoectochilus*）、蛇菰属（*Balanophora*）、胡麻草属（*Centranthera*）等；热带亚洲至热带非洲分布的 24 属，占 3.02%，如水团花属（*Adina*）、杨桐属（*Adinandra*）、魔芋属（*Amorphophallus*）、荩草属（*Arthraxon*）、野茼蒿属（*Crassocephalum*）、香茅属（*Cymbopogon*）

等；热带亚洲和热带美洲分布的21属，占2.64%，如藿香蓟属（*Ageratum*）、落葵薯属（*Anredera*）、鸡血藤属（*Callerya*）、金腰属（*Chrysosplenium*）、桤叶树属（*Clethra*）、秋英属（*Cosmos*）等。在遂昌县种子植物区系中较严格的热带科属很少，在整个区系上一般处于从属地位，不成为区系的主要成分。

在这些热带成分中，青冈属（*Cyclobalanopsis*）、樟属（*Cinnamomum*）、楠属（*Phoebe*）、润楠属（*Machilus*）、新木姜子属（*Neolitsea*）、木莲属（*Manglietia*）、含笑属（*Michelia*）、冬青属（*Ilex*）、山茶属（*Camellia*）、木荷属（*Schima*）、红淡比属（*Cleyera*）、厚皮香属（*Ternstroemia*）、蚊母树属（*Distylium*）、杜英属（*Elaeocarpus*）、榕属（*Ficus*）、山矾属（*Symplocos*）是构成遂昌县亚热带常绿阔叶林的主要建群种或森林下木。

在各类温带成分中，东亚分布的有126属，占总属数的15.87%，居首位，如松属（*Pinus*）、红豆杉属（*Taxus*）、柏木属（*Cupressus*）、刺柏属（*Juniperus*）、杨属（*Populus*）、柳属（*Salix*）、榆属（*Ulmus*）、栗属（*Castanea*）、栎属（*Quercus*）、桦木属（*Betula*）、槭属、山茱萸属（*Cornus*）、杨梅属（*Myrica*）、李属（*Prunus*）、蔷薇属（*Rosa*）、越橘属（*Vaccinium*）等，为典型的东亚温带区系成分。居第二位的是北温带分布，共122属，占15.37%，代表属有三尖杉属（*Cephalotaxus*）、柳杉属（*Cryptomeria*）、化香属（*Platycarya*）、野木瓜属（*Stauntonia*）、南天竹属（*Nandina*）、檵木属（*Loropetalum*）、蜡瓣花属（*Corsylopsis*）、南酸枣属（*Choerospondias*）、五加属（*Eleutherococcus*）、白辛树属（*Pterostyrax*）、溲疏属（*Deutzia*）、茵芋属（*Skimmia*）、无柱兰属（*Amitostigma*）等。

遂昌县种子植物与北美区系也有相当联系，有67属，占8.44%，如榧树属（*Torreya*）、锥属（*Castanopsis*）、柯属（*Lithocarpus*）、金缕梅属（*Hamamelis*）、枫香属（*Liquidambar*）、檫木属（*Sassafras*）、木兰属（*Magnolia*）、石楠属（*Photinia*）、绣球属（*Hydrangea*）、肥皂荚属（*Gynncladus*）、胡枝子属（*Lespedeza*）、紫茎属（*Stewartia*）、蓝果树属（*Nyssa*）、楤木属（*Aralia*）、木樨属（*Osmanthus*）、珍珠菜属（*Lyonia*）、马醉木属（*Pieris*）、腹水草属（*Veronicastrum*）、粉条儿菜属（*Aletris*）等都是典型的东亚—北美间断分布属，其中两地一一对应的属有2种，如鹅掌楸（*Liriodendron chinense*）和北美鹅掌楸（*Liriodendron tulipifera*）。

旧世界温带分布的属在遂昌县的植被中得到发展。该分布型共有45属，占5.67%，如桦木科（3属5种）、榆科（5属14种）、杨柳科（2属6种）、胡桃属（1种）、化香属（1种）、水青冈属（3种）、栎属（7种）、蔷薇属（6种）、绣线菊属（6种）、花楸属（4种）、李属（9种）、槭属（13种）、椴属（3种）、荚蒾属（13种）、枫香属（2种）等多为遂昌县常绿、落叶阔叶混交林和落叶阔叶林的常见种甚至建群树种，或为次生林的主要成分。

在该区系中，温带分布的其他几个分布类型的属较少，温带亚洲分布，地中海区、西亚至中亚分布和中亚分布共14属，仅占1.76%，处于次要的地位。

综上所述，在遂昌县植物区系中泛热带成分、北温带成分、东亚成分、热带亚洲成分、东亚和北美洲成分是组成区系的主要部分。温带成分略大于热带成分。典型的热带属已很少，并且多为较耐寒的种类；相反，一些主产于北半球温带的科、属得到很好的发展，成为遂昌县种子植物区系的主要成分。

4.3 多样性分析

4.3.1 区域和样线的 Alpha 多样性

Alpha 多样性是群落结构的重要特征，包括物种丰富度和物种均匀度 2 个指标。物种丰富度是指一个群落或生境中物种数目的多少；物种均匀度是指一个群落或生境中全部个体数在各个种间的分配状况，反映的是各物种个体数目分配的均匀程度。

截至目前，广泛用于衡量 Alpha 多样性的计算指数有物种丰富度、Simpson 多样性指数、Shannon-Wiener 多样性指数及 Pielou 均匀度指数。

1. Alpha 多样性指数

各条调查样线的 Alpha 多样性指数的计算结果如表 4-7 所示。

表 4-7 遂昌县野外调查各样线木本植物和草本植物的 Alpha 多样性指数

样线	木本层				草本层			
	S	D	H	J_{sw}	S	D	H	J_{sw}
白马山 01	91	0.97	3.85	0.85	93	0.97	3.96	0.87
白马山 02	32	0.91	2.71	0.78	60	0.97	3.72	0.91
白马山 03	58	0.95	3.32	0.82	50	0.96	3.38	0.86
白马山 04	22	0.85	2.23	0.72	69	0.97	3.89	0.92
白岩坑 01	41	0.90	2.83	0.76	31	0.93	2.75	0.80
茶树坪 01	31	0.95	3.09	0.90	75	0.97	3.92	0.91
常乐山 01	84	0.97	3.75	0.85	102	0.97	3.97	0.86
湖山 01	40	0.92	2.83	0.77	87	0.97	3.87	0.87
九龙山 01	54	0.96	3.57	0.90	38	0.95	3.11	0.85
九龙山 02	61	0.96	3.60	0.88	32	0.95	3.11	0.90
九龙山 03	21	0.80	2.23	0.73	29	0.94	2.97	0.88
南尖岩 01	75	0.88	2.78	0.64	61	0.94	3.28	0.80
牛头山 01	50	0.94	3.13	0.80	45	0.95	3.19	0.84
牛头山 02	55	0.92	3.07	0.76	42	0.93	2.90	0.78
牛头山 03	48	0.93	3.14	0.81	44	0.95	3.30	0.87
葡萄坑 01	73	0.96	3.66	0.85	103	0.98	4.25	0.92
千佛山 01	99	0.98	4.18	0.91	58	0.97	3.74	0.92
千佛山 02	127	0.98	4.32	0.89	106	0.98	4.24	0.91
神龙谷 01	89	0.93	3.17	0.71	49	0.91	2.89	0.74

<table>
<tr><th rowspan="2">样线</th><th colspan="4">木本层</th><th colspan="4">草本层</th></tr>
<tr><th>S</th><th>D</th><th>H</th><th>J_{sw}</th><th>S</th><th>D</th><th>H</th><th>J_{sw}</th></tr>
<tr><td>石门潭 01</td><td>86</td><td>0.90</td><td>6.14</td><td>1.38</td><td>110</td><td>0.98</td><td>4.32</td><td>0.92</td></tr>
<tr><td>石姆庙 01</td><td>63</td><td>0.97</td><td>3.06</td><td>0.74</td><td>66</td><td>0.97</td><td>3.81</td><td>0.91</td></tr>
<tr><td>应村 01</td><td>39</td><td>0.94</td><td>3.09</td><td>0.84</td><td>32</td><td>0.95</td><td>3.18</td><td>0.92</td></tr>
</table>

木本植物中，物种丰富度最高的是千佛山 01 样线，Simpson 多样性指数则以千佛山 01 样线和千佛山 02 样线为最大，Shannon-Wiener 多样性指数和 Pielou 均匀度指数最高的都是石门潭 01 样线；物种丰富度最低的为白马山 04 样线，Simpson 多样性指数最低的为九龙山 03 样线，Shannon-Wiener 多样性指数最低的为九龙山 03 样线和白马山 04 样线。

草本植物中，物种丰富度最高的为石门潭 01 样线，石门潭 01 样线、千佛山 02 样线和葡萄坑 01 样线的 Simpson 多样性指数并列最高，Shannon-Wiener 多样性指数最高的为石门潭 01 样线，Pieiou 均匀度指数则以应村 01 样线、石门潭 01 样线、千佛山 01 样线、葡萄坑 01 样线、白马山 04 样线为最高；物种丰富度最低的为九龙山 03 样线，神龙谷 01 样线的 Simpson 多样性指数和 Pielou 均匀度指数最低，白岩坑 01 样线 Shannon-Wiener 多样性指数最低。

2. 区域不同层次的物种丰富度

为减少调查误差对结果比较的影响，本次调查将各样线所在区域分为白马山、常乐山、高坪、湖山、九龙山、牛头山、千佛山、遂昌南 8 个区块。通过 Shannon-Wiener 指数检验，各区域物种丰富度数据符合正态分布。利用单因素方差分析和邓肯多重比较法检验各区块之间物种丰富度的差异，结果发现，草本层和木本层内各区域之间的物种丰富度均存在显著差异，数据满足方差齐性。使用邓肯检验进行多重比较后发现：木本植物中，千佛山物种数显著高于除常乐山和遂昌南外的其他地区；草本植物中，常乐山和高坪的物种数高于其他地区，但是大多不显著，仅对九龙山和牛头山显著（图 4-1）。九龙山的草本植物最少，这可能与九龙山森林植被郁闭度较高有关。

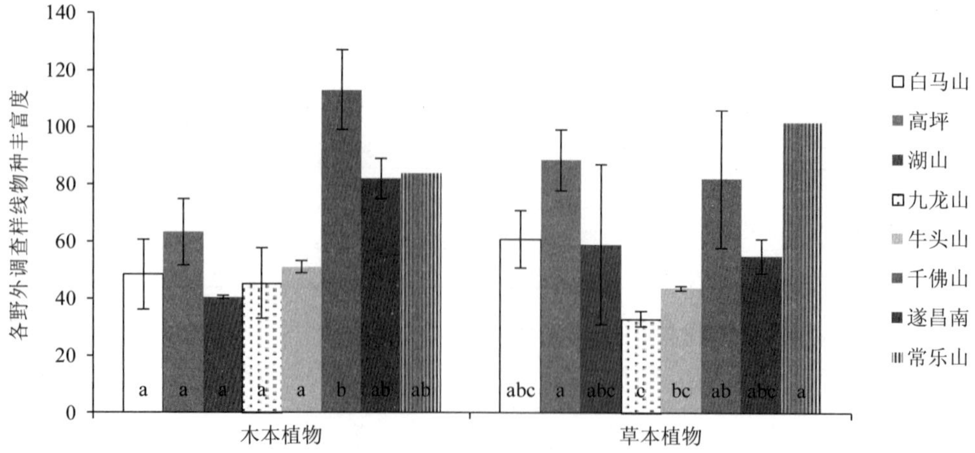

图 4-1 遂昌县不同区域木本植物和草本植物的物种丰富度

注：误差线两端代表标准误差；图中字母（a～c）为邓肯检验后的分组状况。

3. 各区域不同层次的物种多样性和均匀度

经分析发现，遂昌县南区域草本层和木本层的多样性指数都相对较低，千佛山区域的物种多样性相对较高。各区域木本植物的 Simpson 多样性指数、Shannon-Wiener 多样性指数都以千佛山区域为最高，分别为 0.89、4.25；Pielou 均匀度指数最高的区域为高坪，为 0.97（图 4-2）。经分析，各区域木本层之间的 Simpson 多样性指数、Shannon-Wiener 多样性指数和 Pielou 均匀度指数整体上无显著差异，高坪区域的 Pielou 均匀度指数显著高于其他区域，遂昌南区域的 Pielou 均匀度指数显著低于其他区域。

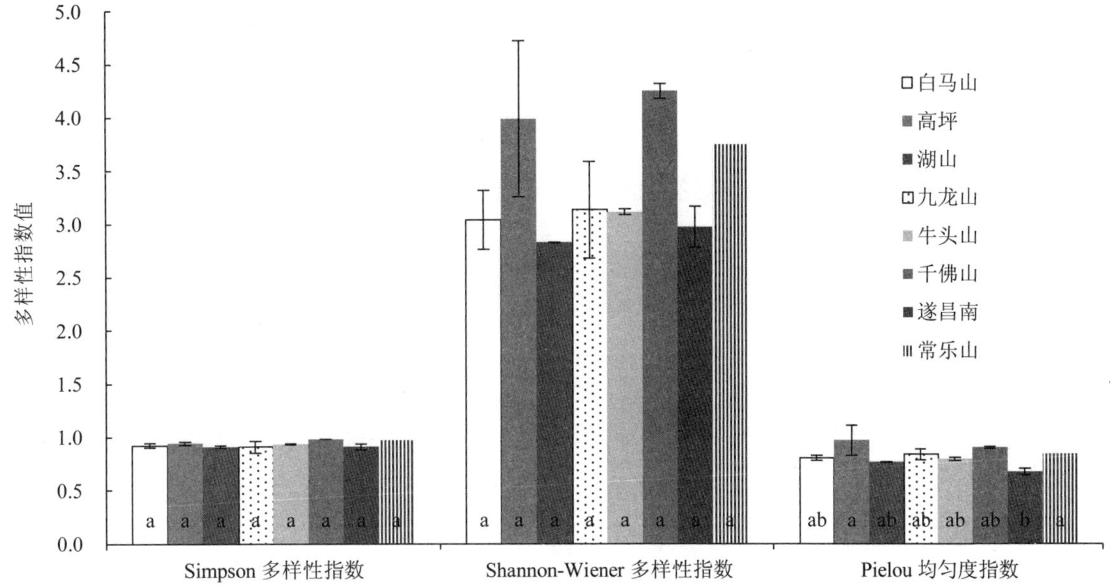

图 4-2 遂昌县不同区域木本植物的多样性和均匀度指数

注：误差线两端代表标准误差；图中字母（a～c）为邓肯检验后的分组状况。

在草本植物中，高坪区域的 Simpson 多样性指数、Shannon-Wiener 多样性指数最大，分别为 0.98 和 4.08；Pielou 均匀度指数最高的为千佛山区域，为 0.92，但与高坪区域的 0.91 之间相差不大（图 4-3）。根据单因素 ANOVA 检验，不同区域草本植物的 Simpson 多样性指数、Shannon-Wiener 多样性指数和 Pielou 均匀度指数整体上都差异显著。其中，高坪区域和牛头山区域的 Simpson 多样性指数、Shannon-Wiener 多样性指数和 Pielou 均匀度指数都显著较高，遂昌南区域的 Simpson 多样性指数和 Pielou 均匀度指数都显著较低。

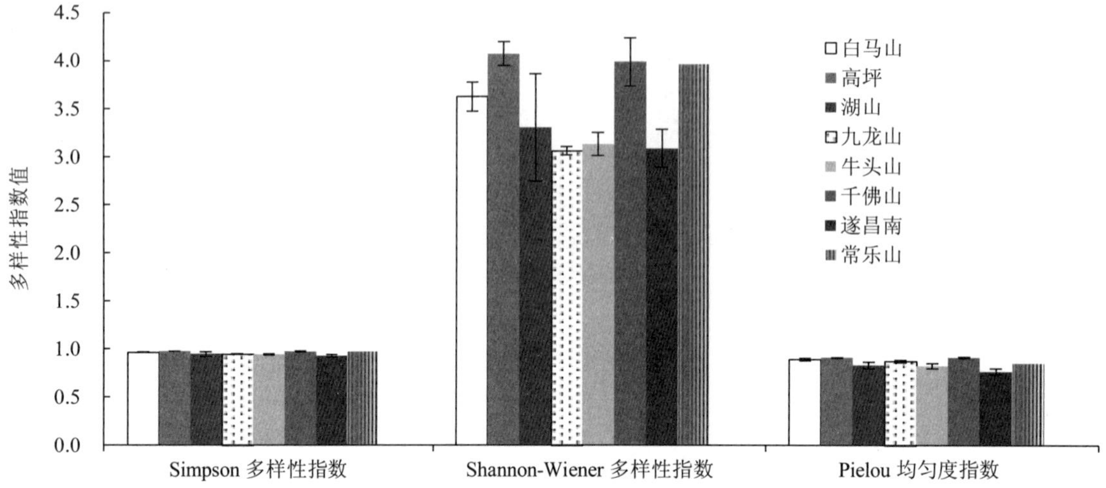

图 4-3 遂昌县不同区域草本植物的多样性和均匀度指数

注：误差线两端代表标准误差；图中字母（a～c）为邓肯检验后的分组状况。

4.3.2 区域和样线的 Beta 多样性

Beta 多样性是指不同区域环境梯度下生物群落组成的差异，是生物多样性的三个尺度之一。它不仅能代表区域物种的多样性格局及周转率，还能反映物种与环境之间的关系，故对其进行深入研究能让人们更好地认识群落，进而更好地保护生物多样性。

本书 Beta 多样性部分采用 Excel 和 R 软件对野外收集的数据进行统计分析，以 Chao's 群落距离指数衡量 Beta 多样性。该指数能够综合考虑不同样地中的物种丰富度及物种多度信息，可在一定程度上考虑未调查到的稀有种对群落 Beta 多样性的影响，因而能较合理地衡量遂昌县植物群落的 Beta 多样性大小。

1. 各地区的相似性系数

通过计算 7 个区域陆生维管植物的 Chao's 物种组成相似性指数，我们发现九龙山与湖山的物种组成相似性最高，达到 0.789 8；其次为九龙山和高坪、九龙山和牛头山，其物种组成相似性系数分别为 0.679 8 和 0.679 4。总体来看，九龙山与其他区域在物种组成相似性方面都较高，相似性系数都大于 0.5。这可能与九龙山本身物种多样性高有关，其他区域的典型物种很多都会在九龙山出现。各区域间相似性系数最低的是牛头山与高坪，仅为 0.271 6。

我们进一步将各区域的物种分为草本植物和木本植物进行比较。结果表明，总体来看，各区域之间草本植物组成的相似性比木本植物更高，平均相似性系数分别为 57.57%和 46.10%。这应该与草本植物扩散能力更高，比木本植物分布区域更加广泛有关。从草本植物物种组成的相似性来看，九龙山与遂昌南的物种组成最相似，达到 0.790 1；其次为九龙山和湖山、九龙山和常乐山、湖山与牛头山，其物种组成相似性系数分别为 0.779 5、0.751 2、0.725 2；高坪与白马山之间的物种相似度最低，仅 0.368 6（表 4-8）。

表 4-8　遂昌县不同区域之间草本植物物种组成的相似性系数

	白马山	湖山	高坪	常乐山	九龙山	遂昌南	牛头山
湖山	0.556 2						
高坪	0.368 6	0.494 4					
常乐山	0.501 9	0.658 1	0.587 3				
九龙山	0.709 2	0.779 5	0.702 6	0.751 2			
遂昌南	0.437 0	0.502 3	0.553 2	0.603 9	0.790 1		
牛头山	0.369 3	0.725 2	0.456 5	0.577 0	0.703 2	0.587 1	
千佛山	0.536 8	0.581 3	0.528 2	0.511 5	0.568 2	0.469 9	0.509 7

从木本植物物种组成的相似性来看，仍然是九龙山与湖山的物种组成最相似，达到 0.824 5；其次为九龙山与牛头山、九龙山与高坪、九龙山与白马山，其物种组成相似性系数分别为 0.685 5、0.650 9、0.605 3；高坪与牛头山之间的物种相似度最低，仅 0.211 9（表 4-9）。各区域间木本植物相似性与草本植物相似的变化趋势存在很大差异。

表 4-9　遂昌县不同区域之间木本植物物种组成的相似性系数

	白马山	湖山	高坪	常乐山	九龙山	遂昌南	牛头山
湖山	0.579 4						
高坪	0.239 9	0.417 8					
常乐山	0.461 0	0.577 1	0.494 4				
九龙山	0.605 3	0.824 5	0.650 9	0.583 5			
遂昌南	0.309 4	0.470 6	0.323 5	0.315 1	0.406 8		
牛头山	0.324 9	0.527 5	0.211 9	0.459 7	0.685 5	0.294 7	
千佛山	0.482 7	0.449 4	0.450 0	0.587 3	0.486 9	0.251 9	0.435 4

2．样线海拔和空间距离对各样线 Beta 多样性的影响

通过基于距离的偏冗余分析（*p*-RDA）发现，海拔和空间距离对遂昌县不同区域间的 beta 多样性都存在显著影响，并且对草本植物和木本植物组成的影响也全部显著（表 4-10）。这说明扩散限制和生境过滤作用在遂昌县陆生维管植物多样性空间格局的形成过程中起到比较重要的作用。

表 4-10 遂昌县海拔和空间距离对不同样线 Beta 多样性影响的显著性

统计量	全部植物		草本植物		木本植物	
	海拔	空间距离	海拔	空间距离	海拔	空间距离
F 值	13.01	3.47	8.45	3.15	5.12	3.91
方差	0.08	0.02	0.07	0.03	0.05	0.03
P 值	0.001	0.03	0.001	0.05	0.02	0.04

4.4 外来入侵植物

外来植物在其归化后就成为本地生物多样性的一部分。造成严重危害的种类虽然只占外来物种的很小一部分，与本地种数量相比更是种类稀少，但是这些少数的入侵物种可以对入侵地造成极其严重的不良影响，主要表现在严重破坏生态环境，威胁生物多样性，导致巨大的经济损失，严重威胁人类和家畜健康。由于外来入侵物种具有巨大的破坏力，世界各国都对其十分重视。2000 年，世界自然保护联盟（IUCN）发布了世界 100 种恶性入侵种名录，我国于 2003 年、2010 年、2014 年、2016 年分四批发布了《中国外来入侵物种名单》。考虑到外来植物的重要性和特殊性，本书针对遂昌县已经发现的外来入侵植物做一个简要分析，以便初步了解遂昌县外来入侵植物的现状。本书所指的外来入侵植物是已经在遂昌县的自然环境中建立能够自我维持和发展的种群的外来植物。

4.4.1 物种组成

在充分调查的基础上，通过对照马金双主编的《中国外来入侵植物名录》一书，确定了遂昌县现有外来入侵植物 94 种（表 4-11），它们隶属 32 科，仅占遂昌县陆生维管植物总种数的 4.38%。根据表 4-11 和图 4-4，遂昌县的 94 种外来入侵植物中，菊科最多，共 21 种，占外来入侵植物总种数的 22.3%；其次是苋科，共 9 种，占总种数的 9.6%；茄科 8 种，占总种数的 8.5%；豆科 7 种，占总种数的 7.4%。这 4 个科的外来入侵植物总计 45 种，占遂昌县外来入侵植物总种数的 47.9%，构成了遂昌县外来入侵植物的主体。剩下的 49 种外来入侵植物中，大戟科、禾本科、十字花科、玄参科和旋花科各占 4 种；柳叶菜科、伞形科和石竹科各占 3 种；车前科、唇形科和凤仙花科等各占 1 种。这些外来入侵植物中，属于世界性恶性杂草的有凤眼莲、野燕麦、刺苋、加拿大一枝黄花。在中国公布的两批外来入侵物种名单中，喜旱莲子草、凤眼莲、加拿大一枝黄花、土荆芥、刺苋、落葵薯、反枝苋、钻叶紫菀、鬼针草、小飞蓬、苏门白酒草、一年蓬、圆叶牵牛、垂序商陆、喀西茄、藿香蓟、大狼杷草和野燕麦 17 种外来入侵植物已经在遂昌县出现。

表 4-11　遂昌县外来入侵植物名录

科名	种名	生活型	原产地
胡椒科 Piperaceae	草胡椒 *Peperomia pellucida*	一年生草本	热带美洲
荨麻科 Urticaceae	小叶冷水花 *Pilea microphylla*	一年生草本	热带美洲
藜科 Chenopodiaceae	土荆芥 *Chenopodium ambrosioides*	一年生草本	热带美洲
苋科 Amaranthaceae	青葙 *Celosia argentea*	一年生草本	热带美洲
	刺苋 *Amaranthus spinosus*	一年生草本	热带美洲
	皱果苋 *Amaranthus viridis*	一年生草本	南美洲
	凹头苋 *Amaranthus blitum*	一年生草本	地中海地区
	反枝苋 *Amaranthus retroflexus*	一年生草本	北美洲、中美洲
	繁穗苋 *Amaranthus caudatus*	一年生草本	中美洲
	绿穗苋 *Amaranthus hybridus*	一年生草本	美洲
	苋 *Amaranthus tricolor*	一年生草本	热带亚洲
	喜旱莲子草 *Alternanthera philoxeroides*	多年生草本	巴西
紫茉莉科 Nyctaginaceae	紫茉莉 *Mirabilis jalapa*	一年生草本	热带美洲
商陆科 Phytolaccaceae	垂序商陆 *Phytolacca americana*	多年生草本	北美洲
马齿苋科 Portulacaceae	土人参 *Talinum paniculatum*	一年生或多年生草本	热带美洲
落葵科 Basellaceae	落葵薯 *Anredera cordifolia*	一年生草本	热带美洲
石竹科 Caryophyllaceae	球序卷耳 *Cerastium glomeratum*	一二年生草本	欧洲
	无瓣繁缕 *Stellaria pallida*	二年生草本	欧洲
	蝇子草 *Silene gallica*	一年生草本	欧洲、西亚、北非
毛茛科 Ranunculaceae	刺果毛茛 *Ranunculus muricatus*	一年生草本	欧洲、西亚、北非
十字花科 Cruciferae	臭荠 *Coronopus didymus*	一年生草本	南美洲
	北美独行菜 *Lepidium virginicum*	一年生草本	北美洲
	弯曲碎米荠 *Cardamine flexuosa*	一年生草本	欧洲
	豆瓣菜 *Nasturtium officinale*	多年生水生草本	西亚、欧洲
豆科 Leguminosae	南苜蓿 *Medicago polymorpha*	一二年生草本	西亚、中亚及地中海地区
	紫苜蓿 *Medicago sativa*	多年生草本	西亚
	白花草木樨 *Melilotus albus*	一二年生草本	西亚至南欧
	草木樨 *Melilotus officinalis*	二年生草本	中亚、西亚至南欧
	田菁 *Sesbania cannabina*	一年生草本	大洋洲至太平洋岛屿
	红车轴草 *Trifolium pratense*	多年生草本	北非、中亚和欧洲
	白车轴草 *Trifolium repens*	多年生草本	北非、中亚、西亚和欧洲
酢浆草科 Oxalidaceae	红花酢浆草 *Oxalis corymbosa*	多年生草本	热带美洲
牻牛儿苗科 Geraniaceae	野老鹳草 *Geranium carolinianum*	一年生草本植物	北美洲
大戟科 Euphorbiaceae	通奶草 *Euphorbia hypericifolia*	一年生草本	美洲
	斑地锦 *Euphorbia maculata*	一年生草本植物	北美洲

科名	种名	生活型	原产地
大戟科 Euphorbiaceae	飞扬草 *Euphorbia hirta*	一年生草本	热带美洲
	蓖麻 *Ricinus communis*	一年生或多年生草本	东非
凤仙花科 Balsaminaceae	凤仙花 *Impatiens balsamina*	一年生草本	南亚
锦葵科 Malvaceae	苘麻 *Abutilon theophrasti*	灌木	印度
仙人掌科 Cactaceae	仙人掌 *Opuntia dillenii*	灌木	加勒比海地区
柳叶菜科 Onagraceae	月见草 *Oenothera biennis*	二年生草本	北美洲东部
	裂叶月见草 *Oenothera laciniata*	一年生或多年生草本	北美洲东部
	小花山桃草 *Gaura parviflora*	一年生草本	北美洲中南部
伞形科 Umbelliferae	细叶旱芹 *Cyclospermum leptophyllum*	一年生草本	南美洲
	野胡萝卜 *Daucus carota*	二年生草本	欧洲、亚洲西南部、北非
	香菇草 *Hydrocotyle vulgaris*	多年生水生草本	热带美洲
旋花科 Convolvulaceae	三裂叶薯 *Ipomoea triloba*	一年生草本	西印度群岛
	瘤梗甘薯 *Ipomoea lacunosa*	一年生草本	北美洲
	牵牛 *Ipomoea nil*	一年生草本	南美洲
	圆叶牵牛 *Ipomoea purpurea*	一年生草本	美洲
马鞭草科 Verbenaceae	臭牡丹 *Lantana camara*	灌木	热带美洲
唇形科 Labiatae	田野水苏 *Stachys arvensis*	一年生草本	欧洲、西亚和北非
茄科 Solanaceae	小酸浆 *Physalis minima*	一年生草本	热带美洲
	曼陀罗 *Datura stramonium*	一年生草本	墨西哥
	假酸浆 *Nicandra physalodes*	一年生草本	秘鲁
	苦蘵 *Physalis angulata*	一年生草本	美洲
	喀西茄 *Solanum aculeatissimum*	草本或亚灌木	巴西
	牛茄子 *Solanum capsicoides*	草本或亚灌木	巴西
	珊瑚樱 *Solanum pseudocapsicum*	灌木	南美洲
	珊瑚豆 *Solanum pseudocapsicum* var. *diflorum*	灌木	巴西
玄参科 Scrophulariaceae	直立婆婆纳 *Veronica arvensis*	一二年生草本	南欧和西亚
	蚊母草 *Veronica peregrina*	一二年生草本	北美洲
	婆婆纳 *Veronica polita*	一二年生草本	西亚
	阿拉伯婆婆纳 *Veronica persica*	一二年生草本	西亚
车前科 Plantaginaceae	北美车前 *Plantago virginica*	多年生草本	北美洲
茜草科 Rubiaceae	阔叶丰花草 *Spermacoce alata*	多年生草本	热带美洲
菊科 Asteraceae	藿香蓟 *Ageratum conyzoides*	一年生草本	旧大陆热带
	熊耳草 *Ageratum houstonianum*	一年生草本	热带美洲
	婆婆针 *Bidens bipinnata*	一年生草本	东亚和北美洲
	鬼针草 *Bidens pilosa*	一年生草本	美洲
	大狼杷草 *Bidens frondosa*	一年生草本	北美洲
	菊苣 *Cichorium intybus*	一二年生草本	欧洲、中亚、西亚和北非

科名	种名	生活型	原产地
菊科 Asteraceae	剑叶金鸡菊 *Coreopsis lanceolata*	多年生草本	美国
	钻叶紫菀 *Symphyotrichum subulatum*	一年生草本	美洲
	黄秋英 *Cosmos sulphureus*	一年生草本	墨西哥
	野茼蒿 *Crassocephalum crepidioides*	多年生草本	非洲
	一年蓬 *Erigeron annuus*	一年生草本	北美洲
	梁子菜 *Erechtites hieraciifolius*	一年生草本	美洲
	小飞蓬 *Erigeron canadensis*	一年生草本	北美洲
	野塘蒿 *Conyza bonariensis*	一二年生草本	热带、亚热带地区
	苏门白酒草 *Conyza sumatrensis*	一二年生草本	热带、亚热带地区
	牛膝菊 *Galinsoga parviflora*	一年生草本	南美洲
	加拿大一枝黄花 *Solidago canadensis*	多年生草本	北美洲
	苦苣菜 *Sonchus oleraceus*	一二年生草本	欧洲和地中海沿岸
	裸柱菊 *Soliva anthemifolia*	一年生草本	南美洲
	白酒草 *Eschenbachia japonica*	一二年生草本	北美洲
	断续菊 *Sonchus asper*	一年生草本	欧洲和地中海地区
禾本科 Gramineae	野燕麦 *Avena fatua*	一年生草本	欧洲南部、中亚和西亚
	黑麦草 *Lolium perenne*	多年生草本	欧洲、北非、西亚、中亚和南亚
	双穗雀稗 *Paspalum distichum*	多年生草本	美洲
	幽狗尾草 *Setaria parviflora*	多年生草本	美洲
天南星科 Araceae	大薸 *Pistia stratiotes*	水生漂浮草本	美洲
浮萍科 Lemnaceae	稀脉浮萍 *Lemna aequinoctialis*	水生漂浮草本	不详
雨久花科 Pontederiaceae	凤眼莲 *Eichhornia crassipes*	浮水草本	巴西

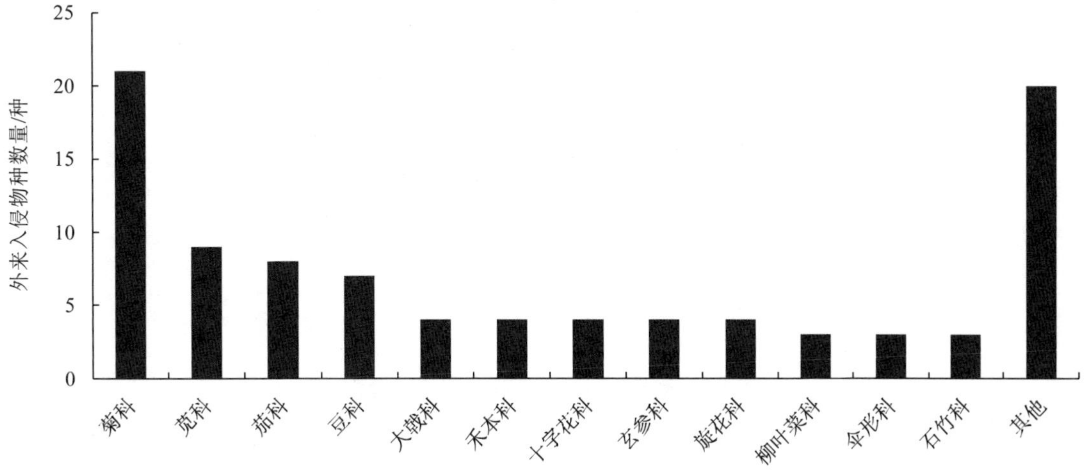

图 4-4　遂昌县外来入侵植物科的分布

根据野外观察，遂昌县多数外来入侵植物适应的生境类型丰富，达到 3 种及以上，其中有部分入侵植物的生境类型多样化程度极高，如鬼针草、野塘蒿、野茼蒿、小飞蓬和一年蓬等植物能够适应各类生境特点。屋旁、路边、农田、菜地、果园、河边等生境是外来入侵植物的主要入侵地，其中屋旁、路边、果园、菜园等生境的人为干扰严重。另外，竹林、山坡等生境中本地种群落较脆弱，外来植物入侵严重。

通过查阅文献资料发现，遂昌县、莲都区和浙江省的外来入侵植物的物种组成相近。闫小玲等的调查发现，菊科、豆科、禾本科和苋科共 82 种外来入侵植物构成了浙江省 166 种外来入侵植物的主体，约占全省外来入侵植物的 49.40%。遂昌县的外来入侵植物种类数占浙江全省外来入侵种数的 56.63%。因此，从不同尺度和地域来看，很多入侵植物一旦入侵，其分布区域能快速扩展，从而造成不同区域之间入侵种组成上具有很大的相似性。

4.4.2 原产地分析

除稀脉浮萍原产地不详外，通过对遂昌县外来入侵植物的原产地分析可知，原产于美洲的外来入侵植物最多，共有 63 种，占总数的 67.0%，其中原产于北美洲（含热带美洲）的有 45 种，占 47.9%，原产于南美洲的有 18 种，占 19.1%；其次是原产于欧洲、地中海地区的共 14 种，约占 14.9%；原产于亚洲的有 10 种，原产于非洲的有 5 种，分别占 10.6%和 5.3%；原产于大洋洲的仅有 1 种，占 1.1%（图 4-5）。

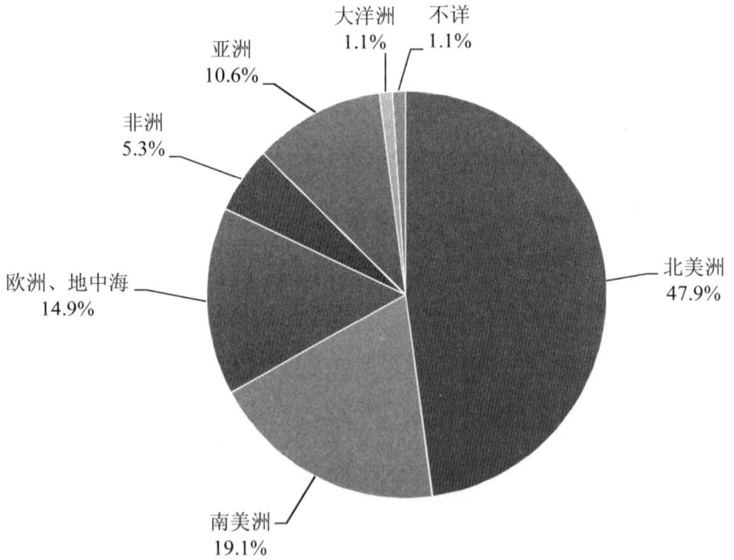

图 4-5 遂昌县外来入侵植物原产地分布

遂昌县的外来入侵植物中，原产美洲的数量最多，达到该县入侵植物的一半以上。丽水市地处浙江西南部，属亚热带季风气候，降水丰富，热量充足，四周多山地、丘陵地形，有着丰富的垂直地带性差异，生境繁多，能适应不同种类植物的生长，多数的美洲植物能够适应遂昌本地的气候特点而定居和扩散。另外，新生境中可能缺乏天敌等限制，导致其种群数量的增长和分布范围的扩大。丽水市靠近沿海地区，与美洲各国交流频繁，为入侵植物利用海关等渠道以休眠种子、孢子等形式入侵本地提供了可能，也使草本植物的入侵种类更多。

值得注意的是，外来种入侵地考证存在一定的困难，尤其是那些广布种，原产地往往难以确定。这使部分植物存在原产地的归类不明等问题，如苏门白酒草（*Conyza sumatrensis*）在原产地的归类上就存在争议，文献记载混乱。部分植物产于美洲地区，归化于全世界，在世界多地范围内都有存在，难以确定其原产地。根据本次调查发现，美洲产植物是遂昌县乃至中国入侵植物的主要来源，在今后的监管检疫中应特别注意。

4.4.3　生活型分析

遂昌县外来入侵植物的生活型可粗略归类为藤本植物、常绿灌木、肉质灌木、水生草本、一年生草本、一二年生草本、二年生草本、多年生草本 8 种。由表 4-11 和图 4-6 可知，在遂昌县的 94 种外来入侵植物中，入侵植物的生活型以草本植物为主，且一年生草本占有绝对优势，有 45 种，约占总数的 47.9%。多数入侵的菊科、苋科植物的生活型都是一年生草本。一年生草本生活周期短、生长速度快、繁殖力强、适应性强，有较强的种间竞争能力。其次是多年生草本 15 种和一二年生草本 13 种，分别占总数的 16.0%和 13.8%。二年生草本也有 4 种，占入侵植物总数的 4.3%。由于草本植物能够营养繁殖，种子生命力顽强，遇到不适宜生存时，种子通过保持休眠状态度过恶劣环境，短时间就可形成以该种为优势种的群落。另外，遂昌县的外来入侵植物中还有一些常绿灌木、水生草本和藤本植物，分别为 7 种、5 种和 4 种，分别占总数的 7.4%、5.3%和 4.3%。在生活型构成上，遂昌县和莲都区及整个浙江省也有较高的相似性。

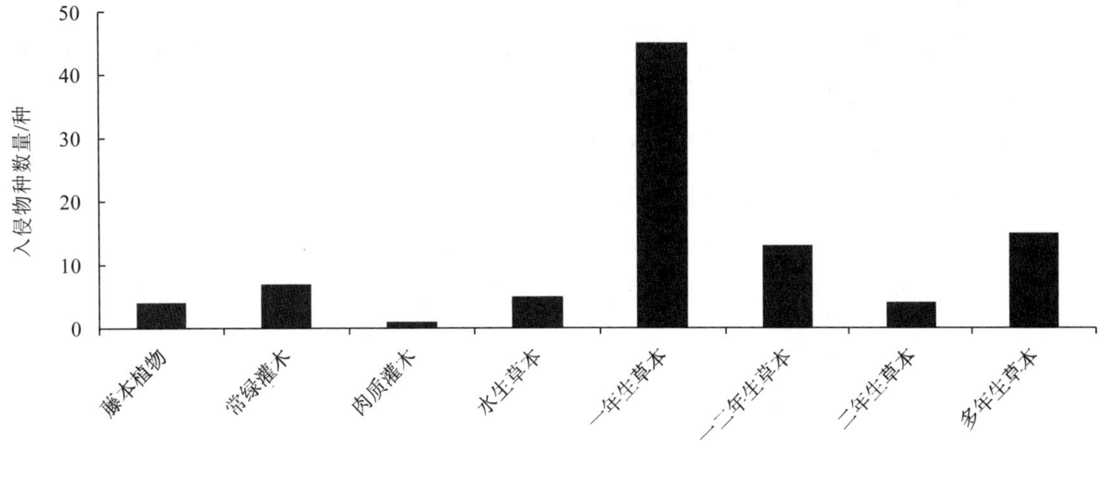

图 4-6　遂昌县外来入侵植物的生活型组成

4.4.4 入侵等级分析

参照《中国外来入侵植物名录》，遂昌县外来入侵植物的入侵等级可归为恶性入侵（1 级）、严重入侵（2 级）、局部入侵（3 级）、一般入侵（4 级）和有待观察 5 类。由图 4-7 可知，在遂昌县的 94 种外来入侵植物中，一般入侵种（4 级）数量最多，有 28 种，占总种数的 29.8%；其次是恶性入侵种（1 级）和严重入侵种（2 级），各有 22 种，各占总种数的 23.4%；局部入侵种有 13 种，占总种数的 13.8%；有待观察种有 9 种，占总种数的 9.6%。

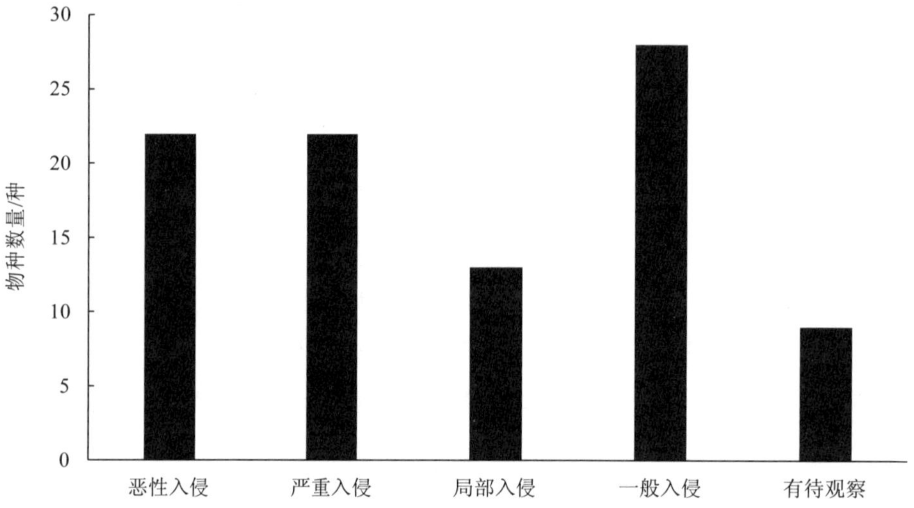

图 4-7 遂昌县外来入侵植物的入侵等级

外来入侵植物的等级划分相对粗放，《中国外来入侵植物名录》上对入侵植物的划定主要侧重于对生态和经济效益的影响。鉴于野外调查工作存在一定的局限性，对部分植物的入侵等级进行划分时还应考虑其生物学特征，如繁殖方式、生活史、对多种胁迫因素的抗逆性及是否具有化感作用等。部分地区还应考虑地形、人类活动等因素是否会对这些外来植物的传播和扩散起到影响，入侵地区的地形、交通活动会对一些依靠风力传播的植物扩散造成显著影响。另外，不同地区间外来植物种群的数量也不相同，在大尺度上（如全国）的一般入侵物种可能在某局部地区大量繁殖。对于部分有待观察种，还需要考虑其入侵风险和物种大量存在地区的生境多样性等。因此，今后还要深入调查和研究外来入侵物种在遂昌县的实际表现，才能更准确地评估这些物种对遂昌县生物多样性可能造成的损害。

4.5　典型群落介绍

4.5.1　常绿针叶林

1．马尾松林

马尾松林属于暖性针叶林，存在于岩石较少、土层较薄、贫瘠且干旱的生境中（海拔较低）。乔木层可分为 2 个亚层。冠层高度在 18～22 m，基本都是马尾松；亚冠层高 8～12 m，主要有木荷、甜槠、石栎、苦槠和青冈等物种。

2．柳杉林

柳杉林属于暖性针叶林，生长在土层相对较厚的生境中。乔木层分层不明显，高度在 18～22 m，柳杉优势度十分明显。下层伴生有粗枝绣球、石楠、枳椇、多脉青冈和木荷等树种。

3．杉木-马尾松林

这类林应该是杉木人工林砍伐以后，马尾松等物种借此更新恢复起来的半天然-半人工植被，也属于暖性针叶林。乔木层没有明显分层，高度在 8～13 m，主要种类为杉木和马尾松，以及零星的木荷、石栎、青冈、苦槠和红楠等伴生树种。

4.5.2　针阔混交林

1．马尾松-青冈林

马尾松-青冈林属于针阔混交林。乔木层可分为 2 个亚层。冠层以马尾松为主，高度在 15～25 m，以马尾松为主，还伴有青冈、石栎、枫香等树种；亚冠层高 10～15 m，以青冈和石栎为主，还有少量高大的檵木。

2．黄山松-木荷林

黄山松-木荷林属于针阔混交林，分布海拔较高。乔木层可分为 2 个亚层。冠层高 15～18 m，优势种类为黄山松、木荷和多脉青冈等；亚冠层高 8～12 m，主要有灯台树、交让木、短柄枹、野漆树等树种。

4.5.3　落叶阔叶林

枫香林是遂昌县较典型的落叶阔叶林，分布面积较小。乔木层可分为 2 个亚层。冠层高 20～30 m，主要由枫香、灯台树、蓝果树和华东野胡桃占据；亚冠层种类和株数都很少，主要有化香、木荷、多脉青冈。

4.5.4 常绿落叶阔叶混交林

1. 亮叶水青冈林

亮叶水青冈林是遂昌县海拔较高山地典型的常绿落叶阔叶混交林。乔木层主要树种除亮叶水青冈外，伴生树种有黄山松、鹅掌楸和华东山柳等。

2. 细叶青冈-锥栗林

细叶青冈-锥栗林为中低海拔较常见的常绿落叶阔叶混交林。冠层高度在 13～22 m，常见优势种类为细叶青冈、青冈和锥栗等；亚冠层高 8～13 m，主要优势种类为青钱柳、乌冈栎、拟赤杨、红枝柴等。

4.5.5 常绿阔叶林

1. 褐叶青冈-木荷林

褐叶青冈-木荷林是遂昌县一类典型的常绿阔叶林。乔木层分化不明显，树高为 18～22 m，褐叶青冈优势度较大，其他主要优势种还有木荷、蓝果树、甜槠、尾叶冬青和鹿角杜鹃等。

2. 甜槠-木荷林

甜槠-木荷林是另一类典型的常绿阔叶林。该群落树体高大，林相整齐，树高 18～25 m。乔木层上层几乎全部为甜槠和木荷，亚冠层有江南花楸、石楠、鹿角杜鹃、薄叶山矾、尾叶冬青等树种。

3. 钩栲-苦槠林

钩栲-苦槠林也是一类常绿阔叶林。冠层高 18～22 m，全部由钩栲和苦槠组成；亚冠层树种有八角枫、四照花和厚皮香等。

4. 毛竹林

毛竹林是遂昌县主要的人工经济林，分布于海拔 1 000 m 以下立地条件较好的地段，既有天然林也有人工林，天然林分布的海拔较高，而人工林分布的海拔相对较低。遂昌县的毛竹林其实主要有两种林分结构，一种是经营强度较高的毛竹纯林，另一种是毛竹-杉木混交林。

毛竹-杉木混交林是遂昌县比较典型的一种针阔混交人工林。乔木层没有明显分层，高度为 7～13 m，毛竹数量较多，杉木虽然在数量上较少，但一般植株个体较大。

随着当地经济结构的改变，遂昌县目前失管的人工竹林增多，由于其入侵性，竹林面积有逐年扩大的趋势，给当地生物多样性造成一定的威胁。这一生态问题亟待解决。

5. 猴头杜鹃林

猴头杜鹃林是一类主要生长在近山顶的矮林。冠层树高一般为 6～10 m，主要是猴头杜鹃，还有一些矮化的黄山松，伴生种还有棕脉花楸、具柄冬青、马醉木、木荷和小叶青冈等。

4.5.6　灌丛

1．朝鲜白檀灌丛

朝鲜白檀灌丛分布于中等海拔山峰近山顶的山岗或山坡上，高度为 2～4 m，主要种类有朝鲜白檀、波叶红果树、湖北海棠、毛漆树、华东山柳、盐肤木、圆锥绣球等。

2．杜鹃灌丛

杜鹃灌丛分布于中等海拔山峰近山顶的山岗或山坡上，高度为 2～4 m，主要种类有杜鹃、华东山柳、扁枝越橘、波叶红果树、钝齿冬青等，杜鹃枝干纤细，但分布密集。

3．玉山竹灌丛

玉山竹灌丛分布在中高海拔的山脊线上，呈密集块状分布，高约 3 m，形成单一的物种群落。

4.5.7　草丛

1．野艾蒿草丛

该草丛生长于山坡抛荒的菜地边缘，高度约为 1 m。主要的物种包括野艾蒿、蛇葡萄、升马唐、薯蓣、火炭母、无芒稗和藿香蓟等，其中野艾蒿占有较大的优势。

2．野荞麦草丛

该草丛生长于溪边砂石滩，高度约为 80 cm。以野荞麦和皱叶狗尾草为主要优势物种，其他伴生种还有糯米团、柔枝莠竹、女萎、薤白、野茼蒿、刻叶紫堇、鸭跖草和毛轴莎草。

3．稗-狗尾草草丛

该草丛生长于田边水沟，高约 60 cm。以稗草和狗尾草为共优种，其他伴生种还有丁香蓼、续断菊、车前、鹅观草、戟叶箭蓼、母草、大狼杷草和马兰等物种。

4．石荠苎-丛枝蓼草丛

该草丛生长于田边水沟，高约 50 cm，存在较明显的分层。上层优势种为石荠苎和丛枝蓼，地面层优势种为喜旱莲子草，其他伴生种还有细风轮、羊蹄、戟叶箭蓼、毛马唐、狗牙根、印度蔊菜、雾水葛和早落通泉草等。

4.6　典型物种介绍

1．南方红豆杉（*Taxus wallichiana* var. *mairei*）　红豆杉科　红豆杉属

保护等级：国家一级重点保护野生植物，被列入《中国生物多样性红色名录——高等植物卷》近危（NT）等级。

形态特征：又称美丽红豆杉，属裸子植物，为常绿乔木。树干通直，树皮呈灰褐色或红褐色，浅纵裂。叶通常较宽较长，多呈镰状，排成较整齐的 2 列，稍弯曲，中脉明显可见，淡绿色或绿色，气孔带黄绿色，与中脉异色，绿色边带较宽而明显。种子微扁，上部较宽，呈倒卵圆形或椭圆状卵形，有钝纵脊，种脐椭圆形或近三角形，生于鲜红色肉质杯状假种皮中。花期3—4月，种子11月成熟。

2. 四川石杉（*Huperzia sutchueniana*） 石杉科 石杉属

保护等级：国家二级重点保护野生植物，被列入《中国生物多样性红色名录——高等植物卷》近危（NT）等级。

形态特征：植株高 10～20 cm。茎单一或一回至二回二叉分枝，直立，老时基部仰卧，上部弯弓，斜升，顶端有芽胞。叶螺旋状排列，近平展，基部叶常形如蛇足石杉，其上的叶无柄，披针形，通直或略呈镰刀形，长5～10 mm，宽约1 mm，渐尖头，基部略较宽，无柄，边缘有疏锯齿；干后淡绿或黄绿色，质硬，略有光泽。孢子囊肾形，两端超出叶缘。孢子一型。

3. 江南油杉（*Keteleeria fortunei* var. *cyclolepis*） 松科 油杉属

保护等级：国家二级重点保护野生植物。

形态特征：乔木，高达20 m，胸径60 cm；树皮灰褐色，有不规则纵裂；冬芽圆球形或卵圆形；叶条形，在侧枝上排成两列，上面光绿色，下面色较浅，沿中脉两侧每边有气孔线10～20条；幼树及萌生枝有密毛，叶较长，先端刺状渐尖。球果圆柱形或椭圆状圆柱形，种翅中部或中下部较宽。种子10月成熟。

4. 百日青（*Podocarpus neriifolius*） 罗汉松科 罗汉松属

保护等级：国家二级重点保护野生植物，被列入《中国生物多样性红色名录——高等植物卷》易危（VU）等级。

形态特征：乔木，高达25 m。树皮灰褐色，浅纵裂。叶片长披针形，革质，长7～16 cm，宽0.9～1.4 cm，上部较窄，先端渐尖，基部渐窄，楔形，有短柄，上面中脉隆起，下面微隆起或近平。雄球花穗状，单生或2条、3条簇生，花序梗较短，基部有多数螺旋状排列的苞片。种子卵圆形，顶端钝圆，成熟时假种皮呈紫红色，种托肉质，紫红色。花期5月，种子10—11月成熟。

5. 榧树（*Torreya grandis*） 红豆杉科 榧树属

保护等级：国家二级重点保护野生植物，被列入《中国生物多样性红色名录——高等植物卷》无危（LC）等级。

形态特征：常绿乔木，高达30 m。树皮淡黄灰色或灰褐色；二年生、三年生小枝黄绿色至淡褐色。叶片条形，通常直，先端急尖，具刺状短尖头，基部近圆形，两侧稍不对称，上面亮绿色，中脉不明显，无或具2条不明显的凹槽，下面淡绿色，气孔带与中脉带近等宽，绿色边带与气孔带等宽或稍宽。带假种皮种子椭圆形、卵圆形、倒卵形或长椭圆形，成熟时假种皮呈淡紫褐色，有白粉，先端有小尖头；种子形态变异较大。花期4月，种子次年10月成熟。

6. 长序榆（*Ulmus elongata*） 榆科 榆属

保护等级：国家二级重点保护野生植物，被列入《中国生物多样性红色名录——高等植物卷》濒危（EN）等级。

形态特征：落叶乔木，高达 30 m。树皮灰白色，裂成不规则条块状剥落；一年生枝无毛或疏被毛，老枝有时具膨大的木栓层。叶片椭圆形、椭圆状披针形或披针形，边缘重锯齿大而深，每个大锯齿上常具多个小锯齿。总状聚伞花序生于去年生枝叶痕腋部，下垂，花序轴有极疏毛；花萼 6 个浅裂，无毛；翅果两端渐窄，果核位于翅果中部偏上，边缘密生白色长睫毛。花期 3 月，果期 4 月。

7. 莼菜（*Brasenia schreberi*） 莼菜科 莼菜属

保护等级：国家二级重点保护野生植物，被列入《中国生物多样性红色名录——高等植物卷》极危（CR）等级。

形态特征：多年生水生草本。根状茎匍匐，具沉水叶及匍匐枝；茎细长，多分枝，嫩茎、叶及花梗被透明胶质物。浮水叶盾状着生，椭圆形，全缘，上面绿色，下面紫红色，两面无毛；叶柄长 25～40 cm，着生于叶片中央。花单生于叶腋，暗紫色；萼片 3～4 枚，绿褐色或紫褐色，花瓣状，宿存；花瓣 3～4 朵，紫褐色，宿存；雄蕊紫红色。坚果革质，数个聚生，不开裂。种子 1～2 枚，卵形。花期 5—9 月，果期 10 月至次年 2 月。

8. 短萼黄连（*Coptis chinensis* var. *brevisepala*） 毛茛科 黄连属

保护等级：国家二级重点保护野生植物，被列入《中国生物多样性红色名录——高等植物卷》濒危（EN）等级。

形态特征：常绿草本。根状茎黄色，常分枝，密生多数须根，味极苦。叶片稍带革质，卵状三角形，3 个全裂，两面叶脉均隆起，上面沿脉被短柔毛。二歧或多歧聚伞花序，具 3～8 朵花；苞片披针形，3～5 个羽状深裂；萼片黄绿色，长椭圆状卵形，较短，长约 6.5 mm，仅比花瓣长 1/5～1/3；花瓣条形或条状披针形。蓇葖果具长柄；种子 7 或 8 枚，长椭圆形，褐色。花期 2—3 月，果期 4—6 月。

9. 闽楠（*Phoebe bournei*） 樟科 楠属

保护等级：国家二级重点保护野生植物，被列入《中国生物多样性红色名录——高等植物卷》易危（VU）等级。

形态特征：乔木，高达 25 m。树皮浅褐色至灰白色，粗糙至不规则浅纵裂；叶革质，披针形或倒披针形，近镰状弯曲，上面深绿色，有光泽，下面稍淡，被短柔毛，脉上被长柔毛，侧脉每边 10～14 条，横脉及小脉在下面十分明显，结成小网格状；花序分枝紧密而不开展，腋生于新枝中下部，有毛；果椭球形，成熟时呈蓝黑色，微被白粉，宿存花被裂片紧贴果实基部，两面被毛。种子两侧对称。花期 4 月，果期 10—11 月。

10．伯乐树（*Bretschneidera sinensis*） 叠珠树科 伯乐树属

保护等级：国家二级重点保护野生植物，被列入《中国生物多样性红色名录——高等植物卷》近危（NT）等级。

形态特征：又名钟萼木，落叶乔木，高可达 25 m。树皮灰褐色；芽大，宽圆锥状，小枝粗壮，幼时密被棕色糠秕状短毛，后渐脱落，具狭线状淡褐色皮孔；叶痕迹半圆形，大而明显。奇数羽状复叶互生，小叶片 7～15 枚，对生，全缘，两侧不对称，先端渐尖，基部常楔形，偏斜；叶上面绿色，无毛，下面粉白色，有短柔毛；叶脉两面均隆起，在叶背尤显著，侧脉 8～15 对。总状花序顶生，长 20～35 cm；花瓣粉红色或白色，内面有红色纵条纹。蒴果木质，椭球形或近球形，三棱状，果 3 瓣开裂，种子椭球形，橙红色。花期 4—5 月，果熟期 9—10 月。

11．明党参（*Changium smyrnioides*） 伞形科 明党参属

保护等级：国家二级重点保护野生植物，被列入《中国生物多样性红色名录——高等植物卷》易危（VU）等级。

形态特征：多年生草本，高 0.5～1 m。全体无毛，具白霜。主根粗短呈纺锤形，或细长而呈圆柱形，表面棕褐色或淡黄色，内部白色。茎直立，中空，有疏散而开展的分枝。复伞形花序顶生和侧生；总苞片无，稀 1～3 枚，条状锥形；伞辐 4～10 枚；小总苞片少数，钻形或条形；小伞形花序具 6～15 朵花；萼齿小；花瓣白色；果成熟时向外反曲。果实卵球形至卵状椭球形，果棱不明显。花果期 4—6 月。

12．春兰（*Cymbidium goeringii*） 兰科 兰属

保护等级：国家二级重点保护野生植物，被列入《中国生物多样性红色名录——高等植物卷》易危（VU）等级。

形态特征：属地生草本植物；根状茎短。假鳞茎集生于叶丛中。叶基生，4～6 枚成束；叶片带形，边缘略具细齿。花葶直立，高 3～7 cm，具 1 朵花，稀 2 朵花；苞片膜质，鞘状包围花葶；花淡黄绿色，具清香，萼片较厚，长圆状披针形，中脉紫红色，基部具紫纹；花瓣卵状披针形，具紫褐色斑点，中脉紫红色；唇瓣乳白色，不明显 3 裂，中裂片向下反卷，先端钝，侧裂片较小，位于中部两侧，唇盘中央从基部至中部具 2 枚褶片；蒴果长椭圆柱形。花期 2—4 月，果期 4—6 月。

第 5 章

陆生脊椎动物

5.1 哺乳动物

5.1.1 物种组成

1. 总体概况

本次调查遂昌县共记录到哺乳动物 7 目 18 科 41 种。其中，国家一级重点保护动物 1 种，黑麂（*Muntiacus crinifrons*）；国家二级重点保护动物 3 种，分别为豹猫（*Prionailurus bengalensis*）、中华鬣羚（*Capricornis milneedwardsii*）和猕猴（*Macaca mulatta*）。根据《中国生物多样性红色名录——脊椎动物卷》（2020 年，下同），通过红外相机拍摄进行物种濒危等级划分。本次调查中，列入《中国生物多样性红色名录——脊椎动物卷》濒危等级的物种有 1 种，黑麂；列入易危等级的物种有 3 种，分别为豹猫、小麂（*Muntiacus reevesi*）和中华鬣羚；列入近危等级的物种有 3 种，分别为猪獾（*Arctonyx collaris*）、鼬獾（*Melogale moschata*）和果子狸（*Paguma larvata*）。

此外，通过整合历史文献资料及其他调查报道的物种，如黑熊（*Ursus thibetanus*）和中华穿山甲（*Manis pentadactyla*）等，最终得到遂昌县的哺乳动物共 8 目 19 科 47 种（见附表）。

2. 红外相机调查结果

（1）物种组成

2020 年 7—11 月，本次调查共回收 125 台红外相机，相机总工作日为 7 752 天。调查期间，红外相机共拍摄到 65 371 份照片与视频文件，可辨鸟兽照片与视频文件共 6 327 个（照片 4 745 张，视频 1 582 段）；共提取独立有效照片 1 391 张，其中哺乳动物照片 1 063 张，占总独立有效照片的 76.42%。各区域每台红外相机拍摄到的有效照片数存在极显著差异（$G = 37.259$，$df = 4$，

$P<0.001$），从大到小依次为白马山（39.00 张/台）、千佛山（32.89 张/台）、湖山（25.80 张/台）、九龙山（12.92 张/台）、牛头山（5.68 张/台）（图 5-1）。

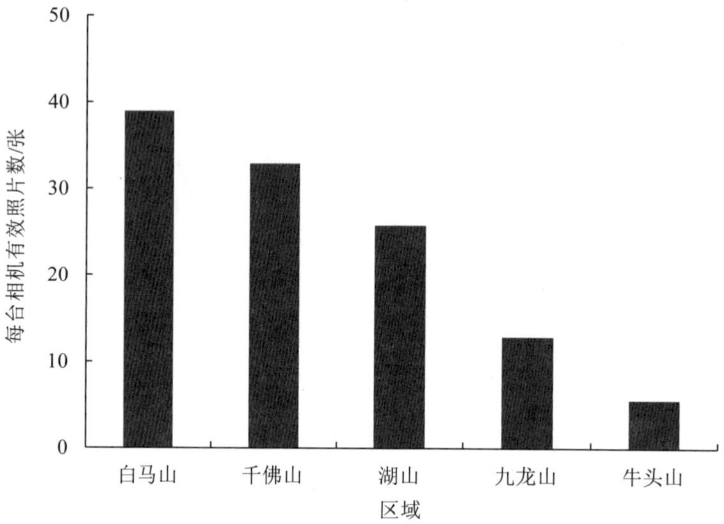

图 5-1　遂昌县各区域红外相机调查平均有效照片数

物种相对多度最多的前 5 名哺乳动物依次为小麂（*Muntiacus reevesi*，RAI = 59.60）、野猪（*Sus scrofa*，RAI = 36.64）、鼠类（RAI = 18.70）、猪獾（*Arctonyx collaris*，RAI = 5.80）、鼬獾（*Melogale moschata*，RAI = 5.29）（表 5-1）。

表 5-1　遂昌县红外相机监测到哺乳动物物种

种类组成	RAI	濒危等级	保护等级	多度
哺乳纲 MAMMALIA				
啮齿目 Rodentia				
豪猪科 Hystricidae				
中国豪猪 *Hystrix hodgsoni*	0.13	LC		+
鼠科 Muridae				
鼠类*	18.70	LC		+++
松鼠科 Sciuridae				
赤腹松鼠 *Callosciurus erythraeus*	1.68	LC		+
倭花鼠 *Tamias sibiricus*	2.19	LC		++
兔形目 Lagomorpha				
兔科 Leporidae				
华南兔 *Lepus sinensis*	0.26	LC		+
食肉目 Carnivora				
鼬科 Mustelidae				
猪獾 *Arctonyx collaris*	5.80	NT		++

种类组成	RAI	濒危等级	保护等级	多度
鼬獾 *Melogale moschata*	5.29	NT		++
灵猫科 Viverridae				
果子狸 *Paguma larvata*	1.42	NT		+
猫科 Felidae				
豹猫 *Prionailurus bengalensis*		VU	II	+
偶蹄目 Artiodactyla				
猪科 Suidae				
野猪 *Sus scrofa*	36.64	LC		+++
鹿科 Cervidae				
小麂 *Muntiacus reevesi*	59.60	VU		+++
黑麂 *Muntiacus crinifrons*	0.52	EN	I	+
牛科 Bovidae				
中华鬣羚 *Capricornis milneedwardsii*	0.64	VU	II	+
灵长目 Primates				
猴科 Cercopithecidae				
猕猴 *Macaca mulatta*	1.81	LC	II	++

注：I 代表国家一级重点保护动物，II 代表国家二级重点保护动物；*为合并统计；+++代表常见种，++代表偶见种，+代表少见种。

调查期间，基于红外相机技术共拍摄到野生哺乳动物 5 目 11 科 13 种。啮齿目（Rodentia）包括 3 科 3 种，占调查到的哺乳动物总种数的 23.08%；兔形目（Lagomorpha）包括 1 科 1 种，占调查到的哺乳动物总种数的 7.69%；食肉目（Carnivora）包括 3 科 4 种，占调查到的哺乳动物总种数的 30.77%；偶蹄目（Artiodactyla）包括 3 科 4 种，占调查到的哺乳动物总种数的 30.77%；灵长目（Primates）包括 1 科 1 种，占调查到的哺乳动物总种数的 7.69%（表 5-2）。根据红外相机调查到的独立有效照片数可知：小麂、野猪、鼠类 3 种动物为常见种；猕猴、倭花鼠（*Tamias sibiricus*）、鼬獾（*Melogale moschata*）、猪獾（*Arctonyx collaris*）4 种动物为偶见种，其他动物均为少见种（表 5-1）。

表 5-2　遂昌红外相机拍摄到的哺乳动物组成

目	科数/科	占总科数/%	种数/种	占总种数/%
啮齿目	3	27.27	3	23.08
兔形目	1	9.09	1	7.69
食肉目	3	27.27	4	30.77
偶蹄目	3	27.27	4	30.77
灵长目	1	9.09	1	7.69
合计	11		13	

（2）濒危等级和保护级别

红外相机调查结果显示，1 种野生动物——黑麂（*Muntiacus crinifrons*）被列为濒危物种，占调查到的哺乳动物总种数的 6.25%；豹猫、小麂和中华鬣羚 3 种野生动物被列为易危物种，占调查到的哺乳动物总种数的 18.75%；猪獾、鼬獾和果子狸 3 种野生动物被列为近危物种，占调查到的哺乳动物总种数的 18.75%（表 5-1，图 5-2）。

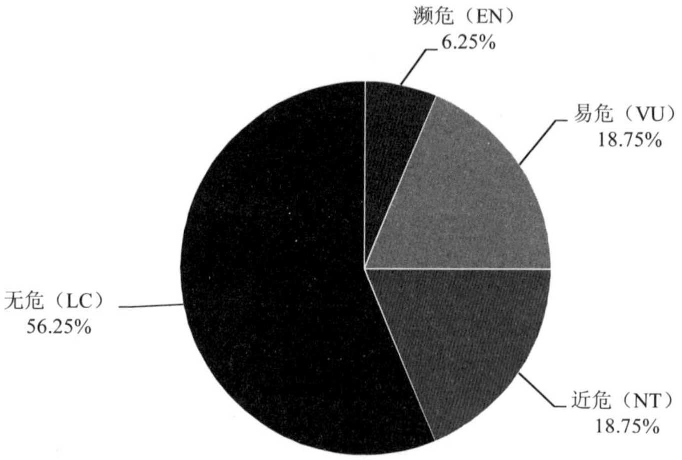

图 5-2 遂昌县受威胁哺乳动物物种组成

调查期间，红外相机共记录到国家一级保护动物 1 种——黑麂，占调查到的哺乳动物总种数的 6.25%；国家二级保护动物 3 种——豹猫、中华鬣羚和猕猴，占调查到的哺乳动物总种数的 18.75%（表 5-1）。

3. 小型哺乳动物调查结果

本次调查中采用笼捕法与陷阱法共捕获小型哺乳动物 10 种（个体 55 只），隶属啮齿目与劳亚食虫目两目，其中仓鼠科（Cricetidae）1 种、鼠科（Muridae）7 种、鼩鼱科（Soricidae）2 种。笼捕法的捕获率为（2.02±1.67）%，陷阱法的捕获率达（6.96±3.79）%。虽然笼捕法与陷阱法所捕获的物种数（物种丰富度）无显著差异（$t = 0.121$，$df = 20$，$P = 0.905$），但二者所捕获的种类有所不同，其中中华姬鼠（*Apodemus draco*）、小家鼠（*Mus musculus*）、黄毛鼠（*Rattus losea*）、青毛硕鼠（*Berylmys bowersi*）、大仓鼠（*Tscherskia triton*）、针毛鼠（*Rattus nitidus*）和巢鼠（*Micromys minutus*）这 7 种啮齿目动物为 2 种方法所捕获，而白腹巨鼠（*Leopoldamys edwardsi*）仅为笼捕法所捕获，山东小麝鼩（*Crocidura shantungensis*）和灰麝鼩（*Crocidura attenuata*）仅为陷阱法所捕获。此外，笼捕法调查到的小型哺乳动物多样性指数和均匀度指数均略低于陷阱法（多样性指数：$t = -0.461$，$df = 20$，$P = 0.650$；均匀度指数：$t = -1.196$，$df = 20$，$P = 0.246$），而笼捕法调查到的小型哺乳动物优势度指数略高于陷阱法（$t = 1.504$，$df = 20$，$P = 0.148$）。

本次调查是第一次对遂昌县小型哺乳动物的系统性调查工作。本次调查填补了遂昌县小型哺乳动物多样性调查研究的空白。结合历史资料和相关文献，遂昌县小型哺乳动物种类较为丰富，达到 16 种，调查中增加的种类主要集中在食虫类。食虫类分布的海拔相对较高，一般分布于生态环境良好、植被群落演化到顶级或接近顶级的环境中。食虫类较高的丰富性体现了丽水市生态环境的优越性。

4．蝙蝠类调查结果

本次调查共记录蝙蝠 3 科 16 种，分别为蹄蝠科（Hipposideridae）的大蹄蝠（*Hipposideros armiger*），菊头蝠科（Rhinolophidae）的马铁菊头蝠（*Rhinolophus ferrumequinum*）、中华菊头蝠（*Rhinolophus sinicus*）、中菊头蝠（*Rhinolophus affinis*）、菲菊头蝠（*Rhinolophus pusillus*）、大菊头蝠（*Rhinolophus luctus*）、大耳菊头蝠（*Rhinolophus macrotis*）、皮氏菊头蝠（*Rhinolophus pearsonii*），蝙蝠科（Vespertilionidae）的日本伏翼（*Pipistrellus abramus*）、日本长翼蝠（*Miniopterus fuliginosus*）、渡濑氏鼠耳蝠（*Myotis ruforniger*）、高颅鼠耳蝠（*Myotis siligorensis*）、华南水鼠耳蝠（*Myotis laniger*）、中管鼻蝠（*Murina huttoni*）、毛翼管鼻蝠（*Harpiocephalus harpia*）、大棕蝠（*Eptesicus serotinus*）。

本次调查捕获的 16 种蝙蝠分别隶属蹄蝠科、菊头蝠科和蝙蝠科 3 个科，这与张水利和朱伟英（2001）报道的浙江省翼手目的科数结果一致。近年来，随着野外工作的不断开展，连续有一些新分布记录物种的报道，如毛翼管鼻蝠（*Harpiocephalus harpia*）（岳阳 等，2019）、中管鼻蝠（*Murina huttoni*）（黄正澜懿 等，2018）和马铁菊头蝠（*Rhinklkphus ferrumequimum*）（朱长强 等，2017）。此次调查得到的 16 种蝙蝠约占浙江省蝙蝠物种总种数的 53.3%，约占全国总种数的 13.3%，表明浙西南翼手目物种的多样性相对丰富，这可能与浙西南地区山区较多、地形复杂、植被覆盖好、气候适宜等因素有关。

5.1.2　多样性分析

1．各区域生物多样性指数

经计算可知，5 个调查区域的 Shannon-Wiener 多样性指数（H'）从大到小依次为白马山（$H'=2.021$）、千佛山（$H'=1.739$）、九龙山（$H'=1.560$）、湖山（$H'=1.282$）、牛头山（$H'=1.266$）；Pielou 均匀度指数（E）从大到小依次为牛头山（$E=0.706$）、白马山（$E=0.699$）、九龙山（$E=0.628$）、湖山（$E=0.557$）、千佛山（$E=0.547$）；Simpson 多样性指数（C）从大到小依次为湖山（$C=0.404$）、牛头山（$C=0.322$）、九龙山（$C=0.288$）、千佛山（$C=0.240$）、白马山（$C=0.183$）；Margalef 丰富度指数（D_{MG}）从大到小依次为千佛山（$D_{MG}=3.624$）、白马山（$D_{MG}=2.866$）、九龙山（$D_{MG}=2.192$）、湖山（$D_{MG}=1.852$）、牛头山（$D_{MG}=1.036$），各区域的各个多样性指数间无显著差异（图 5-3，表 5-3）。综合 5 个区域结果可知，遂昌县的 Shannon-Wiener 多样性指数 $H'=1.928$；Pielou 均匀度指数 $E=0.573$；Simpson 多样性指数 $C=0.209$；Margalef 丰富度指数 $D_{MG}=3.883$。

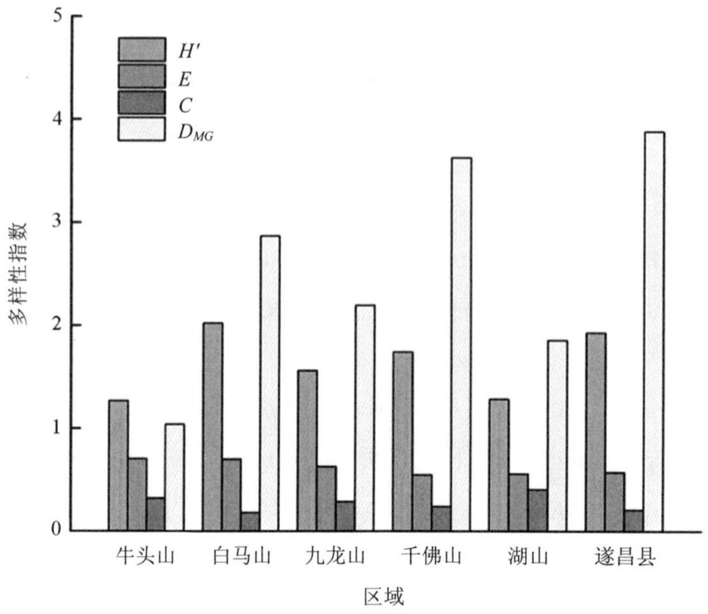

图 5-3 遂昌县各区域生物多样性指数

表 5-3 遂昌县各区域生物多样性指数

区域	多样性指数			
	H'	*E*	*C*	D_{MG}
牛头山	1.266	0.706	0.322	1.036
白马山	2.021	0.699	0.183	2.866
九龙山	1.560	0.628	0.288	2.192
千佛山	1.739	0.547	0.240	3.624
湖山	1.282	0.557	0.404	1.852
遂昌县	1.928	0.573	0.209	3.883

2. 不同区域哺乳动物数量及其优势种

经计算可知，牛头山的哺乳动物优势种为小麂（$I=0.416$）、野猪（$I=0.352$）；白马山的哺乳动物优势种为鼠（$I=0.284$）、小麂（$I=0.279$）；九龙山的哺乳动物优势种为小麂（$I=0.424$）、野猪（$I=0.311$）；千佛山的哺乳动物优势种为小麂（$I=0.289$）、野猪（$I=0.284$）；湖山的哺乳动物优势种为小麂（$I=0.597$）。

综合 5 个调查区域结果可知，遂昌县的哺乳动物优势种为小麂（$I=0.342$）、野猪（$I=0.210$）、鼠（$I=0.107$）。

3. 不同海拔的哺乳动物多样性差异

本次调查中红外相机布设位点海拔在 529～1 414 m，故将这一海拔划分为 3 个区段，即低海拔（500～1 000 m）、中海拔（1 000～1 200 m）和高海拔（>1 200 m）。3 个海拔区段拍摄的独立有效照片存在极显著差异（$G = 36.773$，$df = 2$，$p < 0.001$），拍摄数随海拔上升而下降。

经计算可知，3 个海拔区段的 Shannon-Wiener 多样性指数（H'）从大到小依次为中海拔（$H' = 2.031$）、低海拔（$H' = 1.730$）、高海拔（$H' = 1.541$）；Pielou 均匀度指数（E）从大到小依次为中海拔（$E = 0.667$）、低海拔（$E = 0.577$）、高海拔（$E = 0.533$）；Simpson 多样性指数（C）从大到小依次为高海拔（$C = 0.287$）、低海拔（$C = 0.252$）、中海拔（$C = 0.186$）；Margalef 丰富度指数（D_{MG}）从大到小依次为中海拔（$D_{MG} = 3.283$）、低海拔（$D_{MG} = 3.023$）、高海拔（$D_{MG} = 2.870$），3 个海拔区段的各个多样性指数间无显著差异（图 5-4，表 5-4）。

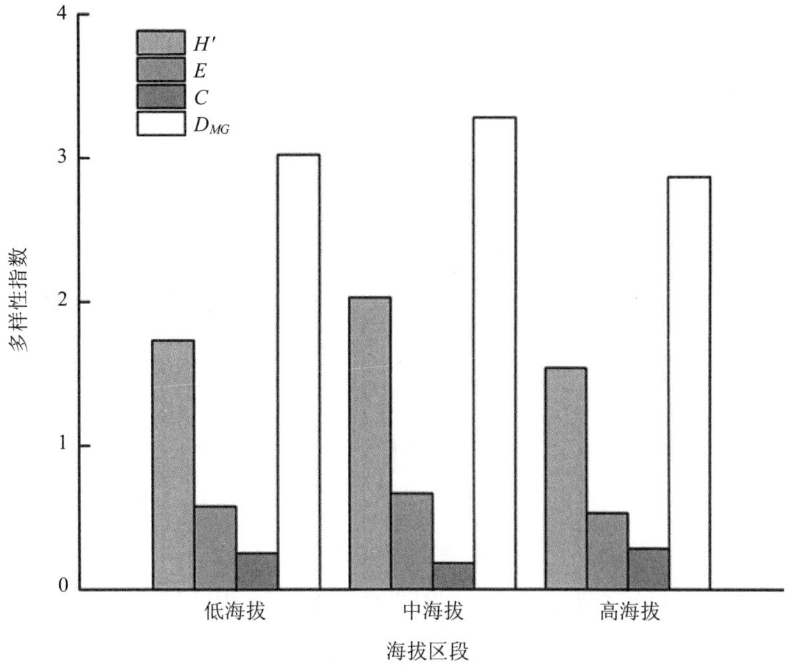

图 5-4　遂昌县各海拔区段哺乳动物多样性指数

表 5-4　遂昌县各海拔区段生物多样性指数

海拔	多样性指数			
	H'	E	C	D_{MG}
低海拔	1.730	0.577	0.252	3.023
中海拔	2.031	0.667	0.186	3.283
高海拔	1.541	0.533	0.287	2.870

经计算可知，低海拔区段的哺乳动物优势种为小麂（$I = 0.388$）、鼠类（$I = 0.157$）；中海拔区段的哺乳动物优势种为小麂（$I = 0.308$）、野猪（$I = 0.251$）、鼠类（$I = 0.204$）；高海拔区段的哺乳动物优势种为野猪（$I = 0.396$）、野猪（$I = 0.316$）。

5.1.3 典型物种介绍

1．猕猴（*Macaca mulatta*） 灵长目 猴科

保护等级：国家二级重点保护野生动物，被列入《中国生物多样性红色名录卷——脊椎动物卷》无危（LC）等级。

形态特征：头体长 430～600 mm，尾长 150～320 mm，后足长 140～167 mm，颅全长 95～122 mm，体重 7～10 kg（雄性）、5～6 kg（雌性）。体型中等，褐色，具有适度的性二型。毛被亮黄褐色，头冠、下体、尾基部泛出橙色。尾中等长度，不是很蓬松。颅骨相对较圆，无矢状脊。

生态习性：栖息于森林、林地、海岸灌丛及有灌丛和树木的岩石地区。觅食果实、叶子、芽、昆虫、小型脊椎动物和鸟卵，是聚集多达 50 只个体的多雄群。根据栖息地适宜性，猴群占据由大到小的家域，在争夺食物、雌性、统治权或领地时，总有吵闹的吠声和可怕的尖叫声。主要为地栖，但也在树上觅食。

2．豹猫（*Prionailurus bengalensis*） 食肉目 猫科

保护等级：国家二级重点保护野生动物，被列入《中国生物多样性红色名录——脊椎动物卷》易危（VU）等级。

形态特征：头体长 360～660 mm，尾长 200～370 mm，后足长 80～130 mm，耳长 35～55 mm，颅全长 75～96 mm，体重 1.5～5 kg。体型和家猫相仿，但更加纤细，腿更长。南方种的毛色基调是淡褐色或浅黄色，而北方种的毛基色显得更灰且周身有深色斑点。图案总是很独特，一般由头到肩有 4 条主条纹，很宽、很明显，但到脊柱就断了。体侧有斑点，但从不连成垂直的条纹。明显的白色条纹从鼻子一直延伸到两眼间，一般到头顶。耳大而尖，耳后黑色，带有白斑点。两条明显的黑色条纹从眼角内侧一直延伸到耳基部。内侧眼角到鼻部有 1 条白色条纹，鼻吻部白色。尾长，有环纹至黑色尾尖。

生态习性：栖息地类型很多，可见于茂密的次生林、被采伐地、人工林和农业区及人类居住地附近；捕食小型脊椎动物，如野兔、鸟类、爬行类、两栖类、鱼类、啮齿类，偶尔也吃腐肉。夜行性，独居，善于攀爬和游泳。常可见成对活动，雄性可能帮助抚育后代。非季节性繁殖，妊娠期 60～70 天，平均每胎 2～3 崽，18～24 个月性成熟。

3．黑麂（*Muntiacus crinifrons*） 偶蹄目 鹿科

保护等级：国家一级重点保护野生动物，被列入《中国生物多样性红色名录——脊椎动物卷》濒危（EN）等级。

形态特征：头体长 98～132 cm，肩高 62～78 cm，尾长 165～240 mm，后足长 280 mm，耳长

105 mm，颅全长 200～235 mm，体重 21～28.5 kg。为一种体大色深的鹿，体色呈深黑褐色，鼻侧面、头顶、耳部黄橙色。额部有丛毛，角柄有长毛，耳内侧白色，有时黄毛出现于肩部。尾长而黑，与白色尾下形成鲜明对比。角和角柄都为中等长度。

生态习性：栖息于海拔约 1 000 m 的起伏丘陵山区的各类林中。吃树的枝条、树叶、草和果实，但果实比小麂吃得少。怀孕期 6～7 个月（210 天），每胎 1 仔，有季节性的繁殖周期，有些雌性在哺乳期中怀孕。

4．中华鬣羚（*Capricornis milneedwardsii*） 偶蹄目 牛科

保护等级：国家二级重点保护野生动物，被列入《中国生物多样性红色名录——脊椎动物卷》易危（VU）等级。

形态特征：头体长 140～170 cm，肩高 90～100 cm，尾长 115～160 mm，耳长 175～205 mm，颅全长 280～320 mm，体重 85～140 kg。体高腿长，毛色深，具有向后弯的短角，颈背部有长而蓬松的鬃毛延伸成为背部的粗毛脊。耳大，有显著的眶前腺，尾短被毛。毛色黑，带灰或红灰色，特别在长鬃和腿部。毛粗，毛层较薄。与所有斑羚相比，角较长且较粗，横脊较大。中华鬣羚比斑羚大很多，而比羚牛小很多。

生态习性：栖息于崎岖陡峭、多岩石的丘陵地区，特别是海拔达到 4 500 m 的石灰岩地区。通常冬天在森林带，夏天转移到高海拔的峭壁区。采食多种植物的树叶和幼苗，到盐渍地舔食盐。大部分夜间活动，独居。有常规挖出的睡觉的地方，有时也在视角好的隆起地休息。

5．果子狸（*Paguma larvata*） 食肉目 灵猫科

保护等级：被列入《中国生物多样性红色名录——脊椎动物卷》近危（NT）等级。

形态特征：头体长 400～690 mm，尾长 350～600 mm，后足长 65～120 mm，耳长 40～60 mm，颅全长 100～130 mm，体重 3～7 kg。显著的面部纹路因地理差异而变化，但一般从前额到鼻垫有一条中央纵纹，眼下有小的白色或灰色眼斑，眼上有面积较大、更加清晰的白斑，并可能延伸到耳基部。鼻部黑色。身体无斑点，硬毛为锈褐色到深褐色，其下绒毛通常为淡褐色到灰色。一些年轻的亚成体身上可见微弱的斑点图案。尾色与体色相同，尾端一般深色。

生态习性：可见于多种森林栖息地，从原始常绿林到落叶次生林，还经常光顾农业区。主要吃果实，也吃鸟类、啮齿类、昆虫和根；在农田会攻击家鸡和水禽。树栖性，独居，夜行性，白天在树上的洞穴中睡觉，也居住于地洞，并组成 2～10 只的小家庭群。家域约 3.7 km^2。每胎产 1～5 崽，妊娠期 70～90 天，1 岁性成熟。

6．中国豪猪（*Hystrix hodgsoni*） 啮齿目 豪猪科

形态特征：头体长 558～735 mm，尾长 80～115 mm，后足长 75～93 mm，耳长 25～38 mm，颅全长 131～146 mm，体重 10～18 kg。眼和耳很小，额和前背之间的中间区的棘刺基部淡棕色，上边白色，形成白色条纹；颈部有一白色条纹；体深棕色；背部前部的棘刺呈正方形，后部的棘刺呈圆形，棘刺的尖端和基部白色，中部棕色。尾有特别的管状刺，端部中空，刺长 20～30 cm；

当尾部摇动时会发出声响。

生态习性：栖息在森林和开阔田野，在那里的堤岸和岩石下挖大的洞穴。这些洞穴可以被家庭群占据，晚上出洞，一起沿着固定的路线觅食，食物包括根、块茎、树皮、草本植物和落下的果实。虽然这种豪猪不会“射掷”它们的棘刺，但遇危险时能后退，再用力地猛扑过去将它们的棘刺插入敌人身体。报警时，摇动尾棘作响，喷鼻息和跺脚。妊娠期大约 110 天，每胎 2 崽（有时 3 崽），每年繁殖 2 胎。

7. 针毛鼠（*Rattus nitidus*）　啮齿目　鼠科

形态特征：属中型鼠类，广泛分布于遂昌县，其体背铁锈色调较深，背毛中刺状针毛较多，耳较巢鼠小而圆，尾背面棕褐色调，无白色末梢。背毛棕色或棕黄色，背毛中有许多刺状针毛，针毛基部为白色、尖端为褐色，越靠近背部中央针毛越多，所以背部中央棕褐色调较深，背腹交界处针毛较少，呈鲜艳的棕黄色。由于夏毛中背部刺毛较冬季为多，所以冬季时背部棕黄色较浅。腹毛白色，前后足背面也为白色。针毛鼠与巢鼠头骨十分相似，鼻骨细长，向前伸超过门齿，眶上嵴明显，向后延伸达顶骨后缘。听泡小而低平，颧弓较细。针毛鼠上颌第一臼齿较大，第三臼齿退化，大小不及第一臼齿之半。第一臼齿第一横嵴的外侧齿突退化，中央齿突发达，第二横嵴内外侧齿突都正常，第三横嵴内外侧齿突都较小，中央齿突发达。第三上臼齿内侧齿突 3 个，外侧具一大齿突。

生态习性：以植物为主，喜食野果、竹笋、桐果、茶果、栗子和榛子等，也经常潜入田间盗食稻谷、麦、花生及浆果番茄等。当冬季食物缺乏时，也以野生植物根、叶和幼苗为食。

8. 倭花鼠（*Tamiops maritimus*）　啮齿目　松鼠科

形态特征：尾长略短于体长，体长 115～158 mm，尾长 85～130 mm。背毛短，呈橄榄灰色；腹毛淡黄色；侧面的亮条纹短而窄，呈暗褐白色，中间的两条亮条纹模糊，侧面一对较清楚，但不像明纹花松鼠那样明显，眼下面的灰白色条纹不与背上其他亮条纹相连。其区别于隐纹花松鼠的特征是，体型更小、毛被较短而绒细、体背部橄榄色调较浓，其内侧的淡色纹更接近于颈背部的色调。

生态习性：典型的树栖啮齿动物，多在深山茂密的针叶阔叶混交林及次生林内活动。白天活动，主要以植物种子、嫩芽、树皮、昆虫等为食。在树上十分灵活、灵动机警，夏季繁殖，巢常筑于杉树上，每胎 2～4 崽。性不畏人，但数量不多。

5.2 鸟类

5.2.1 物种组成

结合历史资料与本次调查结果，遂昌县共记录到鸟类 220 种，隶属 18 目 57 科（见附录）。其中，国家重点保护野生鸟类 37 种；国家一级重点保护鸟类 2 种，分别为黄腹角雉（*Tragopan caboti*）、白颈长尾雉（*Syrmaticus ellioti*），其主要分布在浙江九龙山国家级自然保护区、神龙谷和牛头山区域，白颈长尾雉在遂昌县种群较为稳定，各季节均有记录；国家二级重点保护鸟类共 42 种，主要为鹰形目、隼形目、鸮形目猛禽，如林雕（*Ictinaetus malaiensis*）、黑翅鸢（*Elanus caeruleus*）、凤头鹰（*Accipiter trivirgatus*）、斑头鸺鹠（*Glaucidium cuculoides*）等，还包括白鹇（*Lophura nycthemera*）、勺鸡（*Pucrasia macrolopha*）、鸳鸯（*Aix galericulata*）、斑尾鹃鸠（*Macropygia unchall*）、仙八色鸫（*Pitta nympha*）等。列入《中国生物多样性红色名录——脊椎动物卷》濒危（EN）和易危（VU）等级的鸟类有 9 种，其中乌雕（*Clanga clanga*）、黄腹角雉被列为濒危等级，白颈长尾雉、白眉山鹧鸪（*Arborophila gingica*）、林雕、白腹隼雕（*Aquila fasciata*）、白腿小隼（*Microhierax melanoleucos*）、白喉林鹟（*Cyornis brunneatus*）、仙八色鸫被列为易危等级。

本次调查共在遂昌全域设置样线 35 条，样线总长度 37.5 km，共记录到鸟类 17 目 51 科 155 种。结合《浙江省九龙山自然保护区自然资源研究》等历史文献和观鸟爱好者的影像记录，遂昌县共记录鸟类 18 目 57 科 220 种，具体变化见图 5-5。

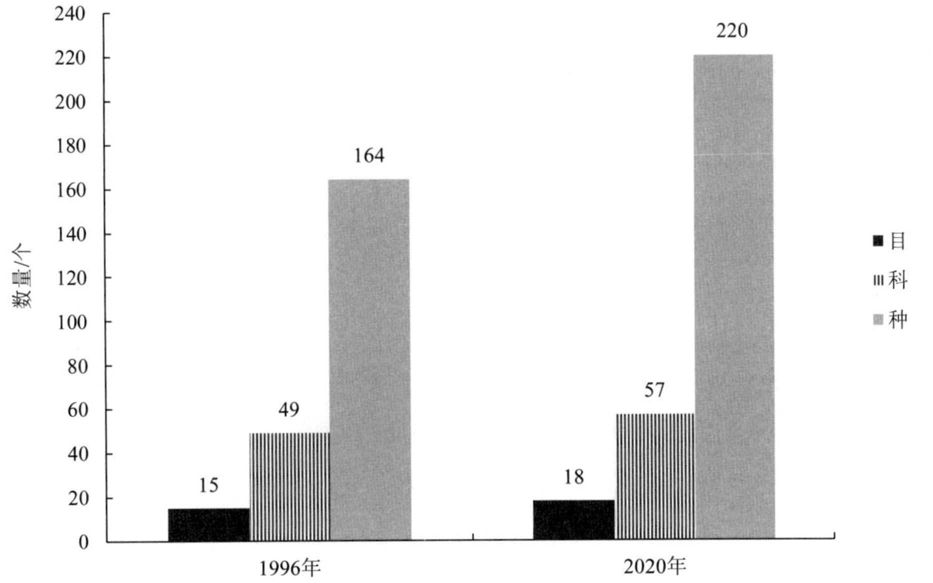

图 5-5　遂昌县不同时期鸟类目、科、种的变化

本次全县域鸟类多样性调查发现，遂昌县新增鸟类记录 56 种。新增记录中，国家重点保护鸟类 9 种，列入《中国生物多样性红色名录——脊椎动物卷》濒危和易危等级的鸟类有 2 种（图 5-6）。

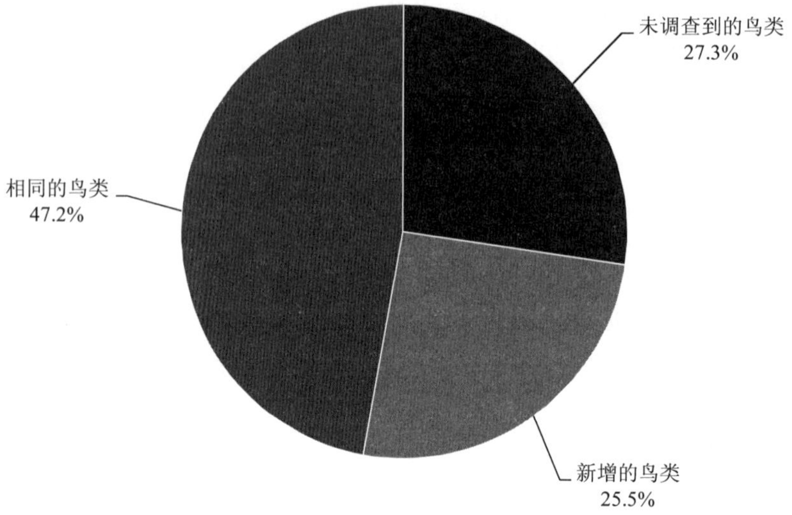

图 5-6 遂昌县调查记录与历史数据鸟种对比

新增记录鸟种主要集中在雀形目（33 种）、鹈形目（4 种）和鹰形目（4 种），另外包括雁形目（1 种）、䴙䴘目（1 种）、鸽形目（2 种）、鹃形目（1 种）、鹤形目（1 种）、鸻形目（2 种）、鲣鸟目（1 种）、鸮形目（2 种）、咬鹃目（1 种）、啄木鸟目（1 种）、隼形目（2 种）共 11 目，其中䴙䴘目、鲣鸟目、咬鹃目为目前水平上的新增记录。

5.2.2 多样性分析

1. 鸟类目、科、种分析

遂昌县鸟类多样性调查于 2019 年冬季至 2020 年秋季开展，共记录到鸟类 155 种，隶属 17 目 51 科。其中，雀形目鸟类最多，共 31 科 104 种，科数占记录到的鸟类总科数的 61%，种数占记录到的鸟类总种数的 67%；其次是鹰形目鸟类，共 2 科 10 种，科数和种数分别占记录到的鸟类总科数和总种数的 4%和 6%；鸮形目和啄木鸟目各 6 种，鹈形目 5 种，鸡形目 4 种，鸽形目、佛法僧目和隼形目各 3 种，雁形目、夜鹰目和鸻形目各 2 种，䴙䴘目、鹃形目、鹤形目、鲣鸟目和咬鹃目各 1 种（图 5-7、图 5-8）。

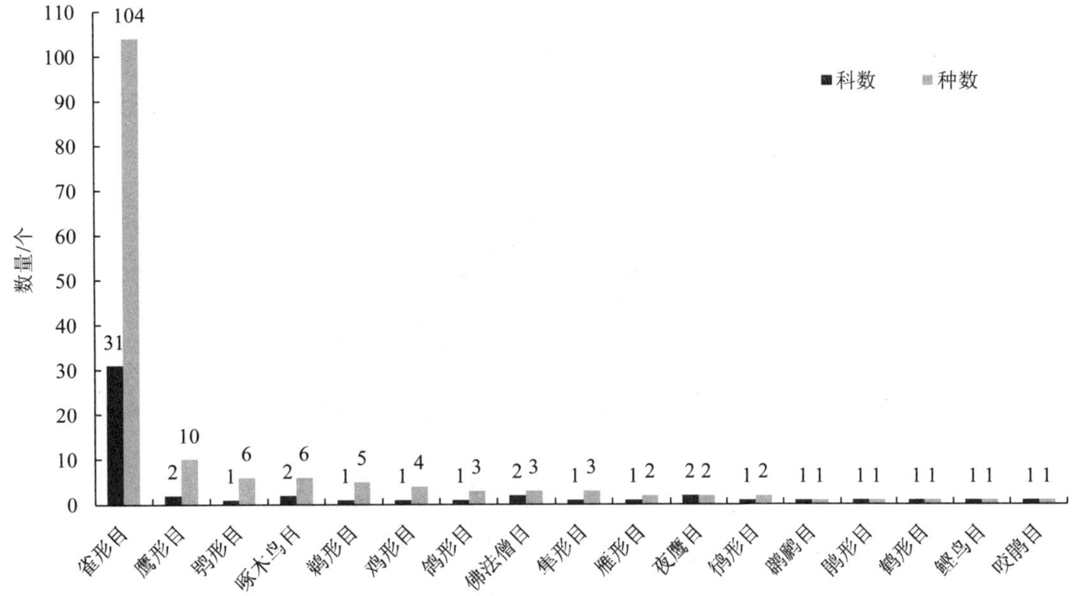

图5-7 遂昌县鸟类目、科、种分析

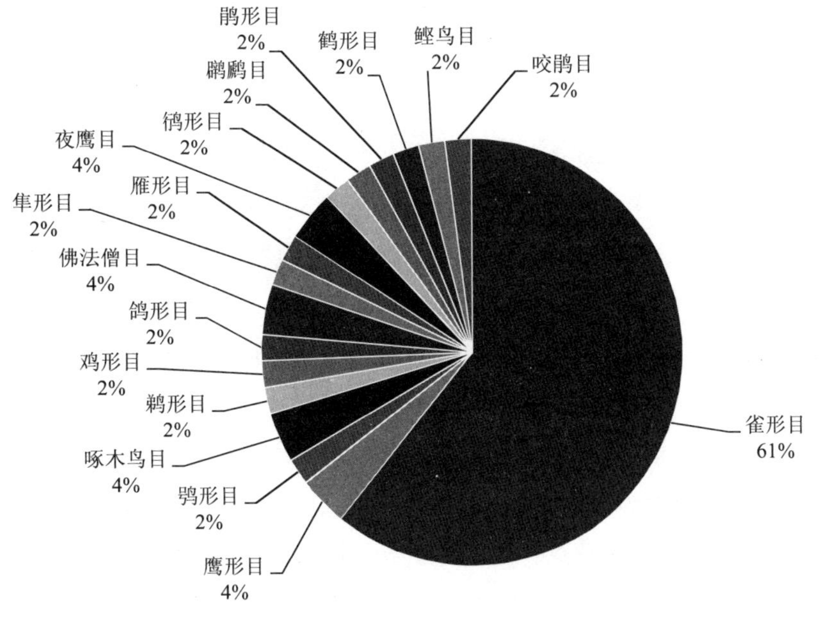

（a）各目科数占比

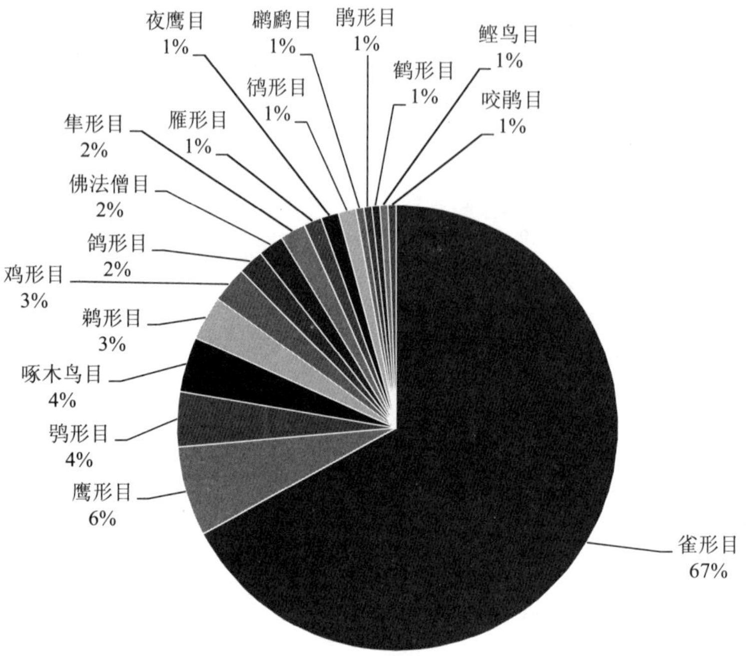

（b）各目种数占比

图 5-8 遂昌县鸟类目、科、种分析

2. 鸟类生态型分析

根据鸟类的生活方式和栖息习性，可将其划分为 8 个生态类群。我国具有其中 6 个生态类群，分别是游禽类、涉禽类、陆禽类、猛禽类、攀禽类、鸣禽类，均属突胸总目。

游禽类主要有雁形目、潜鸟目、鹳鹕目、鲣鸟目、鹱形目等；涉禽类主要有鹤形目、鹳形目、鸻形目、鹈形目等；陆禽类主要有鸡形目、鸽形目、沙鸡目等；猛禽类主要有鹰形目、隼形目、鸮形目等；攀禽类主要有啄木鸟目、鹃形目、鹦形目、佛法僧目、夜鹰目、犀鸟目、咬鹃目等；鸣禽类为雀形目鸟类。

在遂昌县鸟类调查中记录到的 6 类生态类群中，以鸣禽类为最多，共有 104 种，占记录到的鸟类总种数的 67.1%；其次为猛禽类，共 19 种，占记录到的鸟类总种数的 12.3%；再次为攀禽类，共 13 种，占记录到的鸟类总种数的 8.4%；涉禽类、陆禽类、游禽类的数量相对较少（图 5-9）。

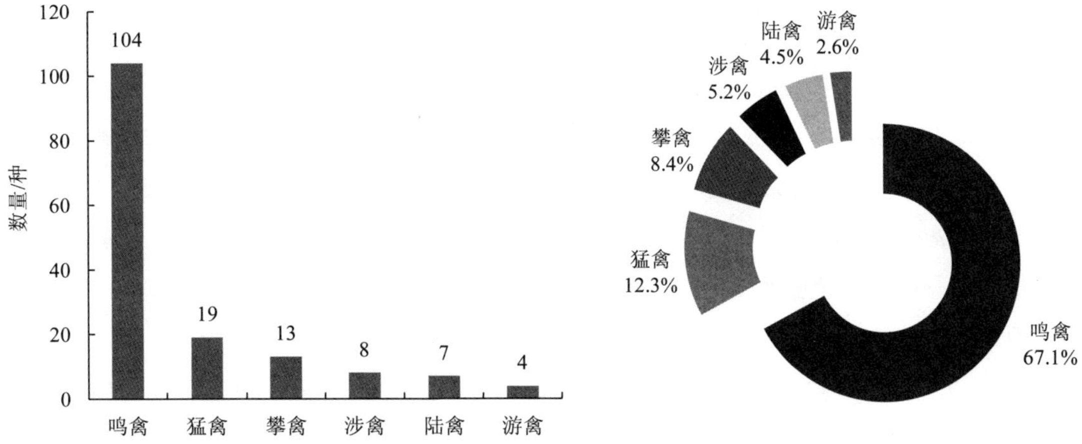

图 5-9　遂昌县鸟类生态型分析

3. 鸟类多样性的季节变化

在春季鸟类调查中，共观察记录到鸟类 11 目 35 科 95 种，共计 1 458 只。其中，白颈长尾雉为国家一级重点保护鸟类，国家二级重点保护鸟类 13 种，分别为鸳鸯、蛇雕（*Spilornis cheela*）、鹰雕（*Nisaetus nipalensis*）、林雕、白腹隼雕、凤头鹰、松雀鹰（*Accipiter virgatus*）、黄嘴角鸮（*Otus spilocephalus*）、红角鸮（*Otus sunia*）、画眉（*Garrulax canorus*）、红嘴相思鸟（*Leiothrix lutea*）、领鸺鹠（*Glaucidium brodiei*）和日本鹰鸮（*Ninox japonica*）。《中国生物多样性红色名录》中易危物种 3 种，分别是白颈长尾雉、林雕和白腹隼雕；近危物种 8 种，分别为鸳鸯、蛇雕、鹰雕、黄嘴角鸮、日本鹰鸮、淡绿䴗鹛（*Pteruthius xanthochlorus*）、画眉和白眉鹀（*Emberiza tristrami*）。中国特有种鸟类 2 种，分别是灰胸竹鸡（*Bambusicola thoracicus*）和白颈长尾雉。春季鸟类数量最多的主要是一些留鸟，如白头鹎（*Pycnonotus sinensis*）、白腰文鸟（*Lonchura striata*）、领雀嘴鹎（*Spizixos semitorques*）和大山雀（*Parus cinereus*）等常见鸟类，春季迁徙过来的家燕（*Hirundo rustica*）和金腰燕（*Cecropis daurica*）等夏候鸟也开始出现，此外还观察到旅鸟白眉鹀。

在夏季鸟类调查中，共观察记录到鸟类 11 目 40 科 82 种，共计 597 只。其中，国家二级重点保护鸟类 12 种，分别是斑尾鹃鸠、黑冠鹃隼（*Aviceda leuphotes*）、蛇雕、白腹隼雕、凤头鹰、赤腹鹰（*Accipiter soloensis*）、领角鸮（*Otus lettia*）、斑头鸺鹠（*Glaucidium cuculoides*）、画眉、红嘴相思鸟、红隼（*Falco tinnunculus*）和游隼（*Falco peregrinus*）。《中国生物多样性红色名录》中易危物种 2 种，分别是白腹隼雕和白腿小隼；近危物种 4 种，分别为斑尾鹃鸠、蛇雕、寿带和画眉。中国特有种鸟类 2 种，分别是灰胸竹鸡和黄腹山雀（*Pardaliparus venustulus*）。夏季鸟类除了常见留鸟，夏候鸟数量开始增多，其中金腰燕和家燕数量较多，另外也记录到赤腹鹰、三宝鸟、小灰山椒鸟（*Pericrocotus cantonensis*）、黑短脚鹎（*Hypsipetes leucocephalus*）等夏候鸟。

在秋季鸟类调查中，共观察记录到鸟类 9 目 34 科 83 种，共计 1 453 只。其中，白颈长尾雉是国家一级重点保护鸟类，国家二级重点保护鸟类 6 种，分别为鸳鸯、画眉、红嘴相思鸟、鹗（*Pandion haliaetus*）、黑翅鸢和蛇雕。《中国生物多样性红色名录》中易危物种 1 种，即白颈长尾雉；近危物种 9 种，分别为鸳鸯、鹗、黑翅鸢、蛇雕、淡绿䴗鹛、短尾鸦雀（*Neosuthora davidiana*）、画眉、丽星鹩鹛（*Elachura formosa*）和白眉鹀。中国特有种鸟类 2 种，分别为灰胸竹鸡和白颈长尾雉。秋季数量以白鹡鸰（*Motacilla alba*）、白头鹎、北红尾鸲（*Phoenicurus auroreus*）、红头长尾山雀（*Aegithalos concinnus*）、灰喉山椒鸟（*Pericrocotus solaris*）和麻雀（*Passer montanus*）居多，也记录到了一些越冬迁徙鸟类，如鸳鸯、黄腰柳莺（*Phylloscopus proregulus*）等。

在冬季鸟类调查中，鸟类种数相比于其他季节是最少的，共观察记录到鸟类 14 目 37 科 80 种，共计 1 852 只。其中，国家二级重点保护鸟类 6 种，分别为白鹇、鸳鸯、画眉、红嘴相思鸟、林雕和红隼。《中国生物多样性红色名录》中易危物种 1 种，即林雕；近危物种 4 种，分别为鸳鸯、红头咬鹃（*Harpactes erythrocephalus*）、画眉和白眉鹀。中国特有种鸟类 1 种，为灰胸竹鸡。冬季鸟类数量以麻雀、棕头鸦雀（*Sinosuthora webbiana*）、领雀嘴鹎、红头长尾山雀、大山雀和灰眶雀鹛（*Alcippe morrisonia*）等常见留鸟居多，冬候鸟以北红尾鸲、鸳鸯、红胁蓝尾鸲（*Tarsiger cyanurus*）和灰头鹀（*Emberiza spodocephala*）数量为最多。

调查结果总体来看，夏季鸟类数量最少，冬季鸟类种类最少。根据图 5-10，遂昌县不同季节的鸟类目、科、种的组成相差不大，春季鸟类种数相对较多，冬季鸟类目数相对较少。

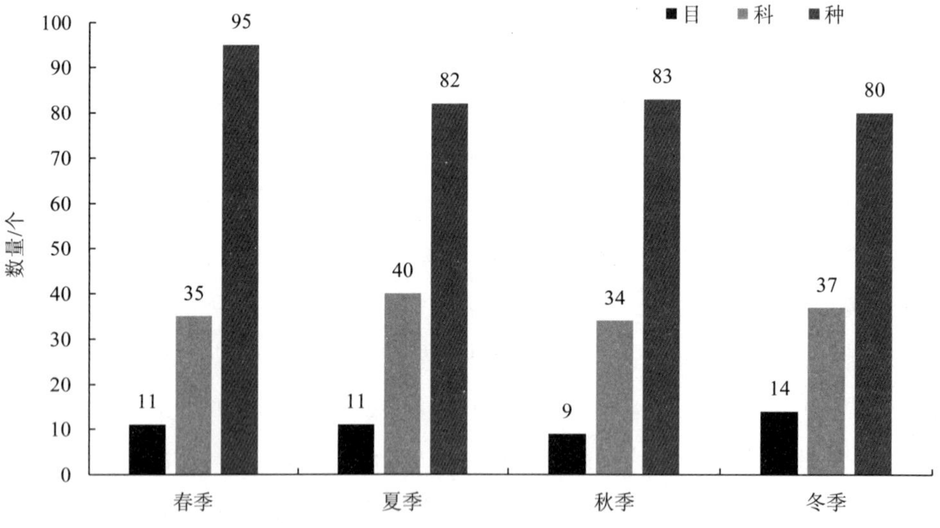

图 5-10 遂昌县各季节鸟类目、科、种分析

从鸟类群落结构来看（表 5-5），夏季的鸟类多样性指数、均匀度指数均最高，春季的丰富度指数最高；秋季的鸟类多样性指数、均匀度指数均最低，冬季的丰富度指数最低。各季节鸟类多样性指数从高到低的排序为夏季＞春季＞冬季＞秋季，各季节鸟类均匀度指数从高到低的排序为夏季＞春季＞冬季＞秋季，各季节鸟类丰富度指数从高到低的排序为春季＞夏季＞秋季＞冬季。

表 5-5　遂昌县各季节鸟类群落结构

参数	春季	夏季	秋季	冬季
鸟种数/种	95	82	83	80
数量/只	1 458	597	1 453	1852
多样性指数	3.795 5	3.855 1	3.262 5	3.481 5
均匀度指数	0.833 5	0.874 8	0.738 3	0.794 5
丰富度指数	12.933 0	12.672 3	11.261 6	10.499 7

根据图 5-11，各个季节中均有记录到重点保护鸟类。其中，春季调查记录到的珍稀濒危鸟类、中国特有种和国家重点保护鸟类的数量最多；秋季调查记录到的浙江省重点保护鸟类最多。

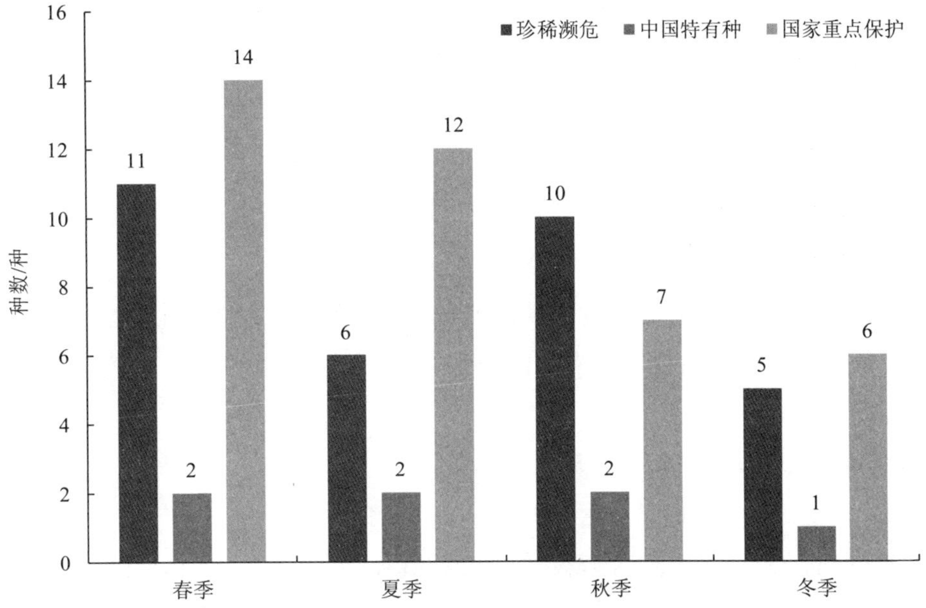

图 5-11　遂昌县各季节重点鸟类分析

5.2.3　典型物种介绍

1. 黄腹角雉（*Tragopan caboti*）　鸡形目　雉科

保护等级：国家一级重点保护野生动物，列入《中国生物多样性红色名录——脊椎动物卷》濒危（EN）等级。

形态特征：体长 50～65 cm 的雉类。雄鸟上体栗褐色，满布具黑缘的淡黄色圆斑。头顶黑色，具黑色与栗红色羽冠。飞羽黑褐带棕黄斑。下体几近纯棕黄，因腹部羽毛呈皮黄色，故名“黄腹角雉”。

生态习性：性好隐蔽，善于奔走，常在茂密的林下灌丛和草丛中活动，一般不起飞。常成5～9只的小群活动。主要在地面活动和取食，以蕨类及植物的茎、叶、花、果实和种子为食，也吃昆虫，如白蚁和毛虫等少量动物性食物，尤其是繁殖季节。

2. 白颈长尾雉（*Syrmaticus ellioti*） 鸡形目 雉科

保护等级：国家一级重点保护野生动物，列入《中国生物多样性红色名录——脊椎动物卷》易危（VU）等级。

形态特征：体长50～81 cm的大型雉类，雌雄异色。雄鸟面部裸露呈朱红色，后颈和颈侧灰白色，喉部黑色，上背和前胸栗色，上背和两翅都有一条宽的白色带斑，腹部白色，灰白色的长尾有栗色横斑；雌鸟尾略短，颈部灰色，喉部黑色，上体褐色具黑色斑点；跗跖和趾蓝灰色。

生态习性：栖息于混交林中的浓密灌丛及竹林，性机警，以小群活动。主要以植物叶、茎、芽、花、果实、种子和农作物等植物性食物为食，也吃昆虫等动物性食物。

3. 白鹇（*Lophura nycthemera*） 鸡形目 雉科

保护等级：国家二级重点保护野生动物。

形态特征：体长70～120 cm的大型雉类，雌雄异色。雄鸟具蓝黑色羽冠，赤红色的脸部裸露，上体和两翅白色且密布黑纹，白色的尾甚长，下体黑色，跗跖和趾红色；雌鸟通体橄榄褐色，羽冠近黑色，跗跖和趾也为红色。

生态习性：结小群活动。常在取食的猴类和鸠鸽类下拣食无花果。栖息于开阔林地及次生常绿林，高可至海拔2 000 m。主要以锥栗、悬钩子、百香果等植物的嫩叶、幼芽、花、茎、浆果、种子、根和苔藓等为食。

4. 白腹隼雕（*Aquila fasciata*） 鹰形目 鹰科

保护等级：国家二级重点保护野生动物。

形态特征：体长55～67 cm的大型猛禽，雌雄同色。上体棕色，下体白色带有棕色条纹，翅膀宽大，飞行时可见其6枚指叉，尾长而宽，尾羽有浅灰色横斑，跗跖和趾黄色。幼鸟全身多为棕色，飞羽多白色，飞行时与棕色的翼下覆羽形成对比。

生态习性：栖息于开阔山区。常成对作高空翱翔，振翼快，叫声尖厉。主要以鼠类、水鸟、鸡类、岩鸽、斑鸠和其他中小型鸟类为食，也吃野兔、爬行动物和大的昆虫。

5. 蛇雕（*Spilornis cheela*） 鹰形目 鹰科

保护等级：国家二级重点保护野生动物，列入《中国生物多样性红色名录——脊椎动物卷》近危（NT）等级。

形态特征：体长55～73 cm的大型猛禽。虹膜黄色，眼周橘黄色，头部深褐色并有不明显羽冠，上体、两翅、胸部和腹部灰褐色且有白色斑点，翼下和尾羽有明显的黑色横斑，跗跖和趾黄色。

生态习性：常于森林或人工林上空盘旋，成对互相召唤。求偶期成对做懒散的体操表演。常栖在森林中有荫的大树枝上监视地面。主要以各种蛇类为食，也吃蜥蜴、蛙、鼠类、鸟类和甲壳动物。

6．林雕（*Ictinaetus malayensis*）　鹰形目　鹰科

保护等级：国家二级重点保护野生动物，列入《中国生物多样性红色名录——脊椎动物卷》易危（VU）等级。

形态特征：体长 65～75 cm 的大型猛禽，雌雄同色。通体黑褐色，虹膜黄褐色，飞行时尾长而宽，盘旋时指叉明显，尾羽有浅灰色横斑，跗跖和趾黄色。

生态习性：栖息于山地丛林，喜在茶园等山中开阔地盘旋捕食；主要以鼠类、两栖爬行类和小型鸟类为食。

7．黑翅鸢（*Elanus caeruleus*）　鹰形目　鹰科

保护等级：国家二级重点保护野生动物，列入《中国生物多样性红色名录——脊椎动物卷》近危（NT）等级。

形态特征：体长 31～34 cm 的猛禽，雌雄同色。虹膜红色，贯眼纹黑色，头部至背部蓝灰色，翼上覆羽黑色，腹部和尾羽白色，跗跖和趾黄色。幼鸟上体褐色且具浅黄色羽缘。

生态习性：一般单独活动，晨昏较为活跃，栖息于开阔田野、草地等生境，常站立在树梢或电线杆上；繁殖期叫声尖厉；主要以小型鸟类、啮齿类、爬行类和大型昆虫为食。

8．黑冠鹃隼（*Aviceda leuphotes*）　鹰形目　鹰科

保护等级：国家二级重点保护野生动物。

形态特征：体长 30～33 cm 的中型猛禽，雌雄同色。上体和头部黑色，头顶具有竖起的长冠羽，腹部白色带有薯条棕色和黑色的粗横纹，翅膀短圆，飞羽多为白色，飞行时可见其白色的飞羽。

生态习性：成对或组成小群活动，振翼做短距离飞行至空中或于地面捕捉大型昆虫。主要以蝗虫、蚱蜢、蝉、蚂蚁等昆虫为食，也吃蝙蝠及鼠类、蜥蜴和蛙等小型脊椎动物。

9．凤头鹰（*Accipiter trivirgatus*）　鹰形目　鹰科

保护等级：国家二级重点保护野生动物。

形态特征：体长 42～49 cm 的中型猛禽，雌雄同色。虹膜黄色，头上具有短羽冠；成鸟头部鼠灰色，喉部呈白色，有明显的黑色喉中线和髭纹，颈、背部灰褐色，尾羽褐色并具黑色横斑，胸具黑色纵纹，腹部具黑色横纹；亚成鸟头部褐色，整体颜色偏棕色，下体纵纹较多；跗跖和趾橘黄色。

生态习性：栖息于有密林覆盖处。繁殖期常在森林上空飞翔，同时发出响亮叫声。主要以蛙、蜥蜴、鼠类、昆虫等动物性食物为食，也吃鸟和小型哺乳动物。

10．松雀鹰（*Accipiter virgatus*）　鹰形目　鹰科

保护等级：国家二级重点保护野生动物。

形态特征：体长 28～36 cm 的小型猛禽。雄成鸟虹膜橘红色，喉白色且具明显喉中线，上体深灰色，胸部有深色纵纹，下体白色具棕褐色横斑；雌成鸟虹膜黄色，颜色较雄成鸟偏褐色；亚成鸟胸前纵纹较多。尾羽有黑色横斑，跗跖和趾黄色。

生态习性：在林间静立伺机找寻爬行类或鸟类猎物。雏鸟饥饿时发出反复哭叫声。以各种小鸟为食，也吃蜥蜴、蝗虫、蚱蜢、甲虫及其他昆虫和小型鼠类。

11．赤腹鹰（*Accipiter soloensis*）　鹰形目　鹰科

保护等级：国家二级重点保护野生动物。

形态特征：体长 27～35 cm 的小型猛禽，雌雄异色。雄成鸟虹膜黑褐色，头部、背部蓝灰色，两翅和尾灰褐色，飞行时可见翅尖黑色，胸部棕色；雌成鸟虹膜黄色，体色比雄成鸟较暗；亚成鸟通体黄褐色，胸前有黑色纵纹。跗跖和趾橘黄色。

生态习性：喜开阔林区。常追逐小鸟，也吃青蛙。通常从栖处捕食，捕食动作快，有时在上空盘旋。主要以蛙、蜥蜴等动物性食物为食，也吃小型鸟类、鼠类和昆虫。

12．雀鹰（*Accipiter nisus*）　鹰形目　鹰科

保护等级：国家二级重点保护野生动物。

形态特征：体长 32～41 cm 的中型猛禽，雌雄异色。雄成鸟脸部锈红色，上体、尾羽鼠灰色，尾羽上有多条黑褐色横斑，下体具细密的红褐色横斑；雌成鸟上体灰褐色，下体白色密布黑色细横纹；亚成鸟上体黄褐色具浅色羽缘，下体白色具半月形横斑。虹膜、跗跖和趾黄色。

生态习性：多单独活动，栖息在山区、丘陵、平原等各种生境的树林中，喜在林缘地带捕食；主要以雀形目小鸟和啮齿类为食，也吃两栖爬行类和大型昆虫。

13．普通鵟（*Buteo japonicus*）　鹰形目　鹰科

保护等级：国家二级重点保护野生动物。

形态特征：体长约 55 cm 的猛禽。个体之间颜色差异较大，体色从深色到浅色变化多样，虹膜黄色，翼尖黑色，飞行时黑色翼斑明显，尾羽几乎无横纹，跗跖和趾黄色。

生态习性：喜开阔原野且在空中热气流上高高翱翔，在裸露树枝上歇息。飞行时常停在空中振羽。多单独活动，有时也见 2～4 只在天空盘旋。活动主要在白天。主要以鼠类为食，也吃蛙、蜥蜴、蛇、野兔、小鸟和大型昆虫等动物性食物。

14．领鸺鹠（*Glaucidium brodiei*）　鸮形目　鸱鸮科

保护等级：国家二级重点保护野生动物。

形态特征：体长 13～17 cm 的小型鸮类，雌雄同色，中国最小的鸮形目鸟类。无耳羽簇，头部、背部至尾羽深褐色具棕黄色横纹，颈后皮黄色且有黑色眼斑，虹膜黄色，上体浅褐色具棕黄色横纹，腹部白色具褐色粗纵纹，跗跖和趾浅灰色。

生态习性：白日里发出叫声或遭受其他鸟围攻时可见此鸟于高树。夜晚栖于高树，由凸显的栖木上出猎捕食。飞行时振翼极快。主要以昆虫和鼠类为食，也吃小鸟和其他小型动物。

15．领角鸮（*Otus lettia*） 鸮形目 鸱鸮科

保护等级：国家二级重点保护野生动物。

形态特征：体长 23～25 cm 的小型鸮类，雌雄同色。上体灰褐色杂以黑白色斑，面盘明显，耳羽簇较长，虹膜红褐色，下体灰白色具黑色纵纹和暗色横纹，跗跖被羽，跗跖和趾浅灰色。

生态习性：大部分夜间栖息于低处，繁殖季节叫声哀婉。从栖处跃下地面捕捉猎物。主要以鼠类、壁虎、蝙蝠、甲虫、蝗虫、鞘翅目昆虫为食。

16．燕隼（*Falco subbuteo*） 隼形目 隼科

保护等级：国家二级重点保护野生动物。

形态特征：体长 28～36 cm 的隼类，雌雄同色。头部蓝黑色，虹膜黑色，有较细白色眉纹，有一长一短两道泪痕，两翅、背部及尾羽蓝黑色而有白色羽缘，喉、颈侧和腹部白色，胸和腹部有黑色纵纹，成鸟尾下覆羽和腿覆羽棕栗色，幼鸟白色；跗跖和趾黄色。

生态习性：常单独或成对活动，栖息于林缘或稀疏林地的开阔区域，飞行快而敏捷，常站在高大树干和电线杆上；以小型鸟类和昆虫为食。

17．红嘴相思鸟（*Leiothrix lutea*） 雀形目 噪鹛科

保护等级：国家二级重点保护野生动物。

形态特征：体长 13～16 cm 的小型噪鹛，雌雄相似。嘴赤红色，上体暗灰绿色，眼先、眼周淡黄色，耳羽浅灰色或橄榄灰色。两翅具黄色和红色翅斑，尾叉状、黑色，颏、喉黄色，胸橙黄色。

生态习性：主要栖息于海拔 1 200～2 800 m 的山地常绿阔叶林、常绿落叶混交林、竹林和林缘疏林灌丛地带，冬季多下到海拔 1 000 m 以下的低山、山脚、平原与河谷地带，有时也进到村舍、庭院和农田附近的灌木丛中。除繁殖期间成对或单独活动外，其他季节多成 3～5 只或 10 余只的小群，有时也与其他小鸟混群活动。主要以毛虫、甲虫、蚂蚁等昆虫为食，也吃植物的果实、种子等植物性食物，偶尔也吃少量的玉米等农作物。

18．画眉（*Garrulax canorus*） 雀形目 噪鹛科

保护等级：国家二级重点保护野生动物，列入《中国生物多样性红色名录——脊椎动物卷》近危（NT）等级。

形态特征：体长 21～24 cm 的中型噪鹛，雌雄同色。上体棕褐色，头顶、颈部背部及喉部具深褐色细纹。眼周及粗眉纹白色向后延伸。腹部深灰色，尾下覆羽深棕色，尾羽由基部棕褐色过渡至末端的深褐色，具深褐色横纹。

生态习性：生性惧人而隐匿，常见于各种次生生境，成对或集小群活动；鸣唱嘹亮，婉转多变，能模仿其他鸟的叫声；杂食性，主要以昆虫为食，也吃植物果实、种子等。

5.3 两栖爬行动物

5.3.1 物种组成

1. 调查概况

经调查统计，遂昌县共有两栖爬行动物 67 种，其中两栖动物 2 目 9 科 32 种，爬行动物 2 目 10 科 35 种（见附表）。野外分布数量较多的两栖动物有中国雨蛙（*Hyla chinensis*）、饰纹姬蛙（*Microhyla fissipes*）、小弧斑姬蛙（*Microhyla heymonsi*）、泽陆蛙（*Fejervarya multistriata*）、弹琴蛙（*Nidirana adenopleura*）、大绿臭蛙（*Odorrana graminea*）、天目臭蛙（*Odorrana tianmuii*）、布氏泛树蛙（*Polypedates braueri*）；野外分布较多的爬行动物有铅山壁虎（*Gekko hokouensis*）、铜蜓蜥（*Sphenomorphus indicus*）、蓝尾石龙子（*Plestiodon elegans*）、中国石龙子（*Plestiodon chinensis*）、北草蜥（*Takydromus septentrionalis*）、福建竹叶青（*Viridovipera stejnegeri*）等。两栖动物中，国家二级重点保护动物有 3 种，占比 9.38%，中国特有种有 17 种，占比 53.13%；爬行动物中，国家二级重点保护动物有 3 种，占比 8.57%，中国特有种有 6 种，占比 17.14%。

2. 受威胁物种分析

根据本次调查，遂昌县的 32 种两栖动物中，受威胁物种有 5 种，受威胁比例达 15.6%。其中，被《中国生物多样性红色名录——脊椎动物卷》列入极危（CR）等级的有中国大鲵（*Andrias davidianus*）1 种；被列入濒危（EN）等级有虎纹蛙（*Hoplobatrachus rugulosus*）1 种，被列入易危（VU）等级的有 3 种，分别是九龙棘蛙（*Quasipaa jiulongensis*）、棘胸蛙（*Quasipaa spinosa*）和凹耳竹叶蛙（*Bamburana tormota*）。遂昌县的 35 种爬行动物中，受威胁物种有 10 种，受威胁比例达 28.6%。其中，被列入极危（CR）等级的有平胸龟（*Platysternon megacephalum*）1 种；被列入濒危等级（EN）的有尖吻蝮（*Deinagkistrodon acutus*）、银环蛇（*Bungarus multicinctus*）、滑鼠蛇（*Ptyas mucosa*）、王锦蛇（*Elaphe carinata*）、黑眉锦蛇（*Elaphe taeniura*）、乌龟（*Mauremys reevesii*）、花龟（*Mauremys sinensis*）、中华鳖（*Pelodiscus sinensis*）8 种；被列入易危（VU）等级的有 4 种，分别是乌梢蛇（*Ptyas dhumnades*）、乌华游蛇（*Trimorodytes percarinatus*）、赤链华游蛇（*Sinonatrix annularis*）和舟山眼镜蛇（*Naja atra*）。

综合来看，遂昌县的爬行动物受威胁程度较高，这可能与人为捕捉和商业利用有关。经调查发现，部分大型蛇类和所有龟鳖类物种常作为人类捕捉的对象，如尖吻蝮、滑鼠蛇、王锦蛇、黑眉锦蛇、平胸龟、乌龟、中华鳖等。

3. 特有种分析

本次调查发现，遂昌县的两栖动物中，中国特有种有中国大鲵、秉志肥螈（*Pachytriton granulosus*）、中国瘰螈（*Paramesotriton chinensis*）、东方蝾螈（*Cynops orientalis*）、福建掌突蟾

（*Leptolalax liui*）、崇安髭蟾（*Leptobrachium liui*）、淡肩角蟾（*Megophrys boettgeri*）、三港雨蛙（*Hyla sanchiangensis*）、北仑姬蛙（*Microhyla beilunensis*）、福建大头蛙（*Limnonectes fujianensis*）、九龙棘蛙、武夷湍蛙（*Amolops wuyiensis*）、天台粗皮蛙（*Glandirana tientaiensis*）、阔褶水蛙（*Hylarana latouchii*）、小竹叶蛙（*Bamburana exiliversabilis*）、沼水蛙（*Hylarana guentheri*）、天目臭蛙、凹耳竹叶蛙共 18 种，占比 56.25%，其中还包括浙江产地的模式种，如九龙棘蛙、天台粗皮蛙、天目臭蛙、北仑姬蛙等。爬行动物中，属中国特有种的有蹼趾壁虎（*Gekko hokouensis*）、宁波滑蜥（*Scincella modesta*）、北草蜥、山溪后棱蛇（*Opisthotropis latouchii*）、颈棱蛇（*Pseudoagkistrodon rudis*）和赤链华游蛇（*Sinonatrix annularis*）6 种，占比 17.14%。综合分析，遂昌县的两栖动物在我国的特有性相对于爬行动物较高，这可能与两栖动物移动能力弱、进化速率快、地理隔离对其影响较大等因素有关。

5.3.2　优势类群分析

综合分析遂昌县两栖爬行动物科属分类的多样性发现，该县两栖动物中的蛙科物种最多，有 10 种，占比 31.3%；其次是叉舌蛙科，有 5 种，占比 15.6%。该县爬行动物中游蛇科物种占绝对优势，有 16 种，占比 45.71%；其次是石龙子科，有 5 种，占比 14.3%。

两栖动物的优势类群大多生活于农田、沟渠等生境，受人为干扰影响较大，尤其是化肥、农药的过度使用和相关残留物的任意丢弃均会对当地的水质、土壤造成不同程度的污染，进而影响栖息在该环境中的两栖动物的生存和繁殖。

爬行动物中数量较多的水游蛇科和石龙子科的物种绝大多数为陆栖种类，极易受到路面过往车辆的威胁，调查中发现不少路杀爬行动物，尤其是体型较长的林蛇属、链蛇属、锦蛇属蛇类。两栖动物中行动较缓慢的物种也容易受到路杀的威胁，如蟾蜍科的两栖动物等。

5.3.3　两栖动物典型物种介绍

1. 中国大鲵（*Andrias davidianus*）　有尾目　隐鳃鲵科

保护等级：中国特有种，国家二级重点保护野生动物，被列入《中国生物多样性红色名录——脊椎动物卷》极危（CR）等级。

形态特征：头躯扁平，尾侧扁。眼小，无眼睑。体表光滑湿润；头部背腹面小疣粒成对排列；眼眶周围的疣粒排列较为整齐，更为集中，头顶和咽喉中部及上、下唇缘光滑无疣，眼眶下方、口角及颈侧疣粒排列成行；体侧粗厚的纵行肤褶明显，上、下方疣粒较大；其他部位的皮肤较光滑。生活时体色变异较大，一般以棕褐色为主，其变异颜色有暗黑、红棕、褐色、浅褐、黄土、灰褐和浅棕等色；背腹面有不规则的黑色或深褐色的各种斑纹，也有斑纹不明显的。尾巴基部略呈柱状，向后逐渐侧扁，末端钝圆。

生活习性：多栖息于海拔 100～1 200 m 的水流较急而清凉的溪河中。成鲵常栖息于溪河深潭内的岩洞、石穴中，以滩口上下的洞穴内较为常见。食性甚广，主要以蟹、蛙、鱼、虾及水生昆虫等为食。

2．秉志肥螈（*Pachytriton granulosus*） 有尾目 蝾螈科

保护等级：中国特有种，被列入《中国生物多样性红色名录——脊椎动物卷》数据缺乏（DD）等级。

形态特征：体型肥壮，四肢粗短，躯干呈圆柱状，背腹略扁平。体背面呈褐色或黄褐色，多数个体无黑色斑点，背侧常有橘红色斑点；头体腹面橘红色，有少数褐色短纹或呈蠕虫状斑；四肢、肛孔和尾下缘橘红色，有的个体尾末段两例各有一个银色斑。皮肤光滑，体两侧和尾部有细横皱纹；咽喉部有纵肤褶，有的个体腹部有横皱沟。

生活习性：生活于海拔 50～700 m 较为平缓、水质清凉的山溪内。成体以水栖为主，白天长匍匐于水底石块或隐于石下，夜间多在水底爬行。以水生昆虫、螺类、虾类、蟹类为食。

3．中国瘰螈（*Paramesotriton chinensis*） 有尾目 蝾螈科

保护等级：中国特有种，国家二级重点保护野生动物，被列入《中国生物多样性红色名录——脊椎动物卷》近危（NT）等级。

形态特征：头部扁平，头顶略凹。吻端钝圆，吻棱明显。躯干浑圆，四肢较长，且指、趾间无蹼。尾部侧扁，尾梢钝圆。全身褐黑色或黄褐色；其色斑有变异，有的个体背部脊棱和体侧疣粒棕红色，有的体侧和四肢上有黄色圆斑；体腹面橘黄色小斑的深浅和形状不一；尾肌部位为浅紫色。皮肤粗糙，头体背面满布细小的瘰疣；尾后部无疣。

生活习性：成螈多生活在 30～850 m 的丘陵低山流溪中，一般水面宽阔，水底多有小石子和泥沙。成螈白天常隐伏于水底石块间、枯枝烂叶下，时而游向水面呼吸空气或到岸边觅食；阴雨天气常上岸在草丛中或腐叶层下活动。以昆虫、蚯蚓、螺类及其他小动物为食。

4．虎纹蛙（*Hoplobatrachus chinensis*） 无尾目 叉舌蛙科

保护等级：国家二级重点保护野生动物，被列入《中国生物多样性红色名录——脊椎动物卷》濒危（EN）等级。

形态特征：体型硕大，四肢较短。体背面粗糙，背部有长短不一、多断续排列成纵行的肤棱，其间散有小疣粒，胫部纵行肤棱明显；头侧、手、足背面和体腹面光滑。背面多为黄绿色或灰棕色，散有不规则的深绿褐色斑纹；四肢横纹明显；体和四肢腹面肉色，咽、胸部有棕色斑，胸后和腹部略带浅蓝色，有斑或无斑。

生活习性：生活于海拔 20～1 120 m 的山区、平原、丘陵地带的稻田、鱼塘、水坑和沟渠内。白天隐匿于水域岸边的洞穴内，夜间外出活动，跳跃能力很强，稍有响动即迅速跳人深水中。以各种昆虫、蝌蚪、小蛙和小鱼等为食。

5．九龙棘蛙（*Quasipaa jiulongensis*） 无尾目 叉舌蛙科

保护等级：中国特有种，被列入《中国生物多样性红色名录——脊椎动物卷》易危（VU）

等级。

形态特征：体型肥硕，四肢粗壮。体和四肢背面皮肤粗糙，背部满布小疣，间杂有少数大长疣；头部及四肢背面及体侧亦散有疣粒；两眼后有一条横肤沟。背面黑褐色或浅褐色，两眼间有深色横纹，背部两侧各有 4～5 个明显的黄色斑点排成纵行，左右对称，有的个体背脊处有黄色脊线；四肢背面具深色横斑；咽、胸部有深浅相间的斑纹，腹部有褐色虫纹斑。

生活习性：生活于海拔 800～1 200 m 的山区小型溪流中，溪旁树木茂密。白天成蛙隐伏在流溪水坑内的石块下或石缝、石洞里，晚上出来活动，行动十分敏捷，跳跃迅速。以昆虫、小蟹及其他小动物为食。

6．棘胸蛙（*Quasipaa spinosa*）　无尾目　叉舌蛙科

保护等级：被列入《中国生物多样性红色名录——脊椎动物卷》易危（VU）等级。

形态特征：体型肥硕，前肢粗壮。皮肤较粗糙，长短疣断续排列成行，其间有小圆疣，疣上一般有黑刺，眼后方有横肤沟，雄蛙胸部满布大小肉质疣，向前可达咽喉部，向后止腹前部，每个疣上有一枚小黑刺；雌蛙腹面光滑。体背面颜色变异大，多为黄褐色、褐色或棕黑色，两眼间有深色横纹，上、下唇缘均有浅色纵纹，体和四肢有黑褐色横纹；腹面浅黄色，无斑或咽喉部和四肢腹面有褐色云斑。

生活习性：生活于海拔 600～1 500 m 林木茂密的山溪内。白天多隐藏在石穴或土洞中，夜间多蹲在岩石上，以多种昆虫、溪蟹、蜈蚣和小蛙等为食。

7．大树蛙（*Zhangixalus dennysi*）　无尾目　树蛙科

保护等级：中国特有种，被列入《中国生物多样性红色名录——脊椎动物卷》无危（LC）等级。

形态特征：体型较大，体扁平而窄长。背面皮肤较粗糙有小刺粒；腹部和后肢股部密布较大扁平疣；体色和斑纹有变异，多数个体背面绿色，体背部有镶浅色线纹的棕黄色或紫色斑点；沿体侧一般有成行的白色大斑点或白纵纹，下颌及咽喉部为紫罗蓝色；腹面其余部位灰白色。指间蹼发达，第三、第四指间为半蹼，有网状纹；趾间全蹼。指、趾端均具吸盘和边缘沟，吸盘背面可见“Y”形迹，指腹面有清晰的肉质垫，第一指吸盘略小。

生活习性：生活于海拔 80～800 m 的山区树林里或附近的田边、灌木及草丛中，偶尔也进入住宅内。傍晚后，雄蛙发出“咕噜！咕噜！”或“咕嘟咕！”的连续清脆而洪亮的鸣叫声。以金龟子、叩头虫、蟋蟀等多种昆虫及其他小动物为食。

8．天目臭蛙（*Odorrana tianmuii*）　无尾目　蛙科

保护等级：中国特有种，被列入《中国生物多样性红色名录——脊椎动物卷》无危（LC）等级。

形态特征：皮肤光滑或有小疣，无背侧褶或仅背前部由断续腺疣连成似褶状；体侧疣粒明显或不显；腹面光滑，腹后端及股基部有扁平疣。身体背面颜色变异大，多为鲜绿色，具有赤褐色斑点，或背面为褐色、棕色或深灰色，上面有绿色斑纹，体侧灰褐色、赤褐色或绿色，并散有黑斑；四肢具不清晰的深褐黑或黑褐色横纹；股后缘浅黄色，上面有黑点或云斑；腹面白色，有的个体咽喉及胸部有灰褐色斑纹。

生活习性：生活于海拔 200～800 m 的丘陵山区流溪中，其生态环境植被茂盛、阴湿，溪水平缓、水面开阔。成蛙栖息于溪边的石块或岩壁上、岩缝或溪边的灌丛中。以各种昆虫为食。

9. 大绿臭蛙（*Odorrana graminea*）　无尾目　蛙科

保护等级：被列入《中国生物多样性红色名录——脊椎动物卷》无危（LC）等级。

形态特征：雌、雄蛙体大小差异甚大。头扁平，皮肤光滑，背侧褶较宽而不十分明显，从眼后角至胯部；眼下方有腺褶；颌腺在鼓膜后下方，个别者不显；颞部有细小痣粒。腹面光滑。生活时背面为鲜绿色，但有深浅变异；两眼前角间有一小白点；头侧、体侧及四肢浅棕色，四肢背面有深棕色横纹，一般股、胫各有 3～4 条，少数标本横纹不显且有不规则斑点。趾蹼略带紫色，上唇缘腺褶及颌腺浅黄色，腹侧及股后有黄白色云斑。腹面白色。

生活习性：生活于海拔 450～1 200 m 森林茂密的大中型山溪及其附近。成蛙白昼多隐匿于流溪岸边石下或在附近的密林里落叶间，夜间多蹲在溪内露出水面的石头上或溪旁岩石上。以各种昆虫为食。

10. 崇安髭蟾（*Leptobrachium liui*）　无尾目　角蟾科

保护等级：中国特有种，被列入《中国生物多样性红色名录——脊椎动物卷》近危（NT）等级。

形态特征：体型较大，前肢较长，后肢较短。体背部有由痣粒组成的网状肤棱；四肢背面肤棱显著，呈纵行；腹面及体侧满布浅色痣粒；腋腺大呈椭圆形，有股后腺。体背面浅褐色略带紫色，有许多不规则的黑斑；眼上半浅绿色、下半深棕褐色；胯部有一白色月牙斑；体腹面满布白色小颗粒。雄体在繁殖季节上唇缘有黑色的角质刺 2 枚或 4 枚，雌体在相应部位有桔红色小点或小黑刺。

生活习性：生活于海拔 800～1 600 m 林木繁茂的山区。成蟾营陆栖生活，常栖息在流溪附近的草丛、土穴内或石块下，在农耕地内也可见到。蝌蚪以苔藓、藻类为食，成蟾以各种昆虫为食。

11. 淡肩角蟾（*Megophrys boettgeri*）　无尾目　角蟾科

保护等级：中国特有种，被列入《中国生物多样性红色名录——脊椎动物卷》无危（LC）等级。

形态特征：背面皮肤较粗糙或光滑；头及体背部有小刺疣，体侧有大疣，肤褶或有或无；腹面光滑，腋腺位于胸侧，有股后腺。背部多为灰棕色，有黑褐色斑，两眼间及头后褐黑色，向后延伸到背中部形成一条宽带纹；肩上方有圆形或半圆形浅棕色斑；四肢有深浅相间的横纹；腹面灰紫色，咽喉部有一个黑褐色纵斑，腹部无斑或有少许碎斑。

生活习性：生活于海拔 200～1 400 m 的山区流溪附近。成蟾白天多隐蔽于石下、溪边草丛中，夜间常在灌木叶片上、枯竹竿或沟边石上，以鳞翅目、鞘翅目、膜翅目等昆虫及其他小动物为食。

12．中国雨蛙（*Hyla chinensis*）　无尾目　雨蛙科

保护等级：中国特有种，被列入《中国生物多样性红色名录——脊椎动物卷》无危（LC）等级。

形态特征：背面皮肤光滑，无疣粒；腹面密布颗粒疣，咽喉部光滑。背面绿色或草绿色，体侧及腹面浅黄色；一条清晰的深棕色细线纹由吻端至颞褶达肩部，在眼后鼓膜下方又有一条棕色细线纹，在肩部会合成三角形斑；体侧和股前后有数量不等的黑斑点；跗足部棕色。指、趾端有吸盘和边缘沟，指基部具微蹼。

生活习性：生活于海拔 200～1 000 m 低山区。白天多匍匐在石缝或洞穴内，隐蔽在灌丛、芦苇、美人蕉及高秆作物上；夜晚多栖息于植物叶片上鸣叫。以蜻象、金龟子、象鼻虫、蚁类等小动物为食。

13．武夷湍蛙（*Amolops wuyiensis*）　无尾目　蛙科

保护等级：中国特有种，被列入《中国生物多样性红色名录——脊椎动物卷》无危（LC）等级。

形态特征：皮肤略粗糙，体背及后肢背面有许多米色小痣粒，体侧有许多大小不等的圆疣，股后方及下方常有许多密集的小圆疣；胫部外侧的疣粒有的排成纵行，跗部无宽厚腺体；口角后方有两个颌腺；颞褶宽厚。雄蛙液浸标本的腹侧皮肤松弛，成气囊状。腹面有小的扁平疣，后腹部的尤为明显。指端均具吸盘及边缘沟，第三指吸盘小于上眼睑宽；趾端具吸盘及边缘沟，吸盘略小于或等于指吸盘。

生活习性：生活于海拔 100～1 300 m 较宽的流溪内或其附近，溪流两岸乔木、灌丛和杂草茂密。成蛙白昼隐蔽在溪边石穴内，夜间攀附在岸边石上或岩壁上。以昆虫、小螺等小动物为食。

5.3.4　爬行动物典型物种介绍

1．尖吻蝮（*Deinagkistrodon acutus*）　有鳞目　蝰科

保护等级：被列入《中国生物多样性红色名录——脊椎动物卷》濒危（EN）等级。

形态特征：大型毒蛇。头大呈三角形，与颈部可明显区分，具长管牙。吻端由鼻间鳞与吻鳞尖出形成一上翘的突起；鼻孔与眼之间有一椭圆形颊窝，为热测位器。体粗壮，尾短较细。体背面灰褐色或棕褐色，身体两侧具纵列黑褐色的三角形大斑，底边与体轴平行，两腰线清晰，中间色浅。三角形顶角常在脊部相接。腹面乳白色，咽部有排列不规则的小黑点，腹部中央和两侧有大黑斑。

生活习性：生活在海拔 100～1 400 m 的山区或丘陵地带。常栖息在山谷溪涧附近，偶尔也进入山区村宅，出没于厨房与卧室之中。炎热天气会进入山谷溪流边的岩石、草丛、树根下的阴凉处渡夏，冬天在向阳山坡的石缝及土洞中越冬。以蛙类或小型哺乳动物为食。

2．银环蛇（*Bungarus multicinctus*） 有鳞目 眼镜蛇科

保护等级：被列入《中国生物多样性红色名录——脊椎动物卷》濒危（EN）等级。

形态特征：全身体背有白环和黑环相间排列，白环较窄，尾细长，是具前沟牙的毒蛇。背面黑色或蓝黑色，具30～50个白色或乳黄色窄横纹；腹面污白色。头背黑褐，幼体枕背具浅色倒“V”形斑。背脊较高，横截面呈三角形，尾末端较尖。头椭圆形，与颈区分较不明显。

生态习性：栖息于平原、丘陵或山麓近水处；傍晚或夜间活动，常发现于田边、路旁及菜园等处。昼伏夜出，尤其闷热天气的夜晚出现更多，卵生。以鱼类、鼠类和其他蛇类为食。

3．滑鼠蛇（*Ptyas mucosa*） 有鳞目 游蛇科

保护等级：被列入《中国生物多样性红色名录——脊椎动物卷》濒危（EN）等级。

形态特征：蛇身背面黄褐色，体后部有不规则的黑色横纹，横斑至尾部形成网纹；腹面前段红棕色，后部淡黄色。头部黑褐色，唇鳞淡灰色，腹面黄白色，腹鳞后缘色黑，身体前段、后段及尾部的腹鳞黑色，后缘更为明显。背面黄褐色，在体后有黑色网纹或横条纹；腹面黄白色，腹鳞及尾下鳞的后缘为黑色，有时呈黄白色。

生态习性：生活于平原及山地或丘陵地区。性情较凶猛，行动迅速，昼夜活动，以蟾蜍、蛙、蜥蜴、鼠类和其他蛇等为食。

4．北草蜥（*Takydromus septentrionalis*） 有鳞目 蜥蜴科

保护等级：中国特有种，被列入《中国生物多样性红色名录——脊椎动物卷》无危（LC）等级。

形态特征：体型瘦长，头部具大的对称形鳞片，无上鼻鳞。腹鳞大，起强棱。体侧有2～3行较腹鳞明显小的棱鳞列，其中外侧的较内侧的鳞片大。体侧余部被粒鳞。四肢背面被棱鳞，腹面鳞片较光滑，肱、股后缘被粒鳞。生活时体色变化较大，体背草绿、棕绿或棕色，体腹黄绿或灰白色，眼至肩部有一条浅纵纹，雄体背侧有一纵纹，体侧有不规则的深色斑。尾长具缠绕性。

生态习性：生活于丘陵山野的杂草灌丛中，也见于农田、茶园、溪边、路边。多见于阳光照到的草丛中，胆子小，在受到惊扰时迅速逃跑。以蝗虫、螽 斯、蛾蝶等昆虫及其幼虫为食。

第 6 章

陆生昆虫

6.1　物种组成

本次调查共记录到陆生昆虫物种数 655 种，隶属 16 目 113 科（见附表）。列入《中国物种红色名录（第三卷）：无脊椎动物》中易危（VU）等级的物种有麝凤蝶（*Byasa alcinous*）、宽尾凤蝶（*Agehana elwesi*）、黑眼蝶（*Neope pulaha*）、黑紫蛱蝶（*Sasakia funebris*）、珠翠蛱蝶（*Euthalia pratti*）。

根据对陆生昆虫的统计分析，鳞翅目的种数占比最多，共 24 科 308 种；其次为半翅目，共 21 科 108 种；种数较多的还有蜻蜓目（73 种）和直翅目（62 种），见图 6-1。

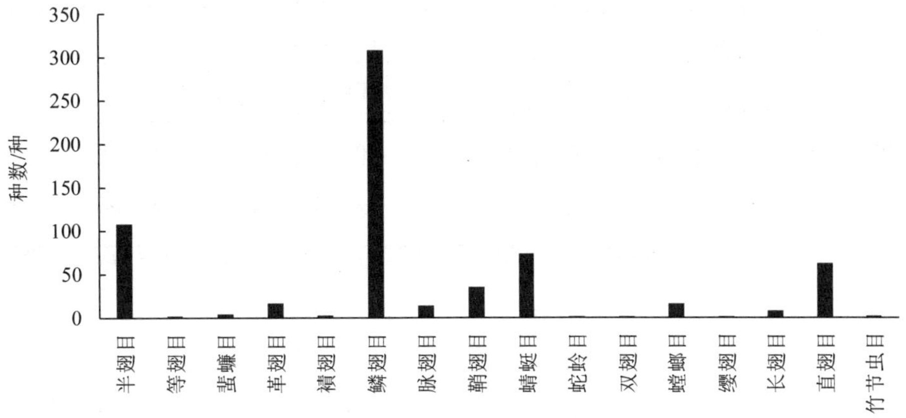

图 6-1　遂昌县陆生昆虫目级组成分析

科级阶元下的物种中，占比超过 4%的共 4 个，分别为蛱蝶科、灰蝶科、弄蝶科、夜蛾科，分别为 96 种、40 种、31 种、28 种，对应的占比分别为 14.7%、6.1%、4.7%、4.3%。其余各科的物种占比较少，其中有27科仅有一种，分别为扁蟌科、山蟌科、扇蟌科、鼻蟌科、综蟌科、大尾蟌科、蝗科、蚱科、蛉蟋科、蝼蛄科、奇蝽科、兜蝽科、蜡蝉科、蓟马科、盲蛇蛉科、龙虱科、葬甲科、锹甲科、芫菁科、负泥虫科、肖叶甲科、箩纹蛾科、锚纹蛾科、裳蛾科、麦蛾科、蓑蛾科、黄潜蝇科。

6.2 多样性分析

本次调查采用分类学多样性指数——平均分类学差异性指数（Δ+）和平均分类学差异性变异指数（Λ+）分析遂昌县17条典型样线（包含1个灯诱集样点）的昆虫多样性，其中Δ+表示任何两个随机选择的物种之间的平均分类路径长度，Λ+表示生物类群在等级分类学树中分布的不均匀程度。Δ+值低意味着多数昆虫集中于少量较低等级的分类阶元（属或科），在较高分类阶元上的差别也不大，多数样线只有一个纲的昆虫物种，即Δ+值相等时，生物间亲缘关系的远近也会影响生物组成的不均匀程度。本次调查采用的分类学多样性指数基于物种出现与否的二元数据，定义群落中随机选择的2个物种的平均路径长度，反映群落内物种组成的差异及其分类等级的关系，即当两个群落具有相同的物种丰富度时，种间亲缘关系较远的群落比亲缘关系较近的群落具有更大的分类学多样性，以及更高的群落稳定性和恢复力。分类学多样性指数的漏斗图可以直观分析研究区域的理论平均值，并判断不同位置或者不同时期生物群落的分类学差异，常常被用来判断环境是否退化。

本次调查采用门级别为100的权重系数系列，其他级别分类阶元对应的权重系数分别为目100、科75、属50、种25。上述分类学多样性指数及95%置信曲线图由PRIMER®软件包中的TAXDTEST模块计算和绘制，结果见表6-1和图6-2。

表6-1 遂昌县17条典型样线昆虫多样性的相关指数值

样线名称	H'（loge）	Δ+	Λ+
黄坛淤	2.08	95.71	153.06
应村乡	1.61	71.00	769.00
高坪乡	1.61	88.00	336.00
猪腰岭	2.08	63.57	580.10
弄内村	2.56	89.62	388.31
洋田	1.79	46.67	288.89
赤枝村	1.95	57.14	77.55
凹车村	2.20	51.11	215.43
西畈乡 X604	2.08	49.29	270.92
乌阴坑	2.08	48.21	214.67
遂昌九龙山	1.95	48.10	310.66

样线名称	H'（loge）	Δ+	Λ+
下马头村	3.40	55.77	113.60
下坪村	1.10	23.33	88.89
下坳	1.10	76.67	1 088.89
和尚山	2.30	88.22	765.73
千佛山	1.95	79.52	499.77
阴坑一级库区	2.40	84.18	933.42

注：H'代表 Shannon-Wiener 多样性指数。

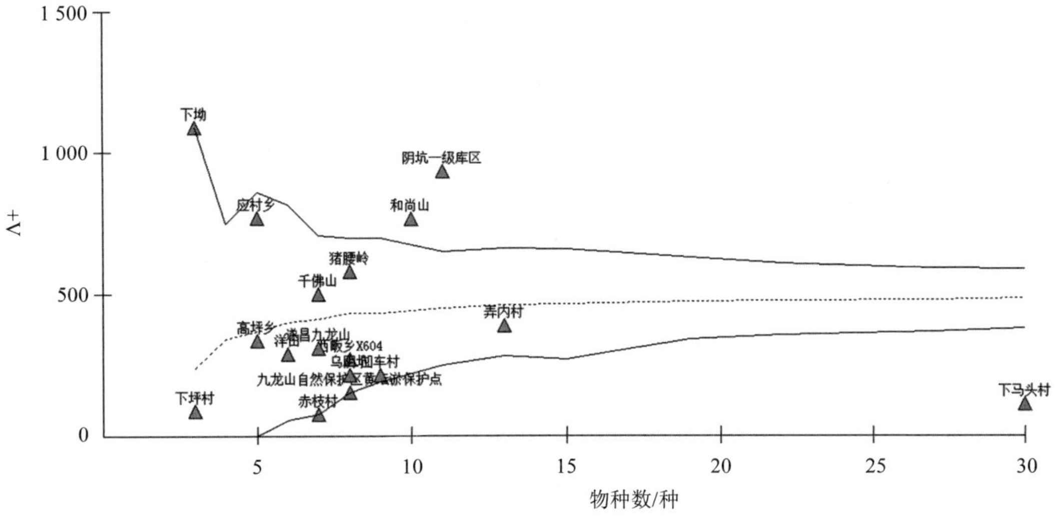

（a）Λ+的 95%置信漏斗

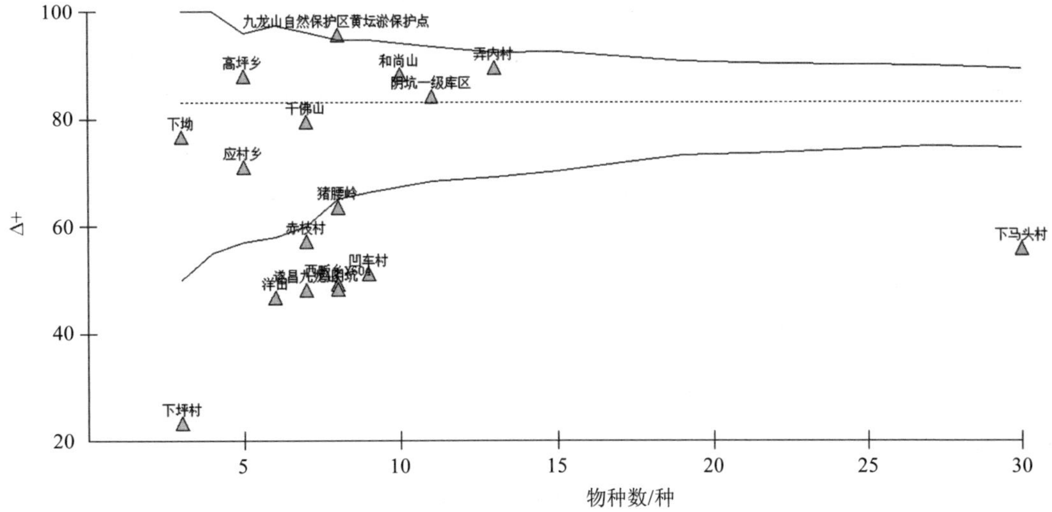

（b）Δ+的 95%置信漏斗

图 6-2　遂昌县 17 条典型样线昆虫多样性曲线

由表 6-1 可知，17 条典型样线的 H'值的均值为 2.01，说明遂昌县的昆虫多样性整体较好。其中，下马头村的 H'值最大，约为 3.401，这是由于该村采用了灯诱法，捕获的昆虫种类明显较其他样线多；H'最小值出现在下坪村和下坳，均约为 1.098，说明这两条样线的物种数少、多样性小。

分类多样性指数 Δ+和 Λ+的 95%置信漏斗曲线是通过遂昌县昆虫物种种群的 Δ+和 Λ+的理论平均值来建立的。图 6-2 中的虚线是 Δ+和 Λ+的理论平均值，置信漏斗的上下置信限分别是 Δ+和 Λ+的理论最大值和最小值，Δ+和 Λ+与种数相互独立。如图 6-2 所示，Δ+代表了样地内所有种间间距的理论平均值，因此样地的 Δ+值越小，表明样地内物种的分类多样性越小，种间的亲缘关系越近。计算得到这 17 条样线的 Δ+范围为 23.333～95.714，理论平均值约为 65.653；Λ+的理论平均值约为 417.346。Λ+的波动范围较大，为 77.551～1 088.889。高 Λ+值区域的昆虫物种均匀性不高，物种也常常属于不同的属，物种间的亲缘关系较远。在低 Λ+值区域往往只发现一个目的昆虫物种，属阶元的数量也较少，生物亲缘关系较近。

除了洋田、九龙山、乌阴坑、凹车村、猪腰岭、赤枝村、下马头村、西畈乡 X604 和黄坛淤这 9 条样线外，其余 8 条样线的 Δ+值均位于置信漏斗内，说明这些样线上的昆虫物种分类学差异在合理范围之内。黄坛淤样线的 Δ+值高于理论平均值，说明这条样线的物种分类多样性较大，物种间的亲缘关系较远；阴坑一级库区的 Δ+值接近理论平均值，说明这条样线的物种分类多样性较小，物种间的亲缘关系较近。洋田、九龙山、猪腰岭、赤枝村、乌阴坑、凹车村、下马头村、西畈乡 X604 这 8 条样线的 Δ+值低于 Δ+的理论最小值且落于 95%置信区间之外，说明其生物分类学差异性明显不好，物种分类多样性较小，物种间的亲缘关系较近。根据经验，应村乡、下坳和千佛山低于 95%置信区间的 Δ+值预示着环境受到干扰，环境质量明显低于其他站位。

Λ+值代表了样地内物种在分类等级间的均匀性。Λ+值越大，表示物种在分类等级间的均匀性越差，多样性相对较高。图 6-2 显示出阴坑一级库区和和尚山这 2 条样线的 Λ+值位于理论平均值之上，表示昆虫物种类群在等级分类学树中分布的不均匀程度高，意味着多数昆虫物种集中于较高等级的分类阶元（科或目），在较低分类阶元上的差别也不大；赤枝村的 Λ+值位于置信漏斗理论最小值之外，表明其昆虫物种的物种分类等级的差异性不在合理的范围之内，物种间的亲缘关系较近；猪腰岭、应村乡和千佛山这 3 条样线的 Λ+值高于理论平均值，表明其昆虫物种的物种分类等级的差异较小，分类学多样性较高；下坪村、高坪乡、弄内村、洋田、九龙山、乌阴坑、凹车村、猪腰岭、赤枝村、下马头村、西畈乡 X604 和黄坛淤样线的 Λ+值低于理论平均值，表明这些样线上昆虫物种分类等级的均匀度较差，分类学多样性较小。

Warwick 等（1998）认为，生境类型会影响线虫分类学差异性，但除非生境有一定方式的退化，Δ+值不会低于 95%置信区间的下限，因此 Δ+和 Λ+常常被用来分析环境污染程度。阴坑一级库区和和尚山的 Δ+和 Λ+值位于置信漏斗之外，说明这些样线昆虫物种的生境较差，受到的干扰较多，物种分类等级的分布显著不均匀。

6.3　典型物种介绍

1．宽尾凤蝶（*Agehana elwesi*）　鳞翅目　凤蝶科

保护等级：被列入《中国物种红色名录（第三卷）：无脊椎动物》易危（VU）等级。

形态特征：成虫展翅 11.5～13 cm，为大型凤蝶；前翅底色为黑褐色，后翅中室及周边有一片白色斑纹，外缘各有 7 个成排的红色弦月纹；雌、雄外型斑纹相同，但雌蝶体型较大；最大特征是尾状突起特别宽大，内部由两条红色的第三、第四翅脉贯穿，故因此得名。

生活习性：一般在林缘及开阔地活动。喜欢滑翔飞行，飞行时后翅不扇动。喜欢访花与吸水。幼虫以樟科檫树和木兰科鹅掌楸、厚朴等植物为食。

2．麝凤蝶（*Byasa alcinous*）　鳞翅目　凤蝶科

保护等级：被列入《中国物种红色名录（第三卷）：无脊椎动物》易危（VU）等级。

形态特征：成虫翼展可达 9～10 cm。中型凤蝶，有雌雄二型性。躯体主头色彩呈桃红色及黑色。后翅有一个明显尾突。雄蝶翅背面呈略带蓝色的黑褐色，雌蝶则有大面积的浅黄灰色部分，两者在后翅腹面有桃红色弧形斑纹排成一列。雄蝶内缘褶内有暗灰色毛。

生活习性：常见于有马兜铃类植物生长的生境。一年多代。成蝶飞行缓慢，无论雌雄均好访花；幼虫取食马兜铃科植物。

3．二尾蛱蝶（*Polyura narcaea*）　鳞翅目　蛱蝶科

形态特征：中大型蛱蝶，成虫体长 20 mm 左右，翅展约 60 mm。翅绿色，前翅前缘有一条黑色宽带，外缘与亚外缘有两条黑色宽带平行，其间为淡绿色斑列，中室端脉和 M3 脉的中段有黑色棒状纹，中室及翅基部为黑色，后翅外缘与亚缘带黑色，其间为淡绿色带，自翅基前缘斜向臀角有一条黑色横带，前翅外缘红褐色条带内的绿色斑列外侧为绿色，后翅沿外缘有 7～8 个小黑点。前后翅斑纹酷似我国古代军事上常用的弓箭图形，又被称为“弓箭蝶”。

生活习性：多在河中裸露的岩石上活动，分布海拔高度 700～1 000 m。寄主为山合欢、颔垂豆、黑点樱桃、山黄麻。

4．离斑虎甲（*Cicindela separata*）　鞘翅目　虎甲科

形态特征：体长 8 mm 左右，宽 3 mm 左右。体色为铜绿色，前胸背板盘区、足腿节的一部分为铜红色，鞘翅为暗绿色，中缝为铜红色。前胸呈方形，长宽几乎相等。盘区中部隆起，具有细横皱纹，中间有一条纵沟纹，前端和基部各有一条横沟。鞘翅盘区表面呈丝绒状，布有微细颗粒。每翅有 5 个淡黄色斑，肩部有一个椭圆形斑，在基部 1/4 处靠近外侧有一个横形长圆斑，中部有一对斑，端部外侧 1/4 处有一个大圆斑。胸部侧板和后胸腹板两侧及腹部前三节腹板两侧被白毛。

生活习性：栖息于林间小路、开阔地或土坡上；幼虫深居垂直的洞穴中，有时深达 67 cm。在穴口等候猎物，通常包括昆虫和蜘蛛，用镰刀状上腭捕捉住猎物。幼虫腹部有一对钩固着于穴壁，避免因捕获物挣扎而被拉出洞外。猎物被拖往穴底食用。

5. 透顶单脉色蟌（*Actias ningpoana*） 蜻蜓目 色蟌科

形态特征：腹长一般在 55 mm，后翅膀长是 40 mm，头部主要由不同的色泽组成，色彩丰富而夺艳。其下唇的中部是黑色，侧部呈现褐色，后唇为蓝色，带有夺目的光泽感，上唇为黑色。额头通常呈现深绿色，胸部为绿色或深绿色，具有黑色条纹光泽。

生活习性：喜居阴暗潮湿的地下、山间小溪旁。早出晚归，在金色的阳光下的潮湿环境中更容易捕捉到它们的踪影，反应灵敏，飞行速度快。

第 7 章

水生生物

7.1 淡水鱼类

7.1.1 物种组成

通过本次调查，遂昌县共计发现淡水鱼类 55 种，隶属 6 目 14 科（见附录）。从目的组成来看，鲤形目的种类数占绝对优势，共 2 科 31 种，占总种数的 56%；其次是鲈形目，共 4 科 16 种，占总种数的 29%；鲇形目 4 科 5 种，占总种数的 9%；鳗鲡目、合鳃鱼目和鲱形目均为 1 科 1 种，占总种数的 2%（图 7-1）。

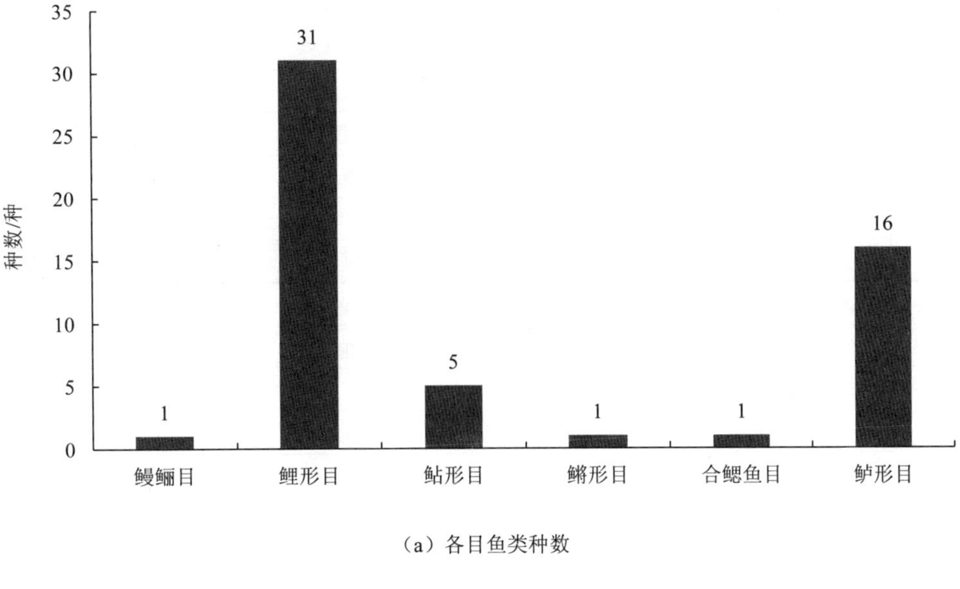

（a）各目鱼类种数

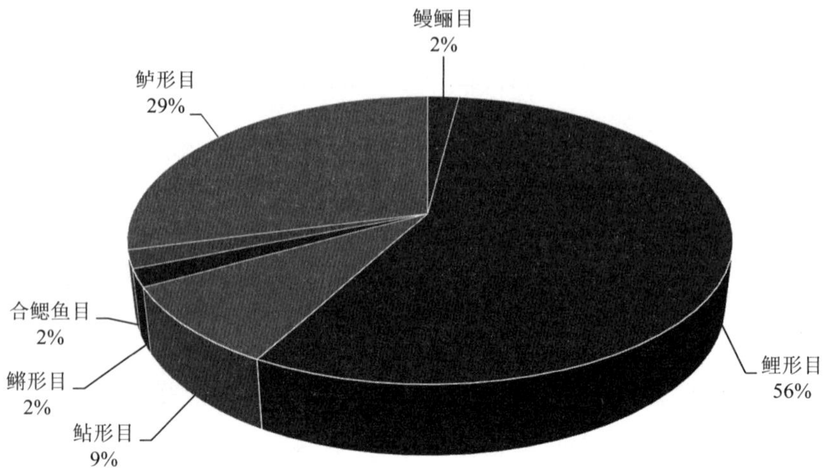

（b）各目鱼类占比

图 7-1 遂昌县淡水鱼类目级物种多样性数量比

从科的组成来看，鲤科和虾虎鱼科的淡水鱼类种类较多，分别为 29 种和 8 种，占总种数的 53%和 15%；其次为鳜科，有 5 种，占总种数的 9%；其余科的种数均较少（图 7-2）。

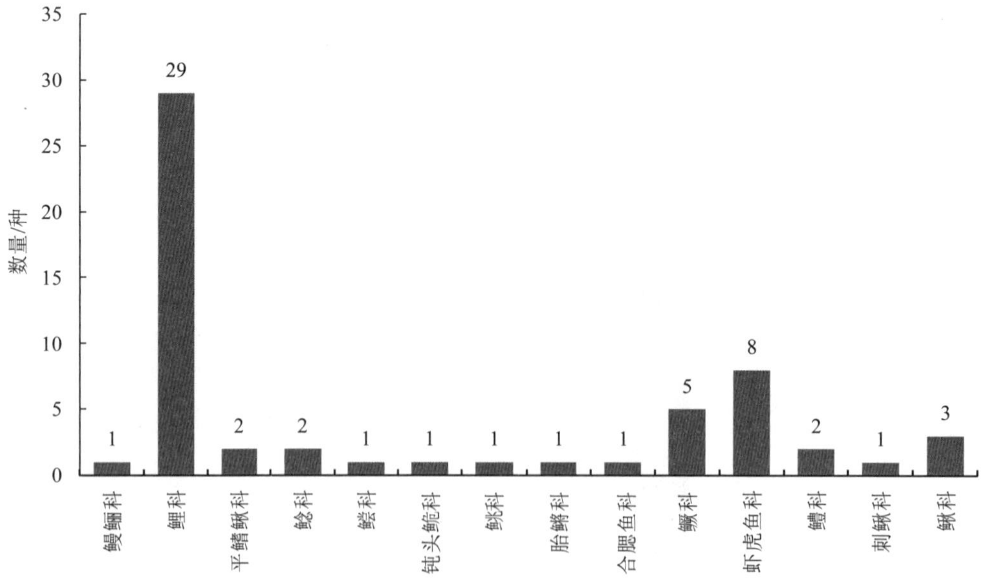

（a）各科鱼类种类数

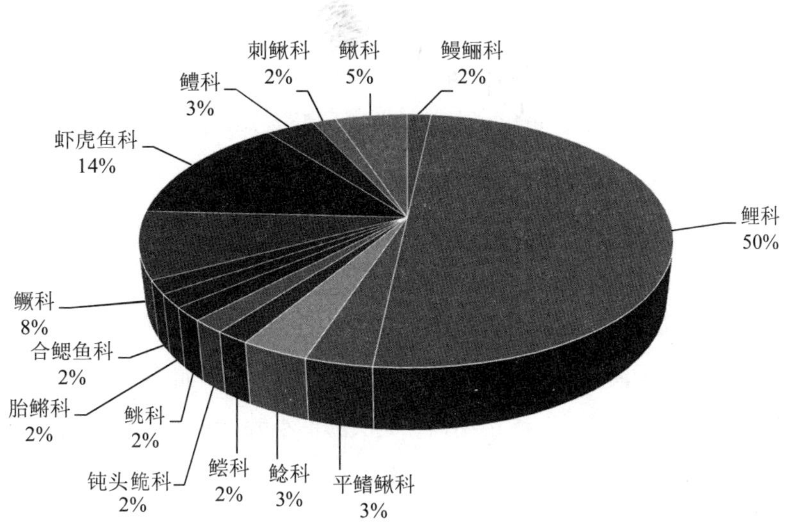

（b）各目鱼类占比

图 7-2　遂昌县鱼类科级物种多样性数量比

不同区域内淡水鱼类的种群数量也有很多不同之处，在海拔 1 000 m 左右的山溪中，鱼类种类极为稀少，只有一些平鳍鳅科（Homalopteridae）鱼类生存；在相对较为宽阔且水流较为平缓的溪流中，鱼类种类数较多，体型较大的鱼类如马口鱼（*Opsariichthys bidens*）、赤眼鳟（*Squaliobarbus curriculus*）、刺鲃（*Spinibarbus caldwelli*）、大眼鳜（*Siniperca kneri*）、斑鳜（*Siniperca scherzeri*）等均发现于此类水域；四大家鱼和鲤（*Cyprinus carpio*）、鲫（*Carassius auratus auratus*）等多发现于农田、坑塘及水库之中，应该属于人为放养的经济种类；一些居民会在自家的池塘里放养团头鲂和露斯塔野鲮作为食用鱼，不过尚未在野外发现这两个物种。

在遂昌县调查到的鱼类中，花鳗鲡（*Anguilla marmorata*）属于国家二级重点保护野生动物，被列入《中国生物多样性红色名录——脊椎动物卷》濒危（EN）等级；被列入《中国生物多样性红色名录——脊椎动物卷》近危（NT）等级的有 2 种——波纹鳜（*Siniperca undulata*）和暗鳜（*Siniperca obscura*），占总种数的 3.6%；其余绝大部分鱼类属于无危（LC）等级或缺乏数据（DD）。

7.1.2　区系分析和生态类群

调查到的 55 种淡水鱼类中，除了花鳗鲡，另外 54 种为纯淡水鱼类，占浙江省 139 种纯淡水鱼类的 38.8%。

这 55 种鱼类分别属于 5 个鱼类区系复合体，其中以江南平原鱼类区系复合体和热带平原鱼类区系复合体为主，两者占总种数的 85.5%。属于江南平原鱼类区系复合体的鱼类有马口鱼、长鳍马口鱼（*Opsariichthys evolans*）、小鳈（*Sarcocheilichthys parvus*）、点纹银鮈（*Squalidus wolterstorff*）、鲤、鲫和黄颡鱼（*Tachyurus fulvidraco*）等 29 种，占 52.7%；属于热带平原鱼类区系复合体的有台湾白甲鱼（*Onychostoma barbatulum*）、黑吻虾虎鱼（*Rhinogobius niger*）、子陵吻虾虎鱼（*Rhinogobius similis*）、黄鳝（*Monopterus albus*）、食蚊鱼（*Gambusia affinis*）等 18 种，占 32.7%；属于上第三纪鱼类区系复合体的有麦穗鱼（*Pseudorasbora parva*）、泥鳅（*Misgurnus anguillicaudatus*）、鲶（*Silurus asotus*）3 种，占 5.5%；属于中印山区鱼类区系复合体的有原缨口鳅（*Vanmanenia stenosoma*）、鳗尾鉠（*Liobagrus anguillicauda*）等 5 种，占 9.1%。

从生态型方面来说，调查到的 55 种淡水鱼类中，除花鳗鲡属于江河洄游鱼类，其余大部分为土著纯淡水鱼类，以适应山区溪流环境的小型溪流性鱼类为主，如温州光唇鱼（*Acrossocheilus wenchowensis*）、长鳍马口鱼、马口鱼、台湾白甲鱼、尖头鲅、小鳈、浙江花鳅（*Cabitis zhejiangensis*）、原缨口鳅、鳗尾鉠等，以及部分江河定居性鱼类，如四大家鱼和鲤、鲫、银鮈、点纹银鮈、泥鳅、黄颡鱼、黄鳝等，均为常见种。

7.1.3 典型物种介绍

1．花鳗鲡（*Anguilla marmorata*） 鳗鲡目 鳗鲡科

保护等级：国家二级重点保护野生动物，被列入《中国生物多样性红色名录——脊椎动物卷》濒危（EN）等级。

形态特征：体前部粗圆呈筒状，尾部渐变为侧扁；一般体长 70～80 cm，体重约 5 kg；眼较小；体鳞小，隐藏于皮下；肛门位于臀鳍之前。与鳗鲡相比，花鳗鲡体上有不规则的黑褐色斑块。

生活习性：典型的江河洄游鱼类，性成熟后便由江河的上、中游移向下游，群集于河口处入海，到远洋中产卵繁殖。孵出的幼体呈透明的柳叶状，俗称柳叶鳗，慢慢向大陆浮游，在进入河口前变成像火柴棍一样的白色透明鳗苗，俗称鳗线或玻璃鳗。然后再逆流而上，返回大陆淡水江河溪流中发育成长。生长、发育期间，栖息于江河、水库或山涧溪谷等环境中，尤以水库中为多。白天通常隐居在洞穴之中，夜晚才出来活动、捕食。性情较为凶猛，主要以鱼、虾、贝类、蠕虫等动物为食。可以较长时间离开水中，所以有时还在夜晚登上河滩，在芦苇丛中捕食青蛙、鼠类等较大的动物，故有芦鳗之称。每到冬季降雪时，常在岸边浅滩等处活动，因而又称雪鳗。

2．建德小鳔鮈（*Microphysogobio tafangensis*） 鲤形目 鲤科

形态特征：体长略粗壮，头后背部稍隆起，头短钝，其长小于体高，胸腹部平坦，尾柄侧扁，稍高。鼻孔前方稍凹陷。体侧中轴有 7～9 个黑斑块，横跨背部具 5～6 个大黑斑块。背鳍高，鳍条其长，外缘凸出呈深弧形，起点至吻端的距离远小于至尾鳍基部，大于或等于自背鳍基部后端至尾鳍基的距离。生殖季节雄性个体背鳍条特别延长，最后一根分支鳍条的末端向后伸超过臀鳍起点。各鳍基部呈黑色，胸、腹鳍带橘红色。

生活习性：为中国特有物种。小型鱼类，生活在水的中下层，喜流水生活。杂食性，以无脊椎动物及藻类为食。

3．齐氏副田中鳑（*Paratanakia chii*）　鲤形目　鲤科

形态特征：体延长而侧扁，略呈长圆形。头短小。吻短而钝圆。口小，下位。有须 1 对。咽头齿 1 列。体被中大型的圆鳞；侧线完全而略呈弧形，侧线鳞数 33～35。各鳍均无硬棘，背鳍软条 2（不分枝软条）+ 8～9（分枝软条）；臀鳍 2（不分枝软条）+ 10～12（分枝软条）；腹鳍 1（不分枝软条）+ 7（分枝软条）。雄鱼体色较亮丽，眼睛的上半部为红色，体侧鳞片后缘均有黑边，体侧中央由臀鳍末端至尾鳍中央具一黑色纵带；背鳍色带呈白色或黄色，且色带上缘具 2 列小黑点，臀鳍末缘则为外缘黑色，内缘红色并排；繁殖季时，具追星。雌鱼除尾部具黑色带外，全身为浅黄褐色。

生活习性：生活在溪流中，喜欢水草丰富的水域。

4．台湾白甲鱼（*Onychostoma barbatulum*）　鲤形目　鲤科

形态特征：体延长而近于纺缍形，尾部侧扁。头宽广而稍尖。吻短，圆钝而凸出；成鱼吻端具多个坚硬的追星。口下位，口横裂而宽广，上颌前方吻褶发达，下颌有发达的角质边缘，前缘平直而成铲状。具两对短小口须，不易察觉。咽头齿 3 列。鳃耙数 32～34。鳞片中等大，腹鳍基部具狭长的腋鳞；侧线完整，略呈弧形，侧线鳞数 45～47。背鳍最后一枝不分枝鳍条为光滑之软条，各鳍均无硬棘，背鳍软条 3（不分枝软条）+ 8（分枝软条）；臀鳍 3（不分枝软条）+ 5（分枝软条）；腹鳍 1（不分枝软条）+ 9（分枝软条）。体呈银白色，体背部为灰黄绿色，腹部浅黄至淡白色。体侧及背部鳞片具新月形的黑点；背鳍鳍膜的末端有黑色的斑纹。

生活习性：生活在溪流中，喜欢水草丰富的水域。

5．温州光唇鱼（*Acrossocheilus wenchowensis*）　鲤形目　鲤科

形态特征：体较侧扁，头后背部隆起。头尖。吻较长，一般大于眼后头长。口下位。唇厚，下唇侧瓣肥厚，在中央互相接触。下颌前端为侧瓣遮挡，不外露。须 2 对，较长，颌须长略大于眼径。背鳍刺梢粗壮，后缘具细锯齿。体侧有 6 条垂直黑斑条。雄鱼纵带明显，横带不显著；雌鱼纵带仅后部稍明显，横带显著。

生活习性：喜栖息于石砾底质、水清流急之河溪中，常以下颌发达之角质层铲食石块上的苔藓及藻类。每年 6—8 月在浅水急流中产卵。个体中等大，一般体长 150～200 mm。卵巢有毒。

6．马口鱼（*Opsariichthys bidens*）　鲤形目　鲤科

形态特征：体重一般约 50 g，为小型鱼类，成鱼体长仅 100～200 mm。体延长，侧扁，口大，下颌前端有一突起，两侧凹陷，恰与上颌相吻合；性成熟的雄性个体臀鳍条显著延长，吻部、胸鳍和臀鳍上具有发达的追星，多生活在山溪流水之中。性凶猛，以昆虫、小鱼等为食，幼鱼嗜食浮游生物。在华东，性成熟早，1 冬龄即可成熟。3—6 月繁殖，此时雄鱼的头部、胸鳍及臀鳍上出现白色珠星，体色也更加鲜艳。在某些山区种群数量较大，有一定经济价值。

生活习性：多生活于山涧溪流中，尤其是在水流较急的浅滩、底质为沙石的小溪或江河支流中；在静水湖泊及江河深水处皆少见。通常集群活动，常同鱲鱼一起游泳、生活。

7. 长鳍马口鱼（*Opsariichthys evolans*） 鲤形目 鲤科

形态特征：体延长，侧扁，具蓝绿色横纹。口大，上下颌边缘略微凹凸。雄鱼臀鳍鳍条延长，生殖季节色泽鲜艳。口裂宽大，端位，向下倾斜，上颌骨向后延伸超过眼中部垂直线下方，眼较小。鳞细密，侧线在胸鳍上方显著下弯，沿体侧下部向后延伸，于臀鳍之后逐渐回升到尾柄中部。背鳍短小，起点位于体中央稍后，且后于腹鳍起点；胸鳍长，腹鳍短小，臀鳍发达，可伸达尾鳍基。生殖期雄鱼头下侧、胸腹鳍及腹部均呈橙红色。雄鱼的头部、胸鳍及臀鳍上均具有珠星，臀鳍第1～4根分枝鳍条特别延长；体色较为鲜艳。

生活习性：多生活在山溪或者清澈的小河间，群居。杂食性，吃各种水生小生物、青苔、水草及食物碎屑。

8. 子陵吻虾虎鱼（*Rhinogobius similis*） 鲈形目 虾虎鱼科

形态特征：体延长，前段近圆筒形，后段侧扁。头大，略平扁。口端位。上、下颌前部具多行小齿，无犬齿。舌发达，游离，前端近圆形。鼻孔每侧2个，分离。前鼻孔具短管，近吻端，后鼻孔为圆形小孔。背鳍2个，分离，相距较近，第1个背鳍全为鳍棘，左、右腹鳍在腹部中央愈合成长圆形吸盘；尾鳍圆形。体背淡黄色。头部有不规则的虫状纹，颊部有4～6条斜向前下方的暗色条纹。体侧有不规则暗色斑块6～7块。胸鳍基部上方有1块黑斑；背鳍和尾鳍均有由黑色斑点组成的条纹。

生活习性：属底栖性凶猛鱼类。栖息于江河湖汊及溪流中，河边沙滩、石砾地带、水库、池塘均有产。摄食水生昆虫、小虾、鱼卵、幼鱼等，也食水生环节动物和藻类。1龄鱼开始性成熟。4—6月产卵；怀卵量1 000～17 000粒，受精卵以黏丝附着在石砾或其他硬物上孵化。

9. 黑吻虾虎鱼（*Rhinogobius niger*） 鲈形目 虾虎鱼科

形态特征：体较粗壮，头部宽且低，第二背鳍后端稍侧扁。口端位较宽，口裂不达前缘的下方。上唇比下唇厚。上颌有齿2行，下颌有齿3行。舌明显。眼上位，雄鱼的眼较雌鱼的小。眼下方前鳃盖骨上的肌肉比主鳃盖上的肌肉要更加发达。鼻孔位于近眼前缘，前鼻孔呈短管状凸起。鳃孔大，其宽度与胸鳍基部相等。头部、颊部、胸部无鳞，体侧为栉鳞，背鳍起点前的背部正中和腹部正中为圆鳞。胸鳍扩大呈扇形，腹鳍胸位，联合且特化呈圆形，圆盘的前缘更发达呈皮褶状，且折转向盘内缘伸入；圆盘的后部分已很难辨认鳍条。雄鱼的不达。臀鳍起点在第二背鳍起点之后。尾鳍呈圆形。雄鱼的生殖器突起呈三角形，表面光滑，泄殖孔开口在凸起的顶端。雌鱼的生殖器凸起为扁圆形，表面有皱纹，泄殖孔开口于凸起的后端。鲜活时呈翠绿色，体侧有6条黑色斑条横跨背部，雄鱼的第一背鳍前部有一大块明显的荧光蓝色斑点；雌鱼无此色斑。各鳍上均有黑色斑点组成的条纹。雄鱼胸鳍和圆盘状的腹鳍呈灰黑色，雌鱼为灰白色。

生活习性：多生活于急流浅滩，以特有为圆形的腹鳍吸附于砾石上，平时常藏身于砾石缝隙间。

10．雀斑吻虾虎鱼（*Rhinogobius maculafasciatus*）　鲈形目　虾虎鱼科

形态特征：体延长，前部略平扁，后部侧扁。头中大，稍平扁。吻稍尖突。眼中大，上侧位。口小，前位。两颌约等长。体被薄圆鳞；颊部、鳃盖、项部均无鳞。背鳍 2 个，分离。左、右腹鳍愈合成一吸盘。头、体深灰色。体侧具不规则黑斑数个。颊部和鳃盖具 10 余个小黑点。头部腹面鳃盖膜上密具小白点。雄鱼第一背鳍的第一与第二鳍棘的鳍膜上具一黑斑。

生活习性：暖温性小型虾虎鱼类。栖息于山涧溪流中。

11．浙江花鳅（*Cobitis zhejiangensis*）　鲤形目　鳅科

形态特征：身体呈浅黄色，头部有许多不规则的黑色斑点。从吻端通过眼、头顶至另一侧吻端呈一"U"形黑色条纹。体侧上方具有较大的不规则黑色斑纹，体侧有 9 个黑色大斑纹，背部具 12 个马鞍形黑色斑纹，背鳍前后各 6 个。背鳍和尾鳍具 2～3 列斜形点状条纹。胸鳍、腹鳍和臀鳍颜色较浅，呈黄白色。尾鳍基部侧上方有一较大的深黑色斑纹。

生活习性：为淡水底层小杂鱼。常见于低海拔、水质较清之河川、湖泊沙泥底之浅水域，喜栖息于溪流中水流较平缓的泥沙或沉质的底质水域。摄食轮虫、枝角类、桡足类、水生昆虫幼虫，摇蚊幼虫，有机碎屑和丝藻、硅藻、蓝藻。

12．唇䱻（*Hemibarbus labeo*）　鲤形目　鲤科

形态特征：体长，略侧扁，腹部圆。吻长，略尖。眼大，侧上位，眼间宽阔，微隆起。口下位，呈马蹄形。唇厚，肉质，下唇特别发达，两侧叶宽厚，一般具皱褶。唇后沟中断，间距甚窄，颏部正中有一三角形的小凸起，经常被宽阔的侧叶所遮蔽。口角具须 1 对，其长略小于眼径，后伸一般达到眼前缘的下方。鳞片小，侧线略平直。背鳍具硬刺。背部青灰色，腹部白色。成鱼体侧一般无斑点，幼鱼体侧具不明显的黑斑，背、尾鳍灰黑，个别个体有时带有黑色小斑点，其他各鳍灰白色。

生活习性：珠江各水系的各河流中均有分布。唇䱻为中、下层鱼类，多栖于水流湍急的河流中。幼鱼主要以浮游动物为食，其次为昆虫；成鱼以水生昆虫的幼虫、软体动物等为食。冬季继续摄食，繁殖季节食量减少。

13．刺鲃（*Spinibarbus caldwelli*）　鲤形目　鲤科

形态特征：背鳍及臀鳍基具鳞鞘，腹鳍基外侧具狭长的腋鳞。背鳍外缘平截，起点之前有一平卧的棘刺，末根不分枝鳍条为软条；其起点至吻端较至尾鳍基的距离较小或相等。胸鳍末端远不达腹鳍起点。腹鳍位于背鳍起点之后下方，其起点至臀鳍起点较胸鳍起点略近。臀鳍末端不达尾鳍基，起点至尾鳍基较腹鳍起点为近，尾鳍叉形。鳃耙短小而尖，内线有锯齿状凸起，排列稀疏。下咽齿稍侧扁，末端尖而稍弯曲。

生活习性：一般栖息于底质多乱石而水流较湍急的江河的中下层，尤喜在水色清澈的水域中生活。属于杂食性鱼类，以水生植物为主，兼食水生昆虫及其幼虫，也取食一些坠入水中的陆生昆虫和虾等。4—5 月在水流缓慢、水草较多处产黏性卵。

14. 圆吻鲴（*Distoechodon tumirostris*） 鲤形目 鲤科

形态特征：体长形，侧扁，腹部圆，肛门前方无腹棱。头小，吻突出。头长为吻长的2.7～3.1倍，为眼径的4.6～6.4倍。口下位，横裂，下颌有很发达的角质缘。鳃耙短且扁薄，排列很紧密。咽齿主行侧扁，末端尖，外侧一行短小。鳞小。背鳍起点约在体中，与腹鳍起点相对，硬刺粗壮而光滑。尾鳍深叉形。鳔2室。腹膜黑色。体背部深黑色，腹部银白，体侧有十余条由黑色斑点组成的纵条纹。背、尾鳍灰黄色，尾鳍边缘黑色，偶鳍基部黄色。

生活习性：栖息于河川与湖泊的中、下层水域。杂食性。在自然条件下主要摄食周边食物，包括丝状硅藻、蓝藻、绿藻，此外还食细菌、有机碎屑及少量浮游动物、水生昆虫等。

7.2 大型底栖无脊椎动物

7.2.1 物种组成

本次调查采集的大型底栖无脊椎动物经鉴定共有99种（见附表），隶属4门5纲28科79属。溪流中的底栖无脊椎动物以水生昆虫为主（占总物种数的88.9%），多样性较高。其中，扁形动物门1种，占总种数的1.0%；环节动物门5种，占总种数的5.1%（其中蛭纲2种，占总种数的2.0%；寡毛纲3种，占总种数的3.0%）；软体动物门5种，占总种数的5.1%（其中腹足纲5种，占总种数的5.1%）；节肢动物门88种，占总种数的88.9%，其中昆虫纲88种，包括蜉蝣目15种、𫌀翅目1种、毛翅目5种、鞘翅目3种、蜻蜓目4种、广翅目1种、鳞翅目2种、双翅目57种（图7-3）。

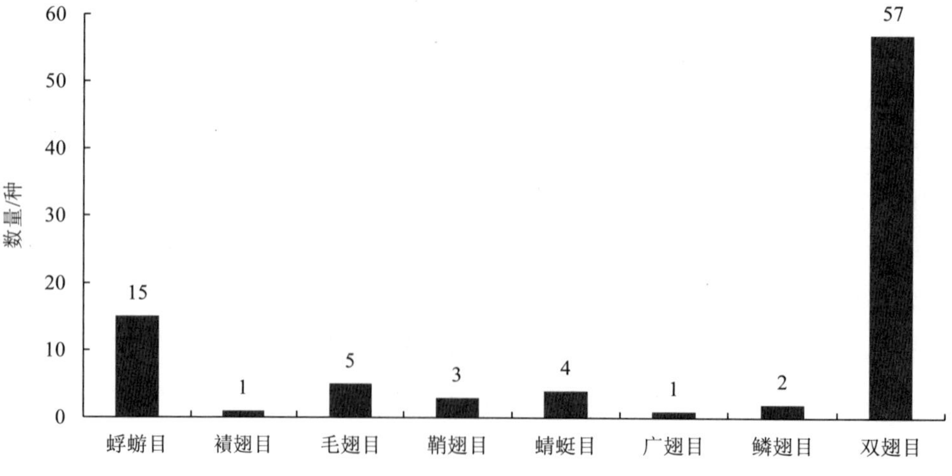

（a）底栖昆虫各目种类数

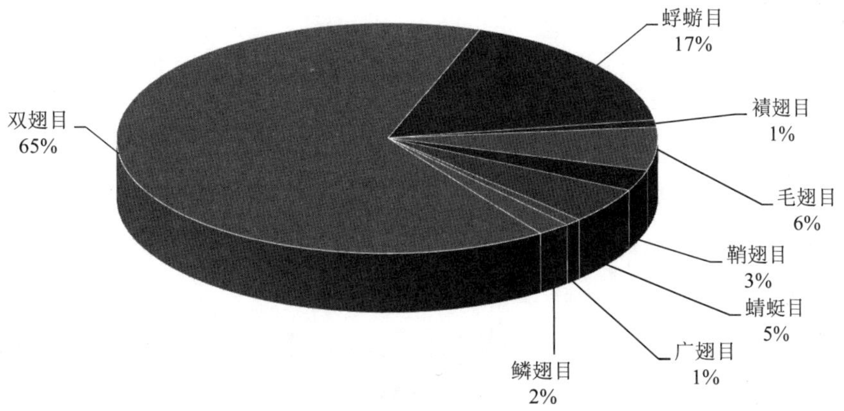

（b）底栖昆虫各目种类占比

图 7-3　遂昌县底栖昆虫目级多样性数量比

7.2.2　多样性分析

1．群落特征

遂昌县溪流中的大型底栖无脊椎动物以水生昆虫为主，占总种数的 89%，且多样性较高。双翅目有 57 种，占大型底栖无脊椎动物总种数的 58%、水生昆虫的 65%。双翅目的优势类群为摇蚊幼虫，共发现 53 种，占双翅目种类的 93%。摇蚊科昆虫的分布与栖息环境有关。综合唐红渠及王备新等的摇蚊耐污值评判研究，摇蚊幼虫耐污值≤5 的种类为极清洁水体中的敏感种，共采集到 30 种，占比 56.60%；耐污值在 5.1～6.6 的种类为清洁种，有 13 种，占比 24.53%；耐污值在 6.7～7.7 的种类为轻度污染种，有 7 种，占比 13.21%；耐污值在 7.8～8.8 的种类为中度污染种，有 1 种，占比 1.89%；耐污值≥8.9 的种类为重度污染种，有 2 种，占比 3.77%。清洁及以上水源种占采集摇蚊幼虫种类数的 81.13%，说明丽水溪流的水质清洁，水体质量总体健康。除摇蚊科昆虫外，毛翅目（5 种）及鞘翅目（3 种）类群也多为清水种。

2．密度和生物量

遂昌县各采样点中大型底栖无脊椎动物的密度在 288.2～5 880.8 ind./m^2 之间变化，平均密度为 2 082.3 ind./m^2。扁形动物的平均密度为 5.9 ind./m^2，软体动物的平均密度为 188.7 ind./m^2，环节动物的平均密度为 162.3 ind./m^2，节肢动物的平均密度为 2 552.2 ind./m^2。大型底栖无脊椎动物的生物量在 5.40～128.62 g/m^2 之间变化，平均生物量为 35.75 g/m^2。扁形动物的平均生物量为 0.01 g/m^2，软体动物的平均生物量为 32.36 g/m^2，环节动物的平均生物量为 0.08 g/m^2，节肢动物的平均生物量为 4.01 g/m^2。

7.2.3 典型物种介绍

1. 三角涡虫（*Dugesia japonica*） 扁形动物门 涡虫纲

形态特征：体柔软，扁平叶状，背面稍凸，多褐色，腹面色浅，前端头部呈三角形。体型为两侧对称，出现了中胚层，中胚层的形成产生的复杂的肌肉结构与外胚层形成的表皮相互紧贴而组成体壁，消化道分为三支，原肾管排泄系统为网状神经系统，雌雄同体，既可有性生殖，也可无性生殖，再生能力强。

生态习性：采自小型流速缓慢的溪流，喜栖息于石头、树叶、朽木及其他物体下面。

2. 八目石蛭（*Erpobdella octoculata*） 环节动物门 蛭纲

形态特征：身体呈长钉形，前 1/4 削尖，后 3/4 宽度不变。背面隆起，腹面平坦。体长 20～52 mm，头宽 0.7～2.5 mm，最大体宽 3～9 mm，尾盘直径 2.4～9 mm，精管膨腔有矮胖的角，其长和宽几乎相等，不深深裂开。两条管状卵囊大大地分开，并成双地折回。

生态习性：常见于流水中，多出现在河川、湖泊与池塘的浪击带，通常附着在石块下。

3. 中华颤蚓（*Tubifex sinicus*） 环节动物门 寡毛纲

形态特征：体色微红，口前叶稍圆。腹刚毛每束 3～6 条，毛节近远端 1/3 处。背刚毛自每束发状 2～4 条，较体宽短，针状毛 2～4 条，有二长叉，中间育 1～2 细齿。中部发状毛减少，后部无有，针状刚毛二叉变短，不等长。

生态习性：在水底软泥或沉积物中穴居。

4. 角形环棱螺（*Bellamya angularis*） 软体动物门 腹足纲

形态特征：壳体中等大小，卵锥形，螺塔低锥形，壳顶钝，末螺环胀大。具螺环 6 个，呈台阶状，周缘宽圆，肩部明显。壳面饰有 3 条明显的旋棱和多条细旋线，这些旋线与粗生长线相交。壳口卵圆形，口喙保存不完整。具脐缝。

生态习性：生活在水草丰茂的水域。

5. 长河螺（*Rivularia elongata*） 软体动物门 腹足纲

形态特征：贝壳壳质厚，极坚实；外形呈长椭圆形。有 4 个螺层，皆不外凸，各螺层在宽度上缓慢均匀增长；体螺层略呈长方形，中部膨胀，大于全部壳高的 6/7。壳顶钝，前 2 个螺层常被腐蚀，缝合线浅。壳面呈黄绿色或黄褐色，光滑，有光泽，具有明显的生长线。

生态习性：为淡水河流中常见螺类。

6. 色带短沟蜷（*Semisulcospira mandarina*） 软体动物门 腹足纲

形态特征：贝壳中等大小，壳质较厚、坚固，外形呈尖圆锥形，有 11 个螺层，各螺层在长度上缓慢均匀增长，各螺层膨胀，略倾斜。壳顶尖锐，被腐蚀破损。螺旋部削尖，呈圆锥形，体螺层略膨胀。缝合线深。壳面呈灰白色，在缝合线下部有一条明显的白色色带，各螺层上具有两条红色色带，上部螺层上具有规则的纵肋，但下面螺层纵肋逐渐消失，体螺层光滑或者具有残留的纵肋痕迹。

生态习性：栖息于灌溉沟渠、河流、池塘中，以藻类和腐殖质为食料。

7．椭圆萝卜螺（*Radix swinhoei*） 软体动物门 腹足纲

形态特征：贝壳长椭圆形，壳质薄、光滑较坚硬，稍透明具细纹，螺层 3～4 个，大多右旋，各层增长缓慢均匀，壳顶尖，常损蚀，体螺层较长，略膨胀，壳面浅褐色至茶褐色，具明显生长纹，壳口为椭圆形，不向外扩展，外缘薄，上方狭小，向下渐扩大，下方最宽大，内缘肥厚；头部在体的前端，宽大且扁平。口在头腹面，生内齿舌，内唇贴覆在体螺层上，脐孔缝状或不明显。

生态习性：生活于水流缓慢、水草茂盛的小河、沟渠、池塘、湖泊、水田或沼泽中。

8．项圈无突摇蚊（*Ablabesmyia monilis*） 节肢动物门 昆虫纲

形态特征：头壳黄色，整个唇舌和上颚的顶部棕色至深棕色，后头缘棕色。体长 5.98～7.42 mm，均值为 6.78 mm；头壳长 720～800 μm，均值为 763 μm；头壳指数 0.72～0.75，均值为 0.73。下颚须基节 3 分节，基部 1 节较短，约是其上分节的 1/4～1/3；后原足具有 2 个棕褐色爪；AR 3.53～4.25，均值为 3.97。

生态习性：采自小型流速缓慢的溪流，对水质要求较高。

9．云集多足摇蚊（*Polypedilum nubifer*） 节肢动物门 昆虫纲

形态特征：活体红色。头壳黄褐色，后头缘深黑色。头壳基部 1/2 变黑。眼分离。头壳长 370～500 μm，均值为 450 μm；宽 310～470 μm，均值为 393 μm；头壳指数 0.83～0.94，均值为 0.87。劳氏器互生，后颏着色加重。劳氏器着生在第 2 节的端部或第 3 节的中部。颏板具 16 齿。中齿和第 2 侧齿明显高于其他齿，其余的齿等高。

生态习性：幼虫生活在静水溪流和流速较慢的河流中。

10．台湾长跗摇蚊（*Tanytarsus formosanus*） 节肢动物门 昆虫纲

形态特征：幼虫头壳黄色，颏板和上颚黄褐色，后头缘和后头板黑褐色。体长 4.32～6.65 mm，均值为 6.23 mm；头壳长 330～450 μm，均值为 413 μm，宽 270～400 μm，均值为 366 μm；头壳指数 0.82～0.89，均值为 0.84。上颚除正常的一个背齿之外，常常还具有一个小的副背齿；LOR 0.9～1.1。颏中齿两侧具有缺刻，颏比小于 1.0。

生态习性：属耐氧性种类，在营养丰富的底质中存在，属静水种类。

第 8 章

大型真菌

8.1 物种组成

本次大型真菌多样性本底调查共记录大型真菌 160 种，隶属 19 目 55 科 99 属（见附表）。其中，食用菌 46 种、药用菌 46 种、毒蘑菇 26 种。

8.2 多样性分析

根据本次调查，从纲水平分析，蘑菇纲（Agaricomycetes）物种多样性最高，有 11 目，占比 57.89%，共有 142 种，占比 88.75%；之后依次为粪壳菌纲（Sordariomycetes）2 目 12 种，占比分别为 10.53%、7.50%；锤舌菌纲（Leotiomycetes）3 目 3 种，占比分别为 15.79%、1.88%；花耳纲（Dacrymycetes）、盘菌纲（Pezizomycetes）与银耳纲（Tremellomycetes）均 1 目 1 种。

表 8-1 遂昌县大型真菌群落组成

纲	目	科数	占总科数百分比/%	种数	占总物种数百分比/%
盘菌纲 Pezizomycetes	盘菌目 Pezizales	1	1.82	1	0.63
粪壳菌纲 Sordariomycetes	粪壳菌目 Hypocreales	2	3.64	6	3.75
	炭角菌目 Xylariales	2	3.64	6	3.75
蘑菇纲 Agaricomycetes	蘑菇目 Agaricales	20	36.36	63	39.37
	木耳目 Auriculariales	1	1.82	1	0.63
	牛肝菌目 Boletales	5	9.09	21	13.13

纲	目	科数	占总科数百分比/%	种数	占总物种数百分比/%
蘑菇纲 Agaricomycetes	鸡油菌目 Cantharellales	1	1.82	5	3.13
	地星目 Geastrales	1	1.82	1	0.63
	钉菇目 Gomphales	1	1.82	1	0.63
	锈革孔菌目 Hymenochaetales	4	7.27	14	8.75
	竹荪目 Phallales	1	1.82	1	0.63
	多孔菌目 Polyporales	8	14.55	21	13.13
	红菇目 Russulales	2	3.64	12	7.50
	革菌目 Thelephorales	1	1.82	2	1.25
花耳纲 Dacrymycetes	花耳目 Dacrymycetales	1	1.82	1	0.63
锤舌菌纲 Leotiomycetes	柔膜菌目 Helotiales	1	1.82	1	0.63
	锤舌菌目 Leotiales	1	1.82	1	0.63
	莲叶衣目 Lepidostromatales	1	1.82	1	0.63
银耳纲 Tremellomycetes	银耳目 Tremellales	1	1.82	1	0.63

从目水平分析，蘑菇目（Agaricales）所含科数最多，共 20 科，占总科数的 36.36%；多孔菌目（Polyporales）次之，有 8 科，占总科数的 14.55%；牛肝菌目（Boletales）有 5 科，锈革孔菌目（Hymenochaetales）有 4 科，分别占总科数的 9.09%和 7.27%；粪壳菌目（Hypocreales）、炭角菌目（Xylariales）、红菇目（Russulales）各占总科数的 3.64%；盘菌目（Pezizales）、木耳目（Auriculariales）、鸡油菌目（Cantharellales）、地星目（Geastrales）、花耳目（Dacrymycetales）、钉菇目（Gomphales）、竹荪目（Phallales）、革菌目（Thelephorales）、柔膜菌目（Helotiales）、锤舌菌目（Leotiales）、莲叶衣目（Lepidostromatales）、银耳目（Tremellales）均有 1 科，各占总科数的 1.82%。

从科水平分析，牛肝菌科（Boletaceae）与多孔菌科（Polyporaceae）下的物种数量最多，均有 13 种，各占总数量的 8.13%；之后依次为红菇科（Russulaceae）11 种，占 6.88%；锈革孔菌科（Hymenochaetaceae）9 种，占 5.63%；马勃科（Lycoperdaceae）8 种，占 5.00%；粉褶菌科（Entolomataceae）7 种，占 4.38%；蘑菇科（Agaricaceae）与鹅膏科（Amanitaceae）均有 6 种，各占 3.75%；光茸菌科（Omphalotaceae）与齿菌科（Hydnaceae）均有 5 种，各占 3.13%；炭角菌科（Xylariaceae）与湿伞科（Hygrophoraceae）均有 4 种，各占 2.50%；虫草科（Cordycipitaceae）、线虫草科（Ophiocordycipitaceae）、小皮伞科（Marasmiaceae）、硬皮马勃科（Sclerodermataceae）、珊瑚菌科（Clavariaceae）和乳牛肝菌科（Suillaceae）均有 3 种，各占 1.88%；炭团菌科（Hypoxylaceae）、轴腹菌科（Hydnangiaceae）、口蘑科（Tricholomataceae）、锐孔菌科（Oxyporaceae）、裂孔菌科（Schizoporaceae）、（Incrustoporiaceae）和革菌科（Thelephoraceae）均有 2 种，各占 1.25%；火丝菌科（Pyronemataceae）、靴耳科（Crepidotaceae）、丝膜菌科（Cortinariaceae）、层腹菌科

（Hymenogastraceae）、丝盖伞科（Inocybaceae）、离褶伞科（Lyophyllaceae）、膨瑚菌科（Physalacriaceae）、小脆柄菇科（Psathyrellaceae）、裂褶菌科（Schizophyllaceae）、假脐菇科（Tubariaceae）、丽口菌科（Calostomataceae）、小塔氏菌科（Tapinellaceae）、地星科（Geastraceae）、钉菇科（Gomphaceae）、藓菇科（Rickenellaceae）、竹荪科（Phallaceae）、齿毛菌科（Cerrenaceae）、拟层孔菌科（Fomitopsidaceae）、耙齿菌科（Irpicaceae）、皱孔菌科（Meruliaceae）、原毛平革菌科（Phanerochaetaceae）、齿耳菌科（Steccherinaceae）、刺孢多孔菌科（Bondarzewiaceae）、花耳科（Dacrymycetaceae）、柔膜菌科（Helotiaceae）、锤舌菌科（Leotiaceae）、半壳孢科（Lepidostromataceae）和银耳科（Tremellaceae）仅有 1 种，各占 0.63%。此外，由于一些物种科的系统地位争议较大，学界尚未给出明确所属科，这类物种共有 9 种，占 5.63%。

通过各目下科、种的统计分析（图 8-1），蘑菇目的科、种多样性最为丰富，有 20 科 63 种；其次为多孔菌目，有 8 科 21 种；牛肝菌目有 5 科 21 种；锈革孔菌目有 4 科 14 种；红菇目有 2 科 12 种；粪壳菌目有 2 科 6 种；炭角菌目有 2 科 6 种；鸡油菌目有 1 科 5 种；革菌目有 1 科 2 种；盘菌目、木耳目、花耳目、地星目、钉菇目、竹荪目、柔膜菌目、锤舌菌目、莲叶衣目和银耳目仅有 1 科 1 种。

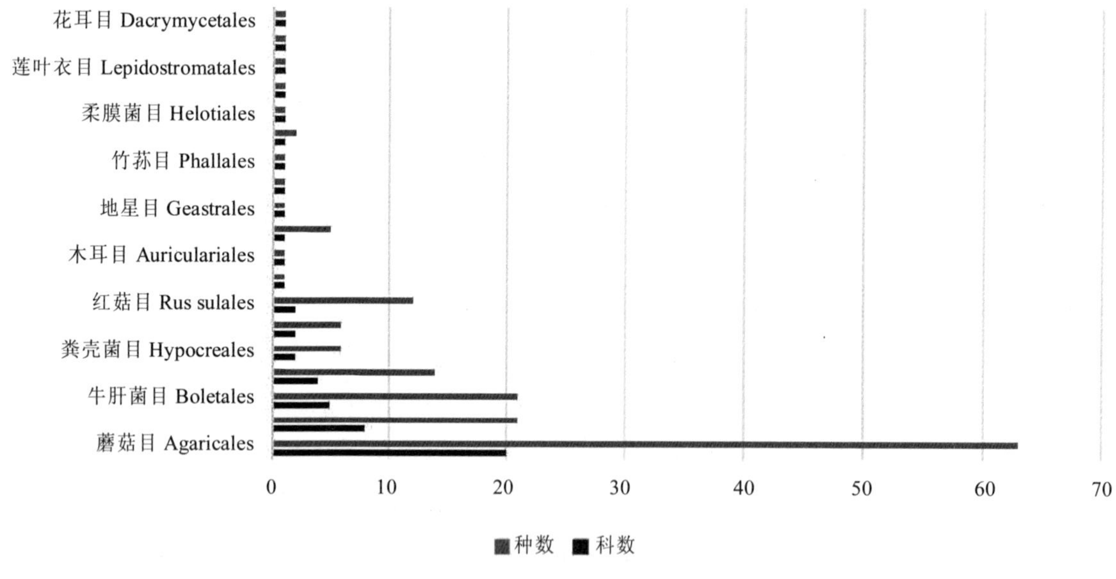

图 8-1 遂昌县大型真菌各目科种组成分析

8.3 典型物种介绍

1. 黄小孢盘菌（*Acervus flavidus*） 盘菌目 火丝菌科

形态特征：子囊盘盘状，基部着生于厚的絮状、近无色至淡黄色的菌丝垫上，直径可达 8 mm，近无柄，子实层表面幼嫩时黄色，成熟后稍褪色，略带粉色或橙色，子层托表面新鲜时近乎白色，略呈绒毛状。外囊盘被为角孢组织至球孢组织，厚 50～75 μm，细胞接近等径，薄壁，无色，直径多为 10～18 μm；盘下层为交错丝组织，厚 100～160 μm 或更厚，菌丝壁薄，近无色，宽 4～10 μm；子实下层分化不明显或发育良好，0～25～40 μm；子实层厚 140～170 μm；子囊近圆柱形，具 8 个子囊孢子，在 Melzer 试剂中不变色，（124～152）×（7.5～10.5）μm；子囊孢子呈规则的椭圆形，两端钝圆，表面平滑，薄壁，无色，单细胞，具 2 个油滴，在子囊中呈单列排列，（10.5～12.5）×（6～7.5）μm；侧丝线形，宽约 3 μm。

生境特征：生于腐殖质层及腐根上。

经济价值：腐生菌，分解枯枝落叶。

2．粉褶鹅膏（*Amanita incarnatifolia*）　蘑菇目　鹅膏科

形态特征：直径 35～75 mm，幼时扁半球形，后平展，菌盖表面淡灰色、灰色、灰褐色至褐色，中部色较深，边缘有沟纹。菌肉白色，肉质。菌褶淡粉色至粉红色，较密，短菌褶近菌柄端多平截。菌柄长 50～100 mm，直径 5～12 mm，菌环以上呈淡粉红色，菌环以下白色。菌环上位，白色至淡灰色。菌托袋状，白色至污白色。担孢子（9.0～13）×（7.0～9.0）μm，多为椭圆形，偶见宽椭圆形，非淀粉质。担子（45～65）×（11～16）μm，棒状，具 4 个担子小梗。菌托内部由不规则排列的菌丝组成，中间夹着丰富的膨大细胞。

生境特征：夏秋生于针叶林或针阔混交林地上。

经济价值：有毒。

3．头状秃马勃（马屁包、头状马勃）（*Calvatia craniiformis*）　蘑菇目　马勃科

形态特征：成熟担子体，中型，陀螺形，宽 25～45 mm，高 35～50 mm。包被两层，质薄。两层包被无明显分离，黄色、烟灰色、锈褐色至黑褐色，干后表面光滑，成熟后上部开裂并成片脱落。孢体黄褐色，不孕基部发达。担孢子（3.5～4.5）×（3.5～4.0）μm，球形或近球形，遇 5% KOH 溶液呈青褐色，表面具颗粒或毛刺，壁厚，内含一个油滴，非淀粉质。孢丝直径 2.5～5.5 μm，壁厚，与孢子同色，少分枝，未见横隔，向尖端渐细。

生境特征：夏季在林中地上或腐木上单生或散生。

经济价值：幼时食用；药用生肌、消炎、消肿、止痛；发酵液可分离出马勃菌酸，对革兰氏阳性、阴性菌均有抑制作用。

4．小鸡油菌（*Cantharellus minor*）　鸡油菌目　齿菌科

形态特征：菌盖直径 10～30 mm，初期近半球形至扁平，中部下凹呈浅花瓣状或喇叭状，边缘弯曲或呈不规则波浪形，内卷，杏黄色至鲜黄色、蛋黄色或橙黄色，光滑。菌肉脆、薄，淡黄色或淡橘黄色，有较淡的芳香味。菌褶延生至近延生，稀疏、窄、棱脊状，蛋黄色或橙黄色。菌柄长 15～40 mm，直径 2.0～7.0 mm，圆柱形，上下近等粗或向下渐细，同菌盖颜色或稍浅，实心，后变空心。担孢子（8.0～10）×（4.5～6.5）μm，椭圆形至卵圆形光滑，淡黄色至淡赭色，具小尖。

担子细长、棒状，长 55～75 μm，具 4 个或 2 个小梗。囊状体缺失。

生境特征：夏秋季群生于针阔混交林中的地上。

经济价值：可食，味道鲜美；药用清目、利肺、益胃。

5. 蛾蛹虫草（无性型，细柄棒束孢）（*Cordyceps polyarthra*）　粪壳菌目　虫草科

形态特征：无性分生孢子体生于蛾蛹上，由多根孢梗束组成。虫体被灰白色菌丝包被。孢梗束高 20～40 mm，丛生，分枝。孢梗束柄纤细，黄白色至米黄色，部分偶带淡褐色，光滑。上部多分枝，白色，粉末状。分生孢子（2.0～3.0）×（1.5～2.0）μm，近球形至宽椭圆形。

生境特征：生于林中枯枝落叶层或地下蛾蛹等上。

经济价值：保肺益肾。

6. 树舌灵芝（*Ganoderma applanatum*）　多孔菌目　多孔菌科

形态特征：子实体多年生，无柄，单生或覆瓦状叠生，木栓质。菌盖半圆形，外伸可达 300 mm，宽可达 400 mm，基部厚可达 80 mm，表面锈褐色至灰褐色，常覆有一层褐色孢子粉，具明显的环沟和环带，边缘圆、钝，奶油色至浅灰褐色。孔口表面呈灰白色至淡褐色，圆形，边缘厚，全缘。菌肉新鲜时浅褐色。菌管褐色，有时具白色菌丝束。担孢子（6.0～8.5）×（4.0～6.0）μm，广卵圆形，顶端平截，淡褐色至褐色，双层壁，外壁无色、光滑，内壁具小刺，非淀粉质，嗜蓝。

生境特征：春季至秋季生于多种阔叶树的活立木、倒木及腐木上，造成木材白色腐朽。

经济价值：药用。

7. 热带产丝齿菌（*Hyphodontia tropica*）　锈革菌目　裂孔菌科

形态特征：子实体一年生，平伏，紧贴于基物上，木栓质，长可达 18 cm，宽可达 6 cm，厚可达 6 mm。孔口表面白色至浅黄色，具折光反应；圆形或近圆形至不规则形，每毫米 6～8 个；边缘薄，全缘或撕裂状。不育边缘明显，宽可达 2 mm。菌肉呈奶油色，厚可达 1 mm。菌管奶油色至淡黄色，长可达 5 mm。担孢子（3.7～4.1）×（2.9～3.2）μm，宽椭圆形至近球形，无色，薄壁，光滑，非淀粉质，不嗜蓝。

生境特征：夏秋季生于阔叶树和松树的落枝、倒木、树桩和腐木上。

经济价值：造成木材出现白色腐朽。

8. 江西线虫草（*Ophiocordyceps jiangxiensis*）　粪壳菌目　线虫草科

形态特征：子座长 45～80 mm，直径 3～5 mm，从寄主的头部长出，簇生或丛生柱形，可分枝，淡褐色，无不育尖端，表面很容易长出绿色霉菌。子囊孢子（5.5～7）×（1～1.2）μm，长柱形，不断裂。子囊（400～450）×（7～7.5）μm，棒形。

生境特征：寄生于林下丽叩甲或绿腹丽叩甲的幼虫上。

经济价值：有毒。

9. 干巴菌（*Thelephora ganbajun*）　革菌目　革菌科

形态特征：子实体高 50～140 mm，宽 40～140 mm，丛生，珊瑚状多次分枝，由基部较厚的干片向上依次裂成扇形以至帚状小分枝，灰白色或灰黑色。基部的干片高 20～25 mm，宽 25～40 mm，无毛绒，具环纹，下端具根状菌丝。中部的枝片高 20～50 mm，宽 25～45 mm。肉厚 2～4 mm。枝片间于基部互相接联。顶端的小枝片高 30～90 mm。担孢子（7～12）×（6～8）μm，透明微具淡褐色，多角形，有刺突，油滴一枚，非淀粉质。担子（25～35）×（9～12）μm，长棒形，内具多枚油滴。体长（52～80）×（7～14）μm，长棒状或长腹鼓状。菌丝粗 4～6.5 μm，具锁状联合。

生境特征：生于针叶林中地上，与松属植物形成外生菌根。

经济价值：可食、味美、芳香，是著名的野生食用菌之一。

10．亚小绒盖牛肝菌（*Xerocomus subparvus*）　牛肝菌目　牛肝菌科

形态特征：菌盖直径 20～50 mm，凸镜形至平展，干，被绒毛，淡黄褐色、淡红褐色至褐色。菌肉白色至淡黄色，伤稍变蓝色。菌管直生，鲜黄色，伤稍变蓝色。孔口多角形，与管同色，直径 1～2 mm。菌柄长 25～50 mm，直径 2～7 mm，近圆柱形，淡黄褐色至褐色，顶部淡黄色，具纵条纹。基部菌丝体白色。味道和气味柔和。孢子（9～10.5）×（3.5～4）μm，近梭形，光滑，淡黄色。担子（25～37）×（9～12）μm，棒状，4 孢子，梗长 4～5 μm。囊状体（42～90）×（10～20）μm，棒状，薄壁，无色。菌盖表皮由栅状排列、薄壁的菌丝组成，末端细胞（28～70）×（10～18）μm。锁状联合缺失。

生境特征：生于混交林中的地上。

经济价值：不明。

附　表

物种名录

1. 陆生维管植物名录

序号	中文名	学名	科名	属名	濒危等级	保护等级	中国特有种	外来入侵种
1	长柄石杉	*Huperzia javanica*	石杉科	石杉属		二级		
2	四川石杉	*Huperzia sutchueniana*	石杉科	石杉属	近危（NT）	二级	是	
3	柳杉叶马尾杉	*Phlegmariurus cryptomerianus*	石杉科	马尾杉属	近危（NT）	二级		
4	闽浙马尾杉	*Phlegmariurus mingcheensis*	石杉科	马尾杉属	无危（LC）	二级	是	
5	笔直石松	*Dendrolycopodium verticale*	石松科	笔直石松属	数据缺乏（DD）			
6	石松	*Lycopodium japonicum*	石松科	石松属	无危（LC）			
7	垂穗石松	*Palhinhaea cernua*	石松科	灯笼草属	无危（LC）			
8	卷柏	*Selaginella tamariscina*	卷柏科	卷柏属	无危（LC）			
9	疏叶卷柏	*Selaginella remotifolia*	卷柏科	卷柏属	无危（LC）			
10	翠云草	*Selaginella uncinata*	卷柏科	卷柏属	无危（LC）		是	
11	布朗卷柏	*Selaginella braunii*	卷柏科	卷柏属	无危（LC）			
12	毛枝卷柏	*Selaginella trichoclada*	卷柏科	卷柏属	无危（LC）		是	
13	深绿卷柏	*Selaginella doederleinii*	卷柏科	卷柏属	无危（LC）		是	
14	江南卷柏	*Selaginella moellendorffii*	卷柏科	卷柏属	无危（LC）			
15	兖州卷柏	*Selaginella involvens*	卷柏科	卷柏属	无危（LC）			
16	细叶卷柏	*Selaginella labordei*	卷柏科	卷柏属	无危（LC）			
17	异穗卷柏	*Selaginella heterostachys*	卷柏科	卷柏属	无危（LC）		是	
18	伏地卷柏	*Selaginella nipponica*	卷柏科	卷柏属	无危（LC）			
19	节节草	*Equisetum ramosissimum*	木贼科	木贼属	无危（LC）		是	
20	笔管草	*Equisetum ramosissimum* subsp. *debile*	木贼科	木贼属	无危（LC）			

序号	中文名	学名	科名	属名	濒危等级	保护等级	中国特有种	外来入侵种
21	华东阴地蕨	*Botrychium japonicum*	阴地蕨科	小阴地蕨属	无危（LC）			
22	阴地蕨	*Botrychium ternatum*	阴地蕨科	小阴地蕨属	无危（LC）			
23	紫萁	*Osmunda japonica*	紫萁科	紫萁属	无危（LC）			
24	矛叶紫萁	*Osmunda japonica* var. *sublancea*	紫萁科	紫萁属				
25	华中瘤足蕨	*Plagiogyria euphlebia*	瘤足蕨科	瘤足蕨属	无危（LC）			
26	华东瘤足蕨	*Plagiogyria japonica*	瘤足蕨科	瘤足蕨属	无危（LC）			
27	倒叶瘤足蕨	*Plagiogyria falcata*	瘤足蕨科	瘤足蕨属	无危（LC）			
28	镰叶瘤足蕨	*Plagiogyria distinctissima*	瘤足蕨科	瘤足蕨属	无危（LC）			
29	芒萁	*Dicranopteris pedata*	里白科	芒萁属	无危（LC）			
30	光里白	*Diplopterygium laevissimum*	里白科	里白属	无危（LC）			
31	里白	*Diplopterygium glaucum*	里白科	里白属	无危（LC）			
32	海金沙	*Lygodium japonicum*	海金沙科	海金沙属	无危（LC）			
33	长柄假脉蕨	*Crepidomanes latealatum*	膜蕨科	假脉蕨属	无危（LC）			
34	团扇蕨	*Gonocormus minutum*	膜蕨科	团扇蕨属	无危（LC）			
35	蕗蕨	*Hymenophyllum badium*	膜蕨科	蕗蕨属	无危（LC）			
36	小果蕗蕨	*Mecodium microsorum*	膜蕨科	膜蕨属				
37	华东膜蕨	*Hymenophyllum barbatum*	膜蕨科	膜蕨属	无危（LC）			
38	华南膜蕨	*Hymenophyllum exsertum*	膜蕨科	膜蕨属	无危（LC）		是	
39	顶果膜蕨	*Hymenophyllum khasyanum*	膜蕨科	膜蕨属	无危（LC）			
40	尾叶稀子蕨	*Monachosorum flagellare*	稀子蕨科	稀子蕨属	无危（LC）			
41	细毛碗蕨	*Dennstaedtia hirsuta*	碗蕨科	碗蕨属	无危（LC）			
42	光叶碗蕨	*Dennstaedtia scabra* var. *glabrescens*	碗蕨科	碗蕨属	无危（LC）			
43	边缘鳞盖蕨	*Microlepia marginata*	碗蕨科	鳞盖蕨属				
44	二回鳞盖蕨	*Microlepia marginata* var. *bipinnata*	碗蕨科	鳞盖蕨属	无危（LC）			
45	乌蕨	*Odontosoria chinensis*	鳞始蕨科	乌蕨属	无危（LC）			
46	阔片乌蕨	*Odontosoria biflora*	鳞始蕨科	乌蕨属	近危（NT）			
47	姬蕨	*Hypolepis punctata*	姬蕨科	姬蕨属	无危（LC）			
48	蕨	*Pteridium aquilinum* var. *latiusculum*	蕨科	蕨属	无危（LC）			
49	井栏边草	*Pteris multifida*	凤尾蕨科	凤尾蕨属	无危（LC）			
50	凤尾蕨	*Pteris cretica*	凤尾蕨科	凤尾蕨属	无危（LC）			
51	刺齿凤尾蕨	*Pteris dispar*	凤尾蕨科	凤尾蕨属	无危（LC）			
52	变异凤尾蕨	*Pteris inaequalis*	凤尾蕨科	凤尾蕨属	无危（LC）			
53	野雉尾	*Onychium japonicum*	凤尾蕨科	金粉蕨属				
54	栗柄金粉蕨	*Onychium japonicum* var. *lucidum*	凤尾蕨科	金粉蕨属	无危（LC）			
55	粉背蕨	*Aleuritopteris anceps*	凤尾蕨科	粉背蕨属	无危（LC）			
56	毛轴碎米蕨	*Cheilanthes chusana*	凤尾蕨科	碎米蕨属	无危（LC）			

序号	中文名	学名	科名	属名	濒危等级	保护等级	中国特有种	外来入侵种
57	凤丫蕨	*Coniogramme japonica*	凤尾蕨科	凤丫蕨属	无危（LC）			
58	广叶书带蕨	*Haplopteris taeniophylla*	书带蕨科	书带蕨属	数据缺乏（DD）			
59	书带蕨	*Haplopteris flexuosa*	书带蕨科	书带蕨属	无危（LC）			
60	九龙蛾眉蕨	*Deparia jiulungensis*	蹄盖蕨科	对囊蕨属	数据缺乏（DD）		是	
61	钝羽假蹄盖蕨	*Deparia conilii*	蹄盖蕨科	对囊蕨属	无危（LC）			
62	假蹄盖蕨	*Deparia japonica*	蹄盖蕨科	对囊蕨属	无危（LC）		是	
63	斜羽假蹄盖蕨	*Deparia japonica* var. *oshimensis*	蹄盖蕨科	对囊蕨属	无危（LC）			
64	假双盖蕨	*Deparia lancea*	蹄盖蕨科	对囊蕨属				
65	毛叶对囊蕨	*Deparia petersenii*	蹄盖蕨科	对囊蕨属				
66	刺毛介蕨	*Deparia setigera*	蹄盖蕨科	对囊蕨属	无危（LC）		是	
67	华中介蕨	*Deparia okuboana*	蹄盖蕨科	对囊蕨属	无危（LC）			
68	角蕨	*Cornopteris decurrenti-alata*	蹄盖蕨科	角蕨属	无危（LC）		是	
69	华东安蕨	*Anisocampium sheareri*	蹄盖蕨科	安蕨属	无危（LC）			
70	江南短肠蕨	*Diplazium mettenianum*	蹄盖蕨科	双盖蕨属	无危（LC）		是	
71	小叶短肠蕨	*Diplazium mettenianum* var. *faueiri*	蹄盖蕨科	双盖蕨属	无危（LC）			
72	九龙山短肠蕨	*Diplazium petrii*	蹄盖蕨科	双盖蕨属				
73	有鳞短肠蕨	*Diplazium squamigerum*	蹄盖蕨科	双盖蕨属				
74	中华短肠蕨	*Diplazium chinense*	蹄盖蕨科	双盖蕨属	无危（LC）			
75	湿生蹄盖蕨	*Athyrium devolii*	蹄盖蕨科	蹄盖蕨属	无危（LC）		是	
76	九龙山蹄盖蕨	*Athyrium deltoidofrons*	蹄盖蕨科	蹄盖蕨属				
77	华东蹄盖蕨	*Anisocampium niponicum*	蹄盖蕨科	蹄盖蕨属				
78	华中蹄盖蕨	*Athyrium wargii*	蹄盖蕨科	蹄盖蕨属	无危（LC）			
79	无毛华中蹄盖蕨	*Athyrium wargii* var. *glabratum*	蹄盖蕨科	蹄盖蕨属				
80	松谷蹄盖蕨	*Athyrium vidalii* var. *amabile*	蹄盖蕨科	蹄盖蕨属	数据缺乏（DD）		是	
81	尖头蹄盖蕨	*Athyrium vidalii*	蹄盖蕨科	蹄盖蕨属	无危（LC）		是	
82	长江蹄盖蕨	*Athyrium iseanum*	蹄盖蕨科	蹄盖蕨属	无危（LC）			
83	川黔肠蕨	*Diplaziopsis cavaleriana*	蹄盖蕨科	肠蕨属	无危（LC）			
84	翠绿针毛蕨	*Macrothelypteris viridifrons*	金星蕨科	针毛蕨属	无危（LC）			
85	雅致针毛蕨	*Macrothelypteris oligophlebia* var. *elegans*	金星蕨科	针毛蕨属	无危（LC）			
86	小叶茯蕨	*Leptogramma tottoides*	金星蕨科	茯蕨属	无危（LC）		是	
87	中间茯蕨	*Leptogramma intermedia*	金星蕨科	茯蕨属	数据缺乏（DD）		是	

序号	中文名	学名	科名	属名	濒危等级	保护等级	中国特有种	外来入侵种
88	峨眉茯蕨	*Leptogramma scallanii*	金星蕨科	茯蕨属	无危（LC）			
89	延羽卵果蕨	*Phegopteris decursive-pinnata*	金星蕨科	卵果蕨属	无危（LC）			
90	紫柄蕨	*Pseudophegopteris pyrrhorhachis*	金星蕨科	紫柄蕨属	无危（LC）		是	
91	镰形假毛蕨	*Pseudocyclosorus falcilobus*	金星蕨科	假毛蕨属	无危（LC）			
92	疏羽凸轴蕨	*Metathelypteris laxa*	金星蕨科	凸轴蕨属	无危（LC）			
93	武夷山凸轴蕨	*Metathelypteris wuyishanica*	金星蕨科	凸轴蕨属	数据缺乏（DD）		是	
94	林下凸轴蕨	*Metathelypteris hattorii*	金星蕨科	凸轴蕨属	无危（LC）			
95	钝角金星蕨	*Parathelypteris angulariloba*	金星蕨科	金星蕨属	无危（LC）			
96	长根金星蕨	*Parathelypteris beddomei*	金星蕨科	金星蕨属	无危（LC）			
97	金星蕨	*Parathelypteris glanduligera*	金星蕨科	金星蕨属	无危（LC）			
98	中华金星蕨	*Parathelypteris chinensis*	金星蕨科	金星蕨属				
99	日本金星蕨	*Parathelypteris japonica*	金星蕨科	金星蕨属				
100	九龙山毛蕨	*Cyclosorus dentatus*	金星蕨科	毛蕨属	无危（LC）			
101	短尖毛蕨	*Cyclosorus subacutus*	金星蕨科	毛蕨属				
102	渐尖毛蕨	*Cyclosorus acuminatus*	金星蕨科	毛蕨属	无危（LC）			
103	虎尾铁角蕨	*Asplenium incisum*	铁角蕨科	铁角蕨属	无危（LC）			
104	倒挂铁角蕨	*Asplenium normale*	铁角蕨科	铁角蕨属	无危（LC）			
105	铁角蕨	*Asplenium trichomanes*	铁角蕨科	铁角蕨属	无危（LC）			
106	三翅铁角蕨	*Asplenium tripteropus*	铁角蕨科	铁角蕨属	无危（LC）			
107	狭翅铁角蕨	*Asplenium wrightii*	铁角蕨科	铁角蕨属	无危（LC）			
108	胎生铁角蕨	*Asplenium yoshinagae*	铁角蕨科	铁角蕨属	无危（LC）		是	
109	东南铁角蕨	*Asplenium oldhami*	铁角蕨科	铁角蕨属	无危（LC）		是	
110	华南铁角蕨	*Asplenium austrochinense*	铁角蕨科	铁角蕨属	无危（LC）			
111	北京铁角蕨	*Asplenium pekinense*	铁角蕨科	铁角蕨属	无危（LC）			
112	华中铁角蕨	*Asplenium sarelii*	铁角蕨科	铁角蕨属	无危（LC）			
113	钝齿铁角蕨	*Asplenium tenuicaule* var. *subvarians*	铁角蕨科	铁角蕨属	无危（LC）			
114	闽浙铁角蕨	*Asplenium wilfordii*	铁角蕨科	铁角蕨属	无危（LC）			
115	长生铁角蕨	*Asplenium prolongatum*	铁角蕨科	铁角蕨属	无危（LC）			
116	东方荚果蕨	*Pentarhizidium orientale*	球子蕨科	东方荚果蕨属	无危（LC）			
117	胎生狗脊	*Woodwardia prolifera*	乌毛蕨科	狗脊属				
118	狗脊	*Woodwardia japonica*	乌毛蕨科	狗脊属	无危（LC）			
119	乌毛蕨	*Blechnum orientale*	乌毛蕨科	乌毛蕨属	无危（LC）			
120	斜基贯众	*Cyrtomium obliquum*	鳞毛蕨科	贯众属	数据缺乏（DD）		是	
121	贯众	*Cyrtomium fortunei*	鳞毛蕨科	贯众属	无危（LC）		是	

序号	中文名	学名	科名	属名	濒危等级	保护等级	中国特有种	外来入侵种
122	镰羽贯众	*Polystichum balansae*	鳞毛蕨科	耳蕨属	无危（LC）		是	
123	无盖耳蕨	*Polystichum gymnocarpium*	鳞毛蕨科	耳蕨属	数据缺乏（DD）		是	
124	戟叶耳蕨	*Polystichum tripteron*	鳞毛蕨科	耳蕨属	无危（LC）			
125	小戟叶耳蕨	*Polystichum hancockii*	鳞毛蕨科	耳蕨属	无危（LC）			
126	对生耳蕨	*Polystichum deltodon*	鳞毛蕨科	耳蕨属	无危（LC）		是	
127	对马耳蕨	*Polystichum tsus-simense*	鳞毛蕨科	耳蕨属	无危（LC）		是	
128	前缘耳蕨	*Polystichum mayebarae*	鳞毛蕨科	耳蕨属	无危（LC）			
129	假黑鳞耳蕨	*Polystichum pseudomakinoi*	鳞毛蕨科	耳蕨属	无危（LC）			
130	棕鳞耳蕨	*Polystichum polyblepharum*	鳞毛蕨科	耳蕨属	数据缺乏（DD）			
131	黑鳞耳蕨	*Polystichum makinoi*	鳞毛蕨科	耳蕨属	无危（LC）			
132	天童复叶耳蕨	*Arachniodes hekiana*	鳞毛蕨科	复叶耳蕨属	无危（LC）			
133	长尾复叶耳蕨	*Arachniodes simplicior*	鳞毛蕨科	复叶耳蕨属	无危（LC）			
134	斜方复叶耳蕨	*Arachniodes amabilis*	鳞毛蕨科	复叶耳蕨属	无危（LC）		是	
135	紫云山复叶耳蕨	*Arachniodes ziyunshanensis*	鳞毛蕨科	复叶耳蕨属	无危（LC）		是	
136	多羽复叶耳蕨	*Arachniodes amoena*	鳞毛蕨科	复叶耳蕨属	无危（LC）		是	
137	中华复叶耳蕨	*Arachniodes chinensis*	鳞毛蕨科	复叶耳蕨属	无危（LC）		是	
138	华东复叶耳蕨	*Arachniodes speciosa*	鳞毛蕨科	复叶耳蕨属	无危（LC）			
139	刺头复叶耳蕨	*Arachniodes aristata*	鳞毛蕨科	复叶耳蕨属	无危（LC）		是	
140	宜兴复叶耳蕨	*Arachniodes yixinensis*	鳞毛蕨科	复叶耳蕨属				
141	无鳞毛枝蕨	*Arachniodes sinomiqueliana*	鳞毛蕨科	复叶耳蕨属	濒危（EN）			
142	京畿鳞毛蕨	*Dryopteris kinkiensis*	鳞毛蕨科	鳞毛蕨属	无危（LC）			
143	异盖鳞毛蕨	*Dryopteris decipiens*	鳞毛蕨科	鳞毛蕨属				
144	深裂迷人鳞毛蕨	*Dryopteris decipiens* var. *diplazioides*	鳞毛蕨科	鳞毛蕨属	无危（LC）			
145	阔鳞鳞毛蕨	*Dryopteris championii*	鳞毛蕨科	鳞毛蕨属	无危（LC）			
146	黑足鳞毛蕨	*Dryopteris fuscipes*	鳞毛蕨科	鳞毛蕨属	无危（LC）			
147	红盖鳞毛蕨	*Dryopteris erythrosora*	鳞毛蕨科	鳞毛蕨属	无危（LC）			
148	龙泉鳞毛蕨	*Dryopteris lungquanensis*	鳞毛蕨科	鳞毛蕨属				
149	九龙山鳞毛蕨	*Dryopteris tenuicula*	鳞毛蕨科	鳞毛蕨属	无危（LC）			
150	浙南鳞毛蕨	*Dryopteris zhenanensis*	鳞毛蕨科	鳞毛蕨属				
151	强壮鳞毛蕨	*Dryopteris grandisora*	鳞毛蕨科	鳞毛蕨属				
152	齿头鳞毛蕨	*Dryopteris labordei*	鳞毛蕨科	鳞毛蕨属	无危（LC）			
153	光鳞毛蕨	*Dryopteris gymnosora*	鳞毛蕨科	鳞毛蕨属	无危（LC）			
154	钝齿鳞毛蕨	*Dryopteris submarginata*	鳞毛蕨科	鳞毛蕨属	无危（LC）		是	

序号	中文名	学名	科名	属名	濒危等级	保护等级	中国特有种	外来入侵种
155	三角鳞毛蕨	*Dryopteris ryo-itoana*	鳞毛蕨科	鳞毛蕨属	无危（LC）			
156	具盖鳞毛蕨	*Dryopteris indusiata*	鳞毛蕨科	鳞毛蕨属	无危（LC）			
157	变异鳞毛蕨	*Dryopteris varia*	鳞毛蕨科	鳞毛蕨属	无危（LC）			
158	太平鳞毛蕨	*Dryopteris pacifica*	鳞毛蕨科	鳞毛蕨属	无危（LC）			
159	假异鳞毛蕨	*Dryopteris immixta*	鳞毛蕨科	鳞毛蕨属	无危（LC）		是	
160	桃花岛鳞毛蕨	*Dryopteris hondoensis*	鳞毛蕨科	鳞毛蕨属	无危（LC）			
161	两色鳞毛蕨	*Dryopteris setosa*	鳞毛蕨科	鳞毛蕨属	无危（LC）			
162	无盖鳞毛蕨	*Dryopteris scottii*	鳞毛蕨科	鳞毛蕨属	无危（LC）			
163	武夷山鳞毛蕨	*Dryopteris wuyishanica*	鳞毛蕨科	鳞毛蕨属				
164	暗鳞鳞毛蕨	*Dryopteris cycadina*	鳞毛蕨科	鳞毛蕨属	无危（LC）		是	
165	遂昌鳞毛蕨	*Dryopteris shuichangensis*	鳞毛蕨科	鳞毛蕨属				
166	华稀羽鳞毛蕨	*Dryopteris sino-aparsa*	鳞毛蕨科	鳞毛蕨属				
167	黄山鳞毛蕨	*Dryopteris whangshanensis*	鳞毛蕨科	鳞毛蕨属	濒危（EN）		是	
168	狭顶鳞毛蕨	*Dryopteris lacera*	鳞毛蕨科	鳞毛蕨属	无危（LC）			
169	半岛鳞毛蕨	*Dryopteris peninsulae*	鳞毛蕨科	鳞毛蕨属	无危（LC）		是	
170	同形鳞毛蕨	*Dryopteris uniformis*	鳞毛蕨科	鳞毛蕨属	无危（LC）			
171	稀羽鳞毛蕨	*Dryopteris sparsa*	鳞毛蕨科	鳞毛蕨属	无危（LC）			
172	九龙山肋毛蕨	*Dryopteris kawakamii*	鳞毛蕨科	鳞毛蕨属				
173	阔鳞肋毛蕨	*Dryopteris maximowicziana*	鳞毛蕨科	鳞毛蕨属				
174	华南舌蕨	*Elaphoglossum yoshinagae*	舌蕨科	舌蕨属	无危（LC）			
175	鳞轴小膜盖蕨	*Araiostegia perdurans*	骨碎补科	小膜盖蕨属	无危（LC）		是	
176	丝带蕨	*Lepisorus miyoshianus*	水龙骨科	丝带蕨属	无危（LC）			
177	石蕨	*Pyrrosia angustissima*	水龙骨科	石蕨属	无危（LC）			
178	有柄石韦	*Pyrrosia petiolosa*	水龙骨科	石韦属	无危（LC）			
179	石韦	*Pyrrosia lingua*	水龙骨科	石韦属	无危（LC）			
180	庐山石韦	*Pyrrosia sheareri*	水龙骨科	石韦属	无危（LC）		是	
181	骨牌蕨	*Lemmaphyllum rostratum*	水龙骨科	骨牌蕨属	无危（LC）			
182	抱石莲	*Lemmaphyllum drymoglossoides*	水龙骨科	骨牌蕨属	无危（LC）		是	
183	中间骨牌蕨	*Lepidogrammitis intermedia*	水龙骨科	骨牌蕨属	无危（LC）		是	
184	披针骨牌蕨	*Lemmaphyllum diversum*	水龙骨科	骨牌蕨属	无危（LC）		是	
185	鳞果星蕨	*Lepidomicrosorium buergerianum*	水龙骨科	鳞果星蕨属	无危（LC）			
186	庐山瓦韦	*Lepisorus lewisii*	水龙骨科	瓦韦属	无危（LC）		是	
187	扭瓦韦	*Lepisorus contortus*	水龙骨科	瓦韦属	无危（LC）		是	
188	瓦韦	*Lepisorus thunbergianus*	水龙骨科	瓦韦属	无危（LC）			
189	宝华山瓦韦	*Lepisorus tosaensis*	水龙骨科	瓦韦属	无危（LC）			
190	乌苏里瓦韦	*Lepisorus ussuriensis*	水龙骨科	瓦韦属	无危（LC）			

序号	中文名	学名	科名	属名	濒危等级	保护等级	中国特有种	外来入侵种
191	粤瓦韦	*Lepisorus obscure-venulosus*	水龙骨科	瓦韦属	无危（LC）			
192	稀鳞瓦韦	*Lepisorus oligolepidus*	水龙骨科	瓦韦属	无危（LC）			
193	盾蕨	*Neolepisorus ovatus*	水龙骨科	盾蕨属	无危（LC）		是	
194	剑叶盾蕨	*Neolepisorus ensatus*	水龙骨科	盾蕨属	无危（LC）			
195	宽剑叶盾蕨	*Neolepisorus ensatus* f. *platyphyllus*	水龙骨科	盾蕨属				
196	金鸡脚	*Selliguea hastata*	水龙骨科	假瘤蕨属				
197	掌裂假瘤蕨	*Selliguea digitata*	水龙骨科	假瘤蕨属	近危（NT）		是	
198	屋久假瘤蕨	*Selliguea yakushimensis*	水龙骨科	假瘤蕨属	无危（LC）			
199	恩氏假瘤蕨	*Selliguea engleri*	水龙骨科	假瘤蕨属	无危（LC）			
200	江南星蕨	*Neolepisorus fortunei*	水龙骨科	星蕨属	无危（LC）			
201	攀援星蕨	*Microsorium brachylepis*	水龙骨科	星蕨属				
202	龙头节肢蕨	*Arthromeris lungtauensis*	水龙骨科	节肢蕨属	无危（LC）			
203	水龙骨	*Polypodiodes nipponica*	水龙骨科	水龙骨属				
204	友水龙骨	*Polypodium amoena*	水龙骨科	水龙骨属	无危（LC）		是	
205	槲蕨	*Drynaria roosii*	槲蕨科	槲蕨属	无危（LC）			
206	红毛禾叶蕨	*Grammitis hirtella*	禾叶蕨科	禾叶蕨属				
207	中华剑蕨	*Loxogramme chinensis*	剑蕨科	剑蕨属	无危（LC）			
208	柳叶剑蕨	*Loxogramme salicifolia*	剑蕨科	剑蕨属	无危（LC）		是	
209	褐柄剑蕨	*Loxogramme duclouxii*	剑蕨科	剑蕨属	无危（LC）			
210	蘋	*Marsilea quadrifolia*	蘋科	蘋属	无危（LC）			
211	槐叶蘋	*Salvinia natans*	槐叶蘋科	槐叶蘋属	无危（LC）			
212	满江红	*Azolla pinnata* subsp. *asiatica*	满江红科	满江红属	无危（LC）			
213	银杏	*Ginkgo biloba*	银杏科	银杏属	极危（CR）	一级	是	
214	江南油杉	*Keteleeria fortunei* var. *cyclolepis*	松科	油杉属	无危（LC）	二级		
215	南方铁杉	*Tsuga chinensis*	松科	铁杉属				
216	华山松	*Pinus armandii*	松科	松属	无危（LC）			
217	黄山松	*Pinus taiwanensis*	松科	松属	无危（LC）		是	
218	马尾松	*Pinus massoniana*	松科	松属	无危（LC）		是	
219	金钱松	*Pseudolarix amabilis*	松科	金钱松属	易危（VU）	二级	是	
220	杉木	*Cunninghamia lanceolata*	杉科	杉木属				
221	柳杉	*Cryptomeria japonica* var. *sinensis*	杉科	柳杉属				
222	水杉	*Metasequoia glyptostroboides*	杉科	水杉属	濒危（EN）	一级	是	
223	福建柏	*Fokienia hodginsii*	柏科	福建柏属	易危（VU）	二级		
224	柏木	*Cupressus funebris*	柏科	柏木属	无危（LC）		是	
225	刺柏	*Juniperus formosana*	柏科	刺柏属	无危（LC）		是	

序号	中文名	学名	科名	属名	濒危等级	保护等级	中国特有种	外来入侵种
226	百日青	*Podocarpus neriifolius*	罗汉松科	罗汉松属	易危（VU）	二级		
227	罗汉松	*Podocarpus macrophyllus*	罗汉松科	罗汉松属	易危（VU）	二级		
228	三尖杉	*Cephalotaxus fortunei*	三尖杉科	三尖杉属	无危（LC）			
229	粗榧	*Cephalotaxus sinensis*	三尖杉科	三尖杉属	近危（NT）		是	
230	南方红豆杉	*Taxus wallichiana* var. *mairei*	红豆杉科	红豆杉属	易危（VU）	一级		
231	白豆杉	*Pseudotaxus chienii*	红豆杉科	白豆杉属	易危（VU）	二级	是	
232	榧树	*Torreya grandis*	红豆杉科	榧树属	无危（LC）	二级	是	
233	长叶榧树	*Torreya jackii*	红豆杉科	榧树属	易危（VU）	二级	是	
234	九龙山榧树	*Torreya grandis* var. *jiulongshanensis*	红豆杉科	榧树属	极危（CR）	二级	是	
235	鱼腥草	*Houttuynia cordata*	三白草科	蕺菜属				
236	白三叶	*Saururus chinensis*	三白草科	三白草属	无危（LC）			
237	山蒟	*Piper hancei*	胡椒科	胡椒属	无危（LC）		是	
238	草胡椒	*Peperomia pellucida*	胡椒科	草胡椒属				是
239	草珊瑚	*Sarcandra glabra*	金粟兰科	草珊瑚属	无危（LC）			
240	丝穗金粟花	*Chloranthus fortunei*	金粟兰科	金粟兰属	无危（LC）		是	
241	及己	*Chloranthus serratus*	金粟兰科	金粟兰属	无危（LC）			
242	宽叶金穗花	*Chloranthus henryi*	金粟兰科	金粟兰属	无危（LC）		是	
243	响叶杨	*Populus adenopoda*	杨柳科	杨属	无危（LC）		是	
244	垂柳	*Salix babylonica*	杨柳科	柳属	无危（LC）			
245	南川柳	*Salix rosthornii*	杨柳科	柳属	无危（LC）		是	
246	银叶柳	*Salix chienii*	杨柳科	柳属	无危（LC）		是	
247	粤柳	*Salix mesnyi*	杨柳科	柳属	无危（LC）		是	
248	长梗柳	*Salix dunnii*	杨柳科	柳属	无危（LC）		是	
249	杨梅	*Myrica rubra*	杨梅科	杨梅属	无危（LC）			
250	化香树	*Platycarya strobilacea*	胡桃科	化香树属	无危（LC）			
251	少叶黄杞	*Engelhardia roxburghiana*	胡桃科	烟包树属	无危（LC）			
252	枫杨	*Pterocarya stenoptera*	胡桃科	枫杨属				
253	华西枫杨	*Pterocarya macroptera* var. *insignis*	胡桃科	枫杨属	无危（LC）		是	
254	青钱柳	*Cyclocarya paliurus*	胡桃科	青钱柳属	无危（LC）		是	
255	华东野核桃	*Juglans cathayensis* var. *formosana*	胡桃科	胡桃属				
256	亮叶桦	*Betula luminifera*	桦木科	桦木属	无危（LC）		是	
257	江南桤木	*Alnus trabeculosa*	桦木科	桤木属	无危（LC）			
258	雷公鹅耳枥	*Carpinus viminea*	桦木科	鹅耳枥属	无危（LC）			
259	短尾鹅耳枥	*Carpinus londoniana*	桦木科	鹅耳枥属	无危（LC）			
260	多脉鹅耳枥	*Carpinus polyneura*	桦木科	鹅耳枥属	无危（LC）		是	
261	水青冈	*Fagus longipetiolata*	壳斗科	水青冈属	无危（LC）			

序号	中文名	学名	科名	属名	濒危等级	保护等级	中国特有种	外来入侵种
262	米心水青冈	*Fagus engleriana*	壳斗科	水青冈属	无危（LC）		是	
263	亮叶水青冈	*Fagus lucida*	壳斗科	水青冈属	无危（LC）		是	
264	板栗	*Castanea mollissima*	壳斗科	栗属				
265	茅栗	*Castanea seguinii*	壳斗科	栗属				
266	锥栗	*Castanea henryi*	壳斗科	栗属				
267	苦槠	*Castanopsis sclerophylla*	壳斗科	锥属	无危（LC）		是	
268	米槠	*Castanopsis carlesii*	壳斗科	锥属				
269	钩栗	*Castanopsis tibetana*	壳斗科	锥属	无危（LC）		是	
270	乌楣栲	*Castanopsis jucunda*	壳斗科	锥属	无危（LC）			
271	甜槠	*Castanopsis eyrei*	壳斗科	锥属	无危（LC）		是	
272	栲树	*Castanopsis fargesii*	壳斗科	锥属	无危（LC）		是	
273	罗浮栲	*Castanopsis faberi*	壳斗科	锥属	无危（LC）			
274	南岭栲	*Castanopsis fordii*	壳斗科	锥属	无危（LC）		是	
275	石栎	*Lithocarpus glaber*	壳斗科	石栎属	无危（LC）			
276	包石栎	*Lithocarpus cleistocarpus*	壳斗科	石栎属				
277	硬斗石栎	*Lithocarpus hancei*	壳斗科	石栎属	无危（LC）		是	
278	多穗石栎	*Lithocarpus polystachyus*	壳斗科	石栎属				
279	东南石栎	*Lithocarpus brevicaudatus*	壳斗科	石栎属	无危（LC）		是	
280	菱果柯	*Lithocarpus taitoensis*	壳斗科	石栎属	无危（LC）		是	
281	巴东栎	*Quercus engleriana*	壳斗科	栎属	无危（LC）		是	
282	乌冈栎	*Quercus phillyreoides*	壳斗科	栎属	无危（LC）			
283	栓皮栎	*Quercus variabilis*	壳斗科	栎属	无危（LC）			
284	麻栎	*Quercus acutissima*	壳斗科	栎属				
285	锐齿槲栎	*Quercus aliena* var. *acutiserrata*	壳斗科	栎属	无危（LC）			
286	短柄枹	*Quercus serrata*	壳斗科	栎属	无危（LC）			
287	白栎	*Quercus fabri*	壳斗科	栎属	无危（LC）		是	
288	云山青冈	*Cyclobalanopsis sessilifolia*	壳斗科	青冈属	无危（LC）			
289	青冈栎	*Cyclobalanopsis glauca*	壳斗科	青冈属	无危（LC）			
290	褐叶青冈	*Cyclobalanopsis stewardiana*	壳斗科	青冈属	无危（LC）		是	
291	细叶青冈	*Cyclobalanopsis gracilis*	壳斗科	青冈属	无危（LC）		是	
292	多脉青冈	*Cyclobalanopsis multinervis*	壳斗科	青冈属	无危（LC）		是	
293	小叶青冈	*Cyclobalanopsis myrsinifolia*	壳斗科	青冈属				
294	赤皮青冈	*Cyclobalanopsis gilva*	壳斗科	青冈属	无危（LC）			
295	长序榆	*Ulmus elongata*	榆科	榆属	濒危（EN）	二级	是	
296	多脉榆	*Ulmus castaneifolia*	榆科	榆属	无危（LC）		是	
297	杭州榆	*Ulmus changii*	榆科	榆属	无危（LC）		是	

序号	中文名	学名	科名	属名	濒危等级	保护等级	中国特有种	外来入侵种
298	兴山榆	*Ulmus bergmanniana*	榆科	榆属	无危（LC）		是	
299	红果榆	*Ulmus szechuanica*	榆科	榆属	无危（LC）		是	
300	榔榆	*Ulmus parvifolia*	榆科	榆属	无危（LC）			
301	榉树	*Zelkova schneideriana*	榆科	榉属	无危（LC）	二级		
302	光叶榉	*Zelkova serrata*	榆科	榉属	无危（LC）			
303	糙叶树	*Aphananthe aspera*	榆科	糙叶树属	无危（LC）			
304	山油麻	*Trema cannabina* var. *dielsiana*	榆科	山黄麻属	无危（LC）		是	
305	珊瑚朴	*Celtis julianae*	榆科	朴属	无危（LC）		是	
306	西川朴	*Celtis vanderoetiana*	榆科	朴属	无危（LC）		是	
307	紫弹树	*Celtis biondii*	榆科	朴属	无危（LC）			
308	朴树	*Celtis sinensis*	榆科	朴属	无危（LC）			
309	鸡桑	*Morus australis*	桑科	桑属	无危（LC）			
310	华桑	*Morus cathayana*	桑科	桑属	无危（LC）			
311	构树	*Broussonetia papyrifera*	桑科	构属	无危（LC）			
312	小构树	*Broussonetia kazinoki*	桑科	构属	无危（LC）			
313	藤葡蟠	*Broussonetia kaempferi*	桑科	构属				
314	柘	*Maclura tricuspidata*	桑科	橙桑属				
315	葨芝	*Maclura cochinchinensis*	桑科	橙桑属	无危（LC）			
316	异叶榕	*Ficus heteromorpha*	桑科	榕属	无危（LC）			
317	台湾榕	*Ficus formosana*	桑科	榕属	无危（LC）			
318	狭叶台湾榕	*Ficus formosana* f. *shimadai*	桑科	榕属				
319	琴叶榕	*Ficus pandurata*	桑科	榕属	无危（LC）			
320	全叶榕	*Ficus pandurata* var. *holophylla*	桑科	榕属				
321	条叶榕	*Ficus pandurata* var. *angustifolia*	桑科	榕属				
322	矮小天仙果	*Ficus erecta*	桑科	榕属	无危（LC）			
323	薜荔	*Ficus pumila*	桑科	榕属	无危（LC）			
324	爬藤榕	*Ficus sarmentosa* var. *impressa*	桑科	榕属	无危（LC）			
325	珍珠莲	*Ficus sarmentosa* var. *henryi*	桑科	榕属	无危（LC）		是	
326	白背爬藤榕	*Ficus sarmentosa* var. *nipponica*	桑科	榕属	无危（LC）			
327	桑草	*Fatoua pilosa*	桑科	水蛇麻属	无危（LC）			
328	水蛇麻	*Fatoua villosa*	桑科	水蛇麻属				
329	葎草	*Humulus scandens*	桑科	葎草属				
330	毛花点草	*Nanocnide lobata*	荨麻科	花点草属				
331	珠芽艾麻	*Laportea bulbifera*	荨麻科	艾麻属	无危（LC）			
332	透茎冷水花	*Pilea pumila*	荨麻科	冷水花属				
333	闽北冷水花	*Pilea verrucosa* var. *fujianensis*	荨麻科	冷水花属	易危（VU）		是	

序号	中文名	学名	科名	属名	濒危等级	保护等级	中国特有种	外来入侵种
334	小叶冷水花	*Pilea microphylla*	荨麻科	冷水花属	无危（LC）			是
335	冷水花	*Pilea notata*	荨麻科	冷水花属				
336	粗齿冷水花	*Pilea sinofasciata*	荨麻科	冷水花属	无危（LC）			
337	齿叶矮冷水花	*Pilea peploides* var. *major*	荨麻科	冷水花属				
338	三角叶冷水花	*Pilea swinglei*	荨麻科	冷水花属	无危（LC）			
339	京都冷水花	*Pilea kiotensis*	荨麻科	冷水花属				
340	波缘冷水花	*Pilea cavaleriei*	荨麻科	冷水花属				
341	赤车	*Pellionia radicans*	荨麻科	赤车属	无危（LC）			
342	山椒草	*Pellionia minima*	荨麻科	赤车属				
343	曲毛赤车	*Pellionia retrohispida*	荨麻科	赤车属	无危（LC）		是	
344	蔓赤车	*Pellionia scabra*	荨麻科	赤车属	无危（LC）			
345	钝叶楼梯草	*Elatostema obtusum*	荨麻科	楼梯草属	无危（LC）			
346	庐山楼梯草	*Elatostema stewardii*	荨麻科	楼梯草属	无危（LC）		是	
347	伏毛苎麻	*Boehmeria nivea* var. *nipononiver*	荨麻科	苎麻属				
348	序叶苎麻	*Boehmeria clidemioides* var. *diffusa*	荨麻科	苎麻属	无危（LC）			
349	海岛苎麻	*Boehmeria formosana*	荨麻科	苎麻属	无危（LC）			
350	青叶苎麻	*Boehmeria nivea* var. *tenacissima*	荨麻科	苎麻属	无危（LC）			
351	大叶苎麻	*Boehmeria longispica*	荨麻科	苎麻属				
352	苎麻	*Boehmeria nivea*	荨麻科	苎麻属	无危（LC）			
353	野线麻	*Boehmeria japonica*	荨麻科	苎麻属	无危（LC）			
354	悬铃木叶苎麻	*Boehmeria tricuspis*	荨麻科	苎麻属	无危（LC）			
355	小赤麻	*Boehmeria spicata*	荨麻科	苎麻属				
356	雾水葛	*Pouzolzia zeylanica*	荨麻科	雾水葛属				
357	糯米团	*Gonostegia hirta*	荨麻科	糯米团属				
358	紫麻	*Oreocnide frutescens*	荨麻科	紫麻属	无危（LC）			
359	杜仲	*Eucommia ulmoides*	杜仲科	杜仲属	易危（VU）		是	
360	红叶树	*Helicia cochinchinensis*	山龙眼科	山龙眼属	无危（LC）			
361	青皮木	*Schoepfia jasminodora*	青皮木科	青皮木属	无危（LC）			
362	百蕊草	*Thesium chinense*	檀香科	百蕊草属				
363	椆树桑寄生	*Loranthus delavayi*	桑寄生科	桑寄生属	无危（LC）			
364	华东松寄生	*Taxillus kaempferi*	桑寄生科	钝果寄生属				
365	锈毛寄生	*Taxillus levinei*	桑寄生科	钝果寄生属	无危（LC）		是	
366	槲寄生	*Viscum coloratum*	桑寄生科	槲寄生属				
367	棱枝槲寄生	*Viscum diospyrosicola*	桑寄生科	槲寄生属	无危（LC）		是	
368	木香马兜铃	*Aristolochia moupinensis*	马兜铃科	马兜铃属				
369	大叶马兜铃	*Aristolochia kaempferi*	马兜铃科	马兜铃属	无危（LC）			

序号	中文名	学名	科名	属名	濒危等级	保护等级	中国特有种	外来入侵种
370	马兜铃	*Aristolochia debilis*	马兜铃科	马兜铃属				
371	管花马兜铃	*Aristolochia tubiflora*	马兜铃科	马兜铃属	无危（LC）		是	
372	尾花细辛	*Asarum caudigerum*	马兜铃科	细辛属	无危（LC）			
373	马蹄细辛	*Asarum ichangense*	马兜铃科	细辛属	无危（LC）		是	
374	福建细辛	*Asarum fukienense*	马兜铃科	细辛属	无危（LC）		是	
375	杯茎蛇菰	*Balanophora subcupularis*	蛇菰科	蛇菰属	数据缺乏（DD）		是	
376	金线草	*Antenoron filiforme*	蓼科	金线草属	无危（LC）			
377	短毛金线草	*Antenoron filiforme* var. *neofiliforme*	蓼科	金线草属	无危（LC）		是	
378	野荞麦	*Fagopyrum dibotrys*	蓼科	荞麦属	无危（LC）	二级		
379	何首乌	*Fallopia multiflora*	蓼科	何首乌属	无危（LC）			
380	蓼子草	*Polygonum criopolitanum*	蓼科	蓼属				
381	尼泊尔蓼	*Polygonum nepalense*	蓼科	蓼属				
382	荭草	*Polygonum orientale*	蓼科	蓼属				
383	粘毛蓼	*Polygonum viscosum*	蓼科	蓼属				
384	粘液蓼	*Polygonum viscoferum*	蓼科	蓼属				
385	酸模叶蓼	*Polygonum lapathifolium*	蓼科	蓼属				
386	暗子蓼	*Polygonum persicaria* var. *opacum*	蓼科	蓼属	无危（LC）		是	
387	春蓼	*Polygonum persicaria*	蓼科	蓼属				
388	绵毛酸模叶蓼	*Polygonum lapathifolium* var. *salicifolium*	蓼科	蓼属				
389	蚕茧草	*Polygonum japonicum*	蓼科	蓼属				
390	水蓼	*Polygonum hydropiper*	蓼科	蓼属				
391	无辣蓼	*Polygonum pubescens*	蓼科	蓼属				
392	显花蓼	*Polygonum japonicum* var. *conspicuum*	蓼科	蓼属				
393	愉悦蓼	*Polygonum jucundum*	蓼科	蓼属				
394	丛枝蓼	*Polygonum posumbu*	蓼科	蓼属				
395	马蓼	*Polygonum longisetum*	蓼科	蓼属				
396	支持蓼	*Polygonum suffultum*	蓼科	蓼属				
397	火炭母	*Polygonum chinense*	蓼科	蓼属				
398	萹蓄	*Polygonum aviculare*	蓼科	蓼属				
399	长箭叶蓼	*Polygonum hastatosagittatum*	蓼科	蓼属				
400	杠板归	*Polygonum perfoliatum*	蓼科	蓼属				
401	刺蓼	*Polygonum senticosum*	蓼科	蓼属				
402	稀花蓼	*Polygonum dissitiflorum*	蓼科	蓼属				
403	戟叶蓼	*Polygonum thunbergii*	蓼科	蓼属				

序号	中文名	学名	科名	属名	濒危等级	保护等级	中国特有种	外来入侵种
404	箭叶蓼	*Polygonum sieboldii*	蓼科	蓼属				
405	中华蓼	*Polygonum amplexicaule* var. *sinense*	蓼科	蓼属	无危（LC）			
406	小花蓼	*Polygonum muricatum*	蓼科	蓼属	无危（LC）			
407	微叶蓼	*Polygonum minutissimum*	蓼科	蓼属	无危（LC）		是	
408	虎杖	*Reynoutria japonica*	蓼科	虎杖属				
409	酸模	*Rumex acetosa*	蓼科	酸模属				
410	羊蹄	*Rumex japonicus*	蓼科	酸模属				
411	齿果酸模	*Rumex dentatus*	蓼科	酸模属				
412	小藜	*Chenopodium ficifolium*	藜科	藜属	无危（LC）			是
413	土荆芥	*Chenopodium ambrosioides*	藜科	藜属				是
414	藜	*Chenopodium album*	藜科	藜属	无危（LC）			
415	红心藜	*Chenopodium album* var. *centrorubrum*	藜科	藜属				
416	地肤	*Kochia scoparia*	藜科	地肤属				
417	青葙	*Celosia argentea*	苋科	青葙属				是
418	刺苋	*Amaranthus spinosus*	苋科	苋属				是
419	皱果苋	*Amaranthus viridis*	苋科	苋属				是
420	凹头苋	*Amaranthus blitum*	苋科	苋属				是
421	反枝苋	*Amaranthus retroflexus*	苋科	苋属				是
422	繁穗苋	*Amaranthus caudatus*	苋科	苋属				是
423	绿穗苋	*Amaranthus hybridus*	苋科	苋属				是
424	苋	*Amaranthus tricolor*	苋科	苋属				是
425	牛膝	*Achyranthes bidentata*	苋科	牛膝属				
426	柳叶牛膝	*Achyranthes longifolia*	苋科	牛膝属	无危（LC）			
427	红柳叶牛膝	*Achyranthes longifolia* f. *rubra*	苋科	牛膝属				
428	莲子草	*Alternanthera sessilis*	苋科	莲子草属				
429	喜旱莲子草	*Alternanthera philoxeroides*	苋科	莲子草属				是
430	紫茉莉	*Mirabilis jalapa*	紫茉莉科	紫茉莉属				是
431	商陆	*Phytolacca acinosa*	商陆科	商陆属				
432	美洲商陆	*Phytolacca americana*	商陆科	商陆属				是
433	粟米草	*Mollugo stricta*	番杏科	粟米草属				
434	马齿苋	*Portulaca oleracea*	马齿苋科	马齿苋属				
435	土人参	*Talinum paniculatum*	马齿苋科	土人参属				是
436	落葵薯	*Anredera cordifolia*	落葵科	落葵薯属				是
437	繁缕	*Stellaria media*	石竹科	繁缕属	无危（LC）			
438	无瓣繁缕	*Stellaria pallida*	石竹科	繁缕属				是

序号	中文名	学名	科名	属名	濒危等级	保护等级	中国特有种	外来入侵种
439	雀舌草	*Stellaria uliginosa*	石竹科	繁缕属				
440	牛繁缕	*Malachium aquaticum*	石竹科	鹅肠菜属				
441	球序卷耳	*Cerastium glomeratum*	石竹科	卷耳属	无危（LC）			是
442	簇生卷耳	*Cerastium fontanum* subsp. *vulgare*	石竹科	卷耳属	无危（LC）			
443	箐姑草	*Stellaria vestita*	石竹科	繁缕属	无危（LC）			
444	漆姑草	*Sagina japonica*	石竹科	漆姑草属	无危（LC）			
445	蚤缀	*Arenaria serpyllifolia*	石竹科	无心菜属	无危（LC）			
446	剪秋罗	*Lychnis senno*	石竹科	剪秋罗属	无危（LC）			
447	女娄菜	*Silene aprica*	石竹科	蝇子草属	无危（LC）			
448	麦瓶草	*Silene conoidea*	石竹科	蝇子草属	无危（LC）			
449	蝇子草	*Silene fortunei*	石竹科	蝇子草属	无危（LC）		是	
450	瞿麦	*Dianthus superbus*	石竹科	石竹属	无危（LC）			
451	鹅肠菜	*Myosoton aquaticum*	石竹科	鹅肠菜属				是
452	芡实	*Euryale ferox*	睡莲科	芡属	无危（LC）			
453	莼菜	*Brasenia schreberi*	莼菜科	莼菜属	极危（CR）	二级		
454	金鱼藻	*Ceratophyllum demersum*	金鱼藻科	金鱼藻属	无危（LC）			
455	领春木	*Euptelea pleiosperma*	领春木科	领春木属	无危（LC）			
456	连香树	*Cercidiphyllum japonicum*	连香树科	连香树属	无危（LC）	二级		
457	赣皖乌头	*Aconitum finetianum*	毛茛科	乌头属	无危（LC）		是	
458	还亮草	*Delphinium anthriscifolium*	毛茛科	翠雀属	无危（LC）			
459	小升麻	*Cimicifuga japonica*	毛茛科	升麻属	无危（LC）			
460	人字果	*Dichocarpum sutchuenense*	毛茛科	人字果属	无危（LC）		是	
461	短萼黄连	*Coptis chinensis* var. *brevisepala*	毛茛科	黄连属	濒危（EN）	二级	是	
462	天葵	*Semiaquilegia adoxoides*	毛茛科	天葵属				
463	钩柱毛茛	*Ranunculus silerifolius*	毛茛科	毛茛属	无危（LC）			
464	毛茛	*Ranunculus japonicus*	毛茛科	毛茛属				
465	禺毛茛	*Ranunculus cantoniensis*	毛茛科	毛茛属				
466	茴茴蒜	*Ranunculus chinensis*	毛茛科	毛茛属				
467	扬子毛茛	*Ranunculus sieboldii*	毛茛科	毛茛属				
468	猫爪草	*Ranunculus ternatus*	毛茛科	毛茛属	无危（LC）			
469	石龙芮	*Ranunculus sceleratus*	毛茛科	毛茛属				
470	刺果毛茛	*Ranunculus muricatus*	毛茛科	毛茛属				是
471	尖叶唐松草	*Thalictrum acutifolium*	毛茛科	唐松草属	近危（NT）		是	
472	大叶唐松草	*Thalictrum faberi*	毛茛科	唐松草属	无危（LC）		是	
473	华东唐松草	*Thalictrum fortunei*	毛茛科	唐松草属	近危（NT）		是	
474	爪哇唐松草	*Thalictrum javanicum*	毛茛科	唐松草属	无危（LC）			

序号	中文名	学名	科名	属名	濒危等级	保护等级	中国特有种	外来入侵种
475	鹅掌草	*Anemone flaccida*	毛茛科	银莲花属	无危（LC）			
476	秋牡丹	*Anemone hupehensis* var. *japonica*	毛茛科	银莲花属	无危（LC）			
477	单叶铁线莲	*Clematis henryi*	毛茛科	铁线莲属	无危（LC）		是	
478	柱果铁线莲	*Clematis uncinata*	毛茛科	铁线莲属	无危（LC）			
479	女萎	*Clematis apiifolia*	毛茛科	铁线莲属	无危（LC）			
480	毛蕊铁线莲	*Clematis lasiandra*	毛茛科	铁线莲属	无危（LC）			
481	粗齿铁线莲	*Clematis grandidentata*	毛茛科	铁线莲属	无危（LC）		是	
482	扬子铁线莲	*Clematis puberula* var. *ganpiniana*	毛茛科	铁线莲属	无危（LC）		是	
483	浙江山木通	*Clematis chekiangensis*	毛茛科	铁线莲属	无危（LC）		是	
484	山木通	*Clematis finetiana*	毛茛科	铁线莲属				
485	舟柄铁线莲	*Clematis dilatata*	毛茛科	铁线莲属	近危（NT）		是	
486	毛柱铁线莲	*Clematis meyeniana*	毛茛科	铁线莲属	无危（LC）			
487	圆锥铁线莲	*Clematis terniflora*	毛茛科	铁线莲属	无危（LC）			
488	乌头	*Aconitum carmichaelii*	毛茛科	乌头属				
489	木通	*Akebia quinata*	木通科	木通属	无危（LC）			
490	三叶木通	*Akebia trifoliata*	木通科	木通属	无危（LC）			
491	白木通	*Akebia trifoliata* subsp. *australis*	木通科	木通属	无危（LC）		是	
492	鹰爪枫	*Holboellia coriacea*	木通科	八月瓜属	无危（LC）		是	
493	显脉野木瓜	*Stauntonia conspicua*	木通科	野木瓜属	无危（LC）		是	
494	倒卵叶野木瓜	*Stauntonia obovata*	木通科	野木瓜属	无危（LC）		是	
495	短药野木瓜	*Stauntonia leucantha*	木通科	野木瓜属				
496	尾叶那藤	*Stauntonia obovatifoliola* subsp. *urophylla*	木通科	野木瓜属				
497	大血藤	*Sargentodoxa cuneata*	木通科	大血藤属	无危（LC）			
498	猫儿屎	*Decaisnea insignis*	木通科	猫儿屎属	无危（LC）			
499	阔叶十大功劳	*Mahonia bealei*	小檗科	十大功劳属				
500	小果十大功劳	*Mahonia bodinieri*	小檗科	十大功劳属	无危（LC）		是	
501	南天竹	*Nandina domestica*	小檗科	南天竹属				
502	长柱小檗	*Berberis lempergiana*	小檗科	小檗属	无危（LC）		是	
503	假豪猪刺	*Berberis soulieana*	小檗科	小檗属	无危（LC）		是	
504	箭叶淫羊藿	*Epimedium sagittatum*	小檗科	淫羊藿属	近危（NT）		是	
505	淫羊藿	*Epimedium koreanum*	小檗科	淫羊藿属	近危（NT）		是	
506	八角莲	*Dysosma versipellis*	小檗科	鬼臼属	易危（VU）	二级	是	
507	六角莲	*Dysosma pleiantha*	小檗科	鬼臼属	近危（NT）	二级	是	
508	千金藤	*Stephania japonica*	防己科	千金藤属				
509	粉防己	*Stephania tetrandra*	防己科	千金藤属	无危（LC）		是	

序号	中文名	学名	科名	属名	濒危等级	保护等级	中国特有种	外来入侵种
510	金线吊乌龟	*Stephania cephalantha*	防己科	千金藤属				
511	木防己	*Cocculus orbiculatus*	防己科	木防己属				
512	蝙蝠葛	*Menispermum dauricum*	防己科	蝙蝠葛属	无危（LC）			
513	防己	*Sinomenium acutum*	防己科	风龙属	无危（LC）			
514	轮环藤	*Cyclea racemosa*	防己科	轮环藤属	无危（LC）		是	
515	汉防己	*Sinomenium acutum* var. *cinereum*	防己科	风龙属				
516	秤钩风	*Diploclisia affinis*	防己科	秤钩风属	无危（LC）		是	
517	木莲	*Manglietia fordiana*	木兰科	木莲属	无危（LC）			
518	厚朴	*Houpoea officinalis*	木兰科	厚朴属	无危（LC）	二级	是	
519	天女花	*Oyama sieboldii*	木兰科	天女花属	近危（NT）			
520	玉兰	*Yulania denudata*	木兰科	玉兰属	近危（NT）		是	
521	黄山木兰	*Yulania cylindrica*	木兰科	玉兰属	无危（LC）		是	
522	乐东拟单性木兰	*Parakmeria lotungensis*	木兰科	拟单性木兰属	易危（VU）		是	
523	深山含笑	*Michelia maudiae*	木兰科	含笑属	无危（LC）		是	
524	野含笑	*Michelia skinneriana*	木兰科	含笑属	无危（LC）		是	
525	鹅掌楸	*Liriodendron chinense*	木兰科	鹅掌楸属	无危（LC）	二级		
526	南五味子	*Kadsura longipedunculata*	五味子科	南五味子属	无危（LC）		是	
527	华中五味子	*Schisandra sphenanthera*	五味子科	五味子属	数据缺乏（DD）		是	
528	绿叶五味子	*Schisandra arisanensis* subsp. *viridis*	五味子科	五味子属				
529	翼梗五味子	*Schisandra henryi*	五味子科	五味子属	无危（LC）			
530	假地枫皮	*Illicium jiadifengpi*	五味子科	八角属	无危（LC）		是	
531	披针叶茴香	*Illicium lanceolatum*	五味子科	八角属	无危（LC）		是	
532	柳叶蜡梅	*Chimonanthus salicifolius*	蜡梅科	蜡梅属	近危（NT）		是	
533	山蜡梅	*Chimonanthus nitens*	蜡梅科	蜡梅属	无危（LC）		是	
534	樟树	*Cinnamomum camphora*	樟科	樟属	无危（LC）			
535	浙江樟	*Cinnamomum chekiangense*	樟科	樟属				
536	细叶香桂	*Cinnamomum subavenium*	樟科	樟属	无危（LC）			
537	华南樟	*Cinnamomum austrosinense*	樟科	樟属	无危（LC）		是	
538	红楠	*Machilus thunbergii*	樟科	润楠属	无危（LC）			
539	凤凰润楠	*Machilus phoenicis*	樟科	润楠属	无危（LC）		是	
540	薄叶润楠	*Machilus leptophylla*	樟科	润楠属	无危（LC）		是	
541	浙江润楠	*Machilus chekiangensis*	樟科	润楠属	近危（NT）		是	
542	木姜润楠	*Machilus litseifolia*	樟科	润楠属	无危（LC）		是	
543	刨花楠	*Machilus pauhoi*	樟科	润楠属	无危（LC）		是	

序号	中文名	学名	科名	属名	濒危等级	保护等级	中国特有种	外来入侵种
544	绒毛润楠	*Machilus velutina*	樟科	润楠属	无危（LC）			
545	黄绒润楠	*Machilus grijsii*	樟科	润楠属	无危（LC）			
546	建楠	*Machilus oreophila*	樟科	润楠属	无危（LC）		是	
547	黄枝润楠	*Machilus versicolora*	樟科	润楠属	无危（LC）		是	
548	紫楠	*Phoebe sheareri*	樟科	楠属	无危（LC）			
549	闽楠	*Phoebe bournei*	樟科	楠属	易危（VU）	二级	是	
550	檫木	*Sassafras tzumu*	樟科	檫木属				
551	浙江新木姜子	*Neolitsea aurata* var. *chekiangensis*	樟科	新木姜子属	无危（LC）		是	
552	浙闽新木姜子	*Neolitsea aurata* var. *undulatula*	樟科	新木姜子属	无危（LC）		是	
553	云和新木姜子	*Neolitsea aurata* var. *paraciculata*	樟科	新木姜子属	无危（LC）		是	
554	山鸡椒	*Litsea cubeba*	樟科	木姜子属	无危（LC）			
555	木姜子	*Litsea pungens*	樟科	木姜子属	无危（LC）		是	
556	豹皮樟	*Litsea coreana* var. *sinensis*	樟科	木姜子属	无危（LC）		是	
557	毛豹皮樟	*Litsea coreana* var. *lanuginosa*	樟科	木姜子属	无危（LC）		是	
558	黄丹木姜子	*Litsea elongata*	樟科	木姜子属	无危（LC）			
559	香叶树	*Lindera communis*	樟科	山胡椒属	无危（LC）			
560	乌药	*Lindera aggregata*	樟科	山胡椒属	无危（LC）			
561	三桠乌药	*Lindera obtusiloba*	樟科	山胡椒属	无危（LC）			
562	山橿	*Lindera reflexa*	樟科	山胡椒属	无危（LC）		是	
563	绿叶甘橿	*Lindera neesiana*	樟科	山胡椒属	无危（LC）			
564	红脉钓樟	*Lindera rubronervia*	樟科	山胡椒属	无危（LC）		是	
565	红果钓樟	*Lindera erythrocarpa*	樟科	山胡椒属	无危（LC）			
566	山胡椒	*Lindera glauca*	樟科	山胡椒属	无危（LC）			
567	狭叶山胡椒	*Lindera angustifolia*	樟科	山胡椒属	无危（LC）			
568	血水草	*Eomecon chionantha*	罂粟科	血水草属	无危（LC）		是	
569	博落回	*Macleaya cordata*	罂粟科	博落回属				
570	刻叶紫堇	*Corydalis incisa*	罂粟科	紫堇属	无危（LC）			
571	珠果黄堇	*Corydalis speciosa*	罂粟科	紫堇属	无危（LC）			
572	伏生紫堇	*Corydalis decumbens*	罂粟科	紫堇属				
573	台湾黄堇	*Corydalis balansae*	罂粟科	紫堇属	无危（LC）			
574	小花黄堇	*Corydalis racemosa*	罂粟科	紫堇属				
575	地锦苗	*Corydalis sheareri*	罂粟科	紫堇属	无危（LC）			
576	黄堇	*Corydalis pallida*	罂粟科	紫堇属				
577	浙江黄堇	*Corydalis pallida* var. *zhejianggensis*	罂粟科	紫堇属				
578	白花菜	*Gynandropsis gynandra*	白花菜科	白花菜属				
579	臭荠	*Lepidium didymum*	十字花科	独行菜属	无危（LC）			是

序号	中文名	学名	科名	属名	濒危等级	保护等级	中国特有种	外来入侵种
580	独行菜	*Lepidium apetalum*	十字花科	独行菜属	无危（LC）			
581	北美独行菜	*Lepidium virginicum*	十字花科	独行菜属	无危（LC）			是
582	荠	*Capsella bursa-pastoris*	十字花科	荠属	无危（LC）			是
583	弹裂碎米荠	*Cardamine impatiens*	十字花科	碎米荠属				
584	毛果碎米荠	*Cardamine impatiens* var. *dasycarpa*	十字花科	碎米荠属				
585	碎米荠	*Cardamine hirsuta*	十字花科	碎米荠属				
586	弯曲碎米荠	*Cardamine flexuosa*	十字花科	碎米荠属				是
587	假弯曲碎米荠	*Cardamine flexuosa* var. *fallax*	十字花科	碎米荠属				
588	山萮菜	*Eutrema yunnanense*	十字花科	山萮菜属	无危（LC）		是	
589	葶苈	*Draba nemorosa*	十字花科	葶苈属	无危（LC）			
590	豆瓣菜	*Nasturtium officinale*	十字花科	豆瓣菜属	无危（LC）			是
591	蔊菜	*Rorippa indica*	十字花科	蔊菜属	无危（LC）			
592	棒毛荠	*Yinshania fumarioides*	十字花科	阴山荠属	无危（LC）		是	
593	利川阴山荠	*Yinshania lichuanensis*	十字花科	阴山荠属	无危（LC）		是	
594	伯乐树	*Bretschneidera sinensis*	叠珠树科	伯乐树属	近危（NT）	二级		
595	圆叶茅膏菜	*Drosera rotundifolia*	茅膏菜科	茅膏菜属	无危（LC）			
596	茅膏菜	*Drosera peltata*	茅膏菜科	茅膏菜属	无危（LC）			
597	光萼茅膏菜	*Drosera peltata* var. *glabrata*	茅膏菜科	茅膏菜属				
598	费菜	*Phedimus aizoon*	景天科	费菜属	无危（LC）			
599	宽叶费菜	*Phedimus aizoon* var. *latifolius*	景天科	费菜属	无危（LC）			
600	大叶火焰草	*Sedum drymarioides*	景天科	景天属	无危（LC）			
601	藓状景天	*Sedum polytrichoides*	景天科	景天属	无危（LC）			
602	九龙山景天	*Sedum jiulungshanense*	景天科	景天属	近危（NT）		是	
603	垂盆草	*Sedum sarmentosum*	景天科	景天属	无危（LC）			
604	珠芽景天	*Sedum bulbiferum*	景天科	景天属				
605	东南景天	*Sedum alfredii*	景天科	景天属				
606	日本景天	*Sedum japonicum*	景天科	景天属	无危（LC）			
607	圆叶景天	*Sedum makinoi*	景天科	景天属	无危（LC）			
608	佛甲草	*Sedum lineare*	景天科	景天属				
609	凹叶景天	*Sedum emarginatum*	景天科	景天属				
610	天目山景天	*Sedum tianmushanense*	景天科	景天属	无危（LC）		是	
611	落新妇	*Astilbe chinensis*	虎耳草科	落新妇属				
612	大落新妇	*Astilbe grandis*	虎耳草科	落新妇属	无危（LC）			
613	大果落新妇	*Astilbe macrocarpa*	虎耳草科	落新妇属	无危（LC）		是	
614	黄水枝	*Tiarella polyphylla*	虎耳草科	黄水枝属	无危（LC）			
615	大叶金腰	*Chrysosplenium macrophyllum*	虎耳草科	金腰属	无危（LC）		是	

序号	中文名	学名	科名	属名	濒危等级	保护等级	中国特有种	外来入侵种
616	柔毛金腰	*Chrysosplenium pilosum* var. *valdepilosum*	虎耳草科	金腰属	无危（LC）			
617	肾萼金腰	*Chrysosplenium delavayi*	虎耳草科	金腰属	无危（LC）			
618	绵毛金腰	*Chrysosplenium lanuginosum*	虎耳草科	金腰属	无危（LC）			
619	涧边草	*Peltoboykinia tellimoides*	虎耳草科	涧边草属	无危（LC）			
620	虎耳草	*Saxifraga stolonifera*	虎耳草科	虎耳草属	无危（LC）			
621	浙江虎耳草	*Saxifraga rufescens* var. *flabellifolia*	虎耳草科	虎耳草属	无危（LC）		是	
622	蛛网萼	*Platycrater arguta*	虎耳草科	蛛网萼属	无危（LC）	二级		
623	小齿钻地风	*Schizophragma integrifolium* f. *denticulatum*	虎耳草科	钻地风属				
624	柔毛钻地风	*Schizophragma molle*	虎耳草科	钻地风属	无危（LC）		是	
625	钻地风	*Schizophragma integrifolium*	虎耳草科	钻地风属	无危（LC）		是	
626	圆锥绣球	*Hydrangea paniculata*	虎耳草科	绣球属	无危（LC）			
627	江西绣球	*Hydrangea jiangxiensis*	虎耳草科	绣球属				
628	中国绣球	*Hydrangea chinensis*	虎耳草科	绣球属	无危（LC）			
629	粗枝绣球	*Hydrangea robusta*	虎耳草科	绣球属	无危（LC）			
630	泽绣球	*Hydrangea serrata* f. *acuminata*	虎耳草科	绣球属				
631	冠盖绣球	*Hydrangea anomala*	虎耳草科	绣球属	无危（LC）			
632	冠盖藤	*Pileostegia viburnoides*	虎耳草科	冠盖藤属	无危（LC）			
633	长江溲疏	*Deutzia schneideriana*	虎耳草科	溲疏属	无危（LC）		是	
634	宁波溲疏	*Deutzia ningpoensis*	虎耳草科	溲疏属	无危（LC）		是	
635	溲疏	*Deutzia scabra*	虎耳草科	溲疏属				
636	疏花山梅花	*Philadelphus laxiflorus*	虎耳草科	山梅花属	无危（LC）		是	
637	绢毛山梅花	*Philadelphus sericanthus*	虎耳草科	山梅花属	无危（LC）		是	
638	矩形叶鼠刺	*Itea omeiensis*	虎耳草科	鼠刺属	无危（LC）		是	
639	人心药	*Cardiandra moellendorffii*	虎耳草科	草绣球属	无危（LC）			
640	华茶藨	*Ribes fasciculatum* var. *chinense*	虎耳草科	茶藨子属	无危（LC）			
641	绿花细枝茶藨	*Ribes tenue* var. *viridiflorum*	虎耳草科	茶藨子属				
642	崖花海桐	*Pittosporum illicioides*	海桐花科	海桐花属	无危（LC）			
643	枫香树	*Liquidambar formosana*	金缕梅科	枫香树属	无危（LC）			
644	缺萼枫香	*Liquidambar acalycina*	金缕梅科	枫香树属	无危（LC）		是	
645	细柄蕈树	*Altingia gracilipes*	金缕梅科	蕈树属	无危（LC）		是	
646	细齿蕈树	*Altingia gracilipes* var. *serrulata*	金缕梅科	蕈树属				
647	檵木	*Loropetalum chinense*	金缕梅科	檵木属				
648	腺蜡瓣花	*Corylopsis glandulifera*	金缕梅科	蜡瓣花属	近危（NT）		是	
649	灰白蜡瓣花	*Corylopsis gladulifera* var. *hypoglanca*	金缕梅科	蜡瓣花属				

序号	中文名	学名	科名	属名	濒危等级	保护等级	中国特有种	外来入侵种
650	蜡瓣花	*Corylopsis sinensis*	金缕梅科	蜡瓣花属	无危（LC）		是	
651	杨梅叶蚊母树	*Distylium myricoides*	金缕梅科	蚊母树属				
652	小叶蚊母树	*Distylium buxifolium* var. *rotundum*	金缕梅科	蚊母树属	无危（LC）		是	
653	水丝梨	*Sycopsis sinensis*	金缕梅科	水丝梨属	无危（LC）		是	
654	长柄双花木	*Disanthus cercidifolius* subsp. *longipes*	金缕梅科	双花木属	濒危（EN）	二级	是	
655	二球悬铃木	*Platanus acerifolia*	悬铃木科	悬铃木属				
656	粉花绣线菊	*Spiraea japonica*	绣线菊科	绣线菊属				
657	光叶粉花绣线菊	*Spiraea japonica* var. *fortunei*	绣线菊科	绣线菊属	无危（LC）		是	
658	麻叶绣线菊	*Spiraea cantoniensis*	绣线菊科	绣线菊属				
659	绣球绣线菊	*Spiraea blumei*	绣线菊科	绣线菊属				
660	疏毛绣线菊	*Spiraea hirsuta*	绣线菊科	绣线菊属	无危（LC）		是	
661	中华绣线菊	*Spiraea chinensis*	绣线菊科	绣线菊属	无危（LC）		是	
662	假升麻	*Aruncus sylvester*	蔷薇科	假升麻属	无危（LC）			
663	野珠兰	*Stephanandra chinensis*	蔷薇科	小米空木属	无危（LC）		是	
664	野山楂	*Crataegus cuneata*	蔷薇科	山楂属	无危（LC）			
665	波叶红果树	*Stranvaesia davidiana* var. *undulata*	蔷薇科	红果树属	无危（LC）		是	
666	石楠	*Photinia serratifolia*	蔷薇科	石楠属	无危（LC）			
667	福建石楠	*Photinia fokienensis*	蔷薇科	石楠属	无危（LC）		是	
668	光叶石楠	*Photinia glabra*	蔷薇科	石楠属	无危（LC）			
669	宽叶石楠	*Photinia errulata* var. *daphniphylloides*	蔷薇科	石楠属				
670	椤木石楠	*Photinia bodinieri*	蔷薇科	石楠属				
671	桃叶石楠	*Photinia prunifolia*	蔷薇科	石楠属	无危（LC）			
672	褐毛石楠	*Photinia hirsuta*	蔷薇科	石楠属	无危（LC）		是	
673	浙江石楠	*Photinia zhejiangensis*	蔷薇科	石楠属	无危（LC）		是	
674	中华石楠	*Photinia beauverdiana*	蔷薇科	石楠属	无危（LC）			
675	厚叶中华石楠	*Photinia beauverdiana* var. *notabilis*	蔷薇科	石楠属				
676	绒毛石楠	*Photinia schneideriana*	蔷薇科	石楠属	无危（LC）		是	
677	毛叶石楠	*Photinia villosa*	蔷薇科	石楠属	无危（LC）			
678	伞花石楠	*Photinia subumbellata*	蔷薇科	石楠属				
679	小叶石楠	*Photinia parvifolia*	蔷薇科	石楠属	无危（LC）		是	
680	垂丝石楠	*Photinia komarovii*	蔷薇科	石楠属	无危（LC）		是	
681	石斑木	*Raphiolepis indica*	蔷薇科	石斑木属	无危（LC）			
682	大叶石斑木	*Raphiolepis major*	蔷薇科	石斑木属	无危（LC）		是	
683	水榆花楸	*Sorbus alnifolia*	蔷薇科	花楸属	无危（LC）			

序号	中文名	学名	科名	属名	濒危等级	保护等级	中国特有种	外来入侵种
684	石灰花楸	*Sorbus folgneri*	蔷薇科	花楸属	无危（LC）		是	
685	江南花楸	*Sorbus hemsleyi*	蔷薇科	花楸属	无危（LC）		是	
686	棕脉花楸	*Sorbus dunnii*	蔷薇科	花楸属	无危（LC）		是	
687	毛叶木瓜	*Chaenomeles cathayensis*	蔷薇科	木瓜属	无危（LC）		是	
688	杜梨	*Pyrus betulifolia*	蔷薇科	梨属	无危（LC）			
689	麻梨	*Pyrus serrulata*	蔷薇科	梨属	无危（LC）		是	
690	豆梨	*Pyrus calleryana*	蔷薇科	梨属	无危（LC）			
691	楔叶豆梨	*Pyrus calleryana* var. *koehnei*	蔷薇科	梨属	无危（LC）		是	
692	绒毛豆梨	*Pyrus calleryana* f. *tomentell*	蔷薇科	梨属				
693	全缘叶豆梨	*Pyrus calleryana* var. *integrifolia*	蔷薇科	梨属	无危（LC）		是	
694	毛山荆子	*Malus baccata* var. *mandshurica*	蔷薇科	苹果属	无危（LC）			
695	湖北海棠	*Malus hupehensis*	蔷薇科	苹果属	无危（LC）		是	
696	台湾林檎	*Malus doumeri*	蔷薇科	苹果属	无危（LC）			
697	光萼林檎	*Malus leiocalyca*	蔷薇科	苹果属				
698	东亚唐棣	*Amelanchier asiatica*	蔷薇科	唐棣属				
699	棣棠花	*Kerria japonica*	蔷薇科	棣棠花属	无危（LC）			
700	盾叶莓	*Rubus peltatus*	蔷薇科	悬钩子属	无危（LC）			
701	山莓	*Rubus corchorifolius*	蔷薇科	悬钩子属	无危（LC）			
702	光果悬钩子	*Rubus glabricarpus*	蔷薇科	悬钩子属	数据缺乏（DD）		是	
703	无毛光果悬钩子	*Rubus glabricarpus* var. *glabratus*	蔷薇科	悬钩子属	近危（NT）		是	
704	中南悬钩子	*Rubus grayanus*	蔷薇科	悬钩子属	无危（LC）			
705	三花悬钩子	*Rubus trianthus*	蔷薇科	悬钩子属	无危（LC）			
706	掌叶覆盆子	*Rubus chingii*	蔷薇科	悬钩子属				
707	白叶莓	*Rubus innominatus*	蔷薇科	悬钩子属	无危（LC）		是	
708	腺毛莓	*Rubus adenophorus*	蔷薇科	悬钩子属	无危（LC）		是	
709	茅莓	*Rubus parvifolius*	蔷薇科	悬钩子属				
710	腺萼茅莓	*Rubus parvifolius* var. *adenochlamys*	蔷薇科	悬钩子属	无危（LC）			
711	插田泡	*Rubus coreanus*	蔷薇科	悬钩子属	无危（LC）			
712	湖南悬钩子	*Rubus hunanensis*	蔷薇科	悬钩子属	无危（LC）		是	
713	红腺悬钩子	*Rubus sumatranus*	蔷薇科	悬钩子属	无危（LC）			
714	光滑悬钩子	*Rubus tsangii*	蔷薇科	悬钩子属	无危（LC）		是	
715	空心泡	*Rubus rosifolius*	蔷薇科	悬钩子属	无危（LC）			
716	蓬蘽	*Rubus hirsutus*	蔷薇科	悬钩子属				
717	高粱泡	*Rubus lambertianus*	蔷薇科	悬钩子属				
718	无腺灰白莓	*Rubus tephrodes* var. *ampliflorus*	蔷薇科	悬钩子属	无危（LC）		是	

序号	中文名	学名	科名	属名	濒危等级	保护等级	中国特有种	外来入侵种
719	粗叶悬钩子	*Rubus alceaefolius*	蔷薇科	悬钩子属	无危（LC）			
720	寒莓	*Rubus buergeri*	蔷薇科	悬钩子属	无危（LC）			
721	锈毛莓	*Rubus reflexus*	蔷薇科	悬钩子属	无危（LC）		是	
722	浅裂锈毛莓	*Rubus reflexus* var. *hui*	蔷薇科	悬钩子属	无危（LC）		是	
723	太平莓	*Rubus pacificus*	蔷薇科	悬钩子属	无危（LC）		是	
724	灰毛泡	*Rubus irenaeus*	蔷薇科	悬钩子属	无危（LC）		是	
725	木莓	*Rubus swinhoei*	蔷薇科	悬钩子属	无危（LC）			
726	周毛悬钩子	*Rubus amphidasys*	蔷薇科	悬钩子属	无危（LC）		是	
727	东南悬钩子	*Rubus tsangiorum*	蔷薇科	悬钩子属	无危（LC）		是	
728	黄泡	*Rubus pectinellus*	蔷薇科	悬钩子属	无危（LC）			
729	棕红悬钩子	*Rubus rufus*	蔷薇科	悬钩子属	无危（LC）			
730	弓茎悬钩子	*Rubus flosculosus*	蔷薇科	悬钩子属	无危（LC）		是	
731	福建悬钩子	*Rubus fujianensis*	蔷薇科	悬钩子属	数据缺乏（DD）		是	
732	牯岭悬钩子	*Rubus kulinganus*	蔷薇科	悬钩子属	无危（LC）		是	
733	莓叶委陵菜	*Potentilla fragarioides*	蔷薇科	委陵菜属				
734	翻白草	*Potentilla discolor*	蔷薇科	委陵菜属	无危（LC）			
735	三叶委陵菜	*Potentilla freyniana*	蔷薇科	委陵菜属	无危（LC）			
736	蛇含委陵菜	*Potentilla kleiniana*	蔷薇科	委陵菜属				
737	皱果蛇莓	*Duchesnea chrysantha*	蔷薇科	蛇莓属	无危（LC）			
738	蛇莓	*Duchesnea indica*	蔷薇科	蛇莓属				
739	金樱子	*Rosa laevigata*	蔷薇科	蔷薇属				
740	硕苞蔷薇	*Rosa bracteata*	蔷薇科	蔷薇属	无危（LC）			
741	小果蔷薇	*Rosa cymosa*	蔷薇科	蔷薇属	无危（LC）			
742	软条七蔷薇	*Rosa henryi*	蔷薇科	蔷薇属	无危（LC）		是	
743	野蔷薇	*Rosa multiflora*	蔷薇科	蔷薇属				
744	粉团蔷薇	*Rosa multiflora* var. *cathayensis*	蔷薇科	蔷薇属	无危（LC）		是	
745	龙芽草	*Agrimonia pilosa*	蔷薇科	龙牙草属	无危（LC）			
746	地榆	*Sanguisorba officinalis*	蔷薇科	地榆属	无危（LC）			
747	梅	*Armeniaca mume*	蔷薇科	杏属	无危（LC）			
748	桃	*Amygdalus persica*	蔷薇科	桃属				
749	李	*Prunus salicina*	蔷薇科	李属				
750	迎春樱桃	*Cerasus discoidea*	蔷薇科	樱属	近危（NT）		是	
751	浙闽樱桃	*Cerasus schneideriana*	蔷薇科	樱属	无危（LC）		是	
752	山樱花	*Cerasus serrulata*	蔷薇科	樱属				
753	毛叶山樱花	*Cerasus serrulata* var. *pubescens*	蔷薇科	樱属	无危（LC）		是	

序号	中文名	学名	科名	属名	濒危等级	保护等级	中国特有种	外来入侵种
754	钟花樱桃	*Cerasus campanulata*	蔷薇科	樱属	无危（LC）			
755	浙江郁李	*Cerasus japonica* var. *zhejiangensis*	蔷薇科	樱属				
756	麦李	*Cerasus glandulosa*	蔷薇科	樱属				
757	沼生矮樱	*Cerasus jingningensis*	蔷薇科	樱属				
758	华中樱	*Cerasus conradinae*	蔷薇科	樱属	无危（LC）		是	
759	橉木	*Padus buergeriana*	蔷薇科	稠李属	无危（LC）			
760	星毛稠李	*Padus stellipila*	蔷薇科	稠李属	无危（LC）		是	
761	灰叶稠李	*Padus grayana*	蔷薇科	稠李属	无危（LC）			
762	短梗稠李	*Padus brachypoda*	蔷薇科	稠李属	无危（LC）		是	
763	细齿稠李	*Padus obtusata*	蔷薇科	稠李属	无危（LC）		是	
764	绢毛稠李	*Padus wilsonii*	蔷薇科	稠李属	无危（LC）		是	
765	腺叶桂樱	*Laurocerasus phaeosticta*	蔷薇科	桂樱属				
766	刺叶桂樱	*Laurocerasus spinulosa*	蔷薇科	桂樱属	无危（LC）			
767	锐齿臭樱	*Maddenia incisoserrata*	蔷薇科	臭樱属	无危（LC）		是	
768	柔毛路边青	*Geum japonicum* var. *chinense*	蔷薇科	路边青属	无危（LC）		是	
769	山合欢	*Albizia kalkora*	豆科	合欢属	无危（LC）			
770	合萌	*Aeschynomene indica*	豆科	合萌属				
771	合欢	*Albizia julibrissin*	豆科	合欢属				
772	紫穗槐	*Amorpha fruticosa*	豆科	紫穗槐属				
773	三籽两型豆	*Amphicarpaea edgeworthii*	豆科	两型豆属	无危（LC）			
774	土圞儿	*Apios fortunei*	豆科	土圞儿属	无危（LC）			
775	紫云英	*Astragalus sinicus*	豆科	黄芪属				
776	龙须藤	*Bauhinia championii*	豆科	羊蹄甲属	无危（LC）			
777	云实	*Caesalpinia decapetala*	豆科	云实属	无危（LC）			
778	春云实	*Caesalpinia vernalis*	豆科	云实属	无危（LC）			
779	网络崖豆藤	*Callerya reticulata*	豆科	鸡血藤属				
780	杭子梢	*Campylotropis macrocarpa*	豆科	杭子梢属	无危（LC）			
781	锦鸡儿	*Caragana sinica*	豆科	锦鸡儿属	无危（LC）			
782	香槐	*Cladrastis wilsonii*	豆科	香槐属	无危（LC）		是	
783	黄檀	*Dalbergia hupeana*	豆科	黄檀属	近危（NT）			
784	香港黄檀	*Dalbergia millettii*	豆科	黄檀属	无危（LC）		是	
785	中南鱼藤	*Derris fordii*	豆科	鱼藤属	无危（LC）		是	
786	假地豆	*Desmodium heterocarpon*	豆科	山蚂蟥属	无危（LC）			
787	小叶三点金	*Desmodium microphyllum*	豆科	山蚂蟥属	无危（LC）			
788	毛野扁豆	*Dunbaria villosa*	豆科	野扁豆属	无危（LC）			
789	山豆根	*Euchresta japonica*	豆科	山豆根属	易危（VU）	二级		

序号	中文名	学名	科名	属名	濒危等级	保护等级	中国特有种	外来入侵种
790	皂荚	*Gleditsia sinensis*	豆科	皂荚属	无危（LC）		是	
791	野大豆	*Glycine soja*	豆科	大豆属	无危（LC）	二级		
792	肥皂荚	*Gymnocladus chinensis*	豆科	肥皂荚属	无危（LC）			
793	细长柄山蚂蟥	*Hylodesmum leptopus*	豆科	长柄山蚂蟥属	无危（LC）			
794	羽叶长柄山蚂蟥	*Hylodesmum oldhamii*	豆科	长柄山蚂蟥属	无危（LC）			
795	长柄山蚂蟥	*Hylodesmum podocarpum*	豆科	长柄山蚂蟥属	无危（LC）			
796	宽卵叶长柄山蚂蟥	*Hylodesmum podocarpum* subsp. *fallax*	豆科	长柄山蚂蟥属				
797	尖叶长柄山蚂蟥	*Hylodesmum podocarpum* subsp. *oxyphyllum*	豆科	长柄山蚂蟥属				
798	庭藤	*Indigofera decora*	豆科	木蓝属	无危（LC）			
799	宜昌木蓝	*Indigofera decora* var. *ichangensis*	豆科	木蓝属	无危（LC）		是	
800	宁波木蓝	*Indigofera decora* var. *cooperi*	豆科	木蓝属	数据缺乏（DD）		是	
801	黑叶木蓝	*Indigofera nigrescens*	豆科	木蓝属	无危（LC）			
802	浙江木蓝	*Indigofera parkesii*	豆科	木蓝属	无危（LC）		是	
803	马棘	*Indigofera pseudotinctoria*	豆科	木蓝属				
804	长萼鸡眼草	*Kummerowia stipulacea*	豆科	鸡眼草属				
805	鸡眼草	*Kummerowia striata*	豆科	鸡眼草属				
806	胡枝子	*Lespedeza bicolor*	豆科	胡枝子属	无危（LC）			
807	绿叶胡枝子	*Lespedeza bugergeri*	豆科	胡枝子属	无危（LC）			
808	美丽胡枝子	*Lespedeza thunbergii* subsp. *formosa*	豆科	胡枝子属	无危（LC）		是	
809	中华胡枝子	*Lespedeza chinensis*	豆科	胡枝子属	无危（LC）		是	
810	截叶铁扫帚	*Lespedeza cuneata*	豆科	胡枝子属				
811	大叶胡枝子	*Lespedeza davidii*	豆科	胡枝子属				
812	春花胡枝子	*Lespedeza dunnii*	豆科	胡枝子属	近危（NT）		是	
813	铁马鞭	*Lespedeza pilosa*	豆科	胡枝子属	无危（LC）			
814	绒毛胡枝子	*Lespedeza tomentosa*	豆科	胡枝子属	无危（LC）			
815	细梗胡枝子	*Lespedeza virgata*	豆科	胡枝子属	无危（LC）			
816	马鞍树	*Maackia hupehensis*	豆科	马鞍树属	无危（LC）		是	
817	南苜蓿	*Medicago polymorpha*	豆科	苜蓿属				是
818	紫苜蓿	*Medicago sativa*	豆科	苜蓿属				是
819	天蓝苜蓿	*Medicago lupulina*	豆科	苜蓿属				
820	白花草木樨	*Melilotus albus*	豆科	草木樨属	无危（LC）			是

序号	中文名	学名	科名	属名	濒危等级	保护等级	中国特有种	外来入侵种
821	草木樨	*Melilotus officinalis*	豆科	草木樨属				是
822	香花崖豆藤	*Millettia dielsiana*	豆科	崖豆藤属				
823	宁油麻藤	*Mucuna lamellata*	豆科	黧属	无危（LC）		是	
824	常春油麻藤	*Mucuna sempervirens*	豆科	黧属	无危（LC）			
825	小槐花	*Ohwia caudata*	豆科	小槐花属	无危（LC）			
826	花榈木	*Ormosia henryi*	豆科	红豆属	易危（VU）	二级		
827	野葛	*Pueraria montana*	豆科	葛属				
828	三裂叶野葛	*Pueraria phaseoloides*	豆科	葛属				
829	渐尖叶鹿藿	*Rhynchosia acuminatifolia*	豆科	鹿藿属	无危（LC）			
830	菱叶鹿藿	*Rhynchosia dielsii*	豆科	鹿藿属	无危（LC）		是	
831	鹿藿	*Rhynchosia volubilis*	豆科	鹿藿属				
832	豆茶决明	*Senna nomame*	豆科	决明属				
833	田菁	*Sesbania cannabina*	豆科	田菁属				是
834	苦参	*Sophora flavescens*	豆科	槐属	无危（LC）			
835	红车轴草	*Trifolium pratense*	豆科	车轴草属				是
836	白车轴草	*Trifolium repens*	豆科	车轴草属				是
837	广布野豌豆	*Vicia cracca*	豆科	野豌豆属	无危（LC）			
838	小巢菜	*Vicia hirsuta*	豆科	野豌豆属				
839	山绿豆	*Vicia minima*	豆科	野豌豆属				
840	大巢菜	*Vicia sativa*	豆科	野豌豆属				
841	野豇豆	*Vigna vexillata*	豆科	豇豆属	无危（LC）			
842	紫藤	*Wisteria sinensis*	豆科	紫藤属	无危（LC）			
843	直立酢浆草	*Oxalis stricta*	酢浆草科	酢浆草属				
844	酢浆草	*Oxalis corniculata*	酢浆草科	酢浆草属				
845	山酢浆草	*Oxalis griffithii*	酢浆草科	酢浆草属	无危（LC）			
846	红花酢浆草	*Oxalis corymbosa*	酢浆草科	酢浆草属				是
847	野老鹳草	*Geranium carolinianum*	牻牛儿苗科	老鹳草属				是
848	东亚老鹳草	*Geranium thunbergii*	牻牛儿苗科	老鹳草属	无危（LC）			
849	老鹳草	*Geranium wilfordii*	牻牛儿苗科	老鹳草属				
850	东方古柯	*Erythroxylum sinense*	古柯科	古柯属	无危（LC）			
851	松风草	*Boenninghausenia albiflora*	芸香科	石椒草属	无危（LC）			
852	臭辣树	*Tetradium glabrifolium*	芸香科	吴茱萸属	无危（LC）			
853	吴茱萸	*Tetradium ruticarpum*	芸香科	吴茱萸属	无危（LC）			
854	九里香	*Murrage exotica*	芸香科	九里香属	无危（LC）			

序号	中文名	学名	科名	属名	濒危等级	保护等级	中国特有种	外来入侵种
855	秃叶黄皮树	*Phellodendron chinense* var. *glabriusculum*	芸香科	黄檗属				
856	石虎	*Euodia rutaecarpa* var. *officinalis*	芸香科	洋茱萸属				
857	臭常山	*Orixa japonica*	芸香科	臭常山属	无危（LC）			
858	茵芋	*Skimmia reevesiana*	芸香科	茵芋属	无危（LC）			
859	日本茵芋	*Skimmia japonica*	芸香科	茵芋属				
860	竹叶椒	*Zanthoxylum armatum*	芸香科	花椒属				
861	毛竹叶椒	*Zanthoxylum armatum* var. *ferrugineum*	芸香科	花椒属	无危（LC）		是	
862	大叶臭椒	*Zanthoxylum myriacanthum*	芸香科	花椒属				
863	朵椒	*Zanthoxylum molle*	芸香科	花椒属	易危（VU）		是	
864	椿叶花椒	*Zanthoxylum ailanthoides*	芸香科	花椒属	无危（LC）			
865	青花椒	*Zanthoxylum schinifolium*	芸香科	花椒属	无危（LC）			
866	岭南花椒	*Zanthoxylum austrosinense*	芸香科	花椒属	无危（LC）		是	
867	花椒簕	*Zanthoxylum scandens*	芸香科	花椒属	无危（LC）			
868	梗花椒	*Zanthoxylum stipitatum*	芸香科	花椒属	无危（LC）		是	
869	苦木	*Picrasma quassioides*	苦木科	苦树属				
870	臭椿	*Ailanthus altissima*	苦木科	臭椿属				
871	楝树	*Melia azedarach*	楝科	楝属	无危（LC）			
872	红椿	*Toona ciliata*	楝科	香椿属	易危（VU）	二级		
873	香椿	*Toona sinensis*	楝科	香椿属	无危（LC）			
874	黄花远志	*Polygala arillata*	远志科	远志属	无危（LC）			
875	瓜子金	*Polygala japonica*	远志科	远志属	无危（LC）			
876	香港远志	*Polygala hongkongensis*	远志科	远志属	无危（LC）		是	
877	狭叶香港远志	*Polygala hongkongensis* var. *stenophylla*	远志科	远志属	无危（LC）		是	
878	酸味子	*Antidesma japonicum*	大戟科	五月茶属	无危（LC）			
879	算盘子	*Glochidion puberum*	大戟科	算盘子属	无危（LC）			
880	青灰叶下珠	*Phyllanthus glaucus*	大戟科	叶下珠属	无危（LC）			
881	叶下珠	*Phyllanthus urinaria*	大戟科	叶下珠属				
882	落萼叶下珠	*Phyllanthus flexuosus*	大戟科	叶下珠属	无危（LC）			
883	蜜柑草	*Phyllanthus matsumurae*	大戟科	叶下珠属				
884	油桐	*Vernicia fordii*	大戟科	油桐属	无危（LC）			
885	木油桐	*Vernicia montana*	大戟科	油桐属	无危（LC）			
886	粗糠柴	*Mallotus philippinensis*	大戟科	野桐属	无危（LC）			
887	石岩枫	*Mallotus repandus*	大戟科	野桐属	无危（LC）			
888	白背叶	*Mallotus apelta*	大戟科	野桐属	无危（LC）			

序号	中文名	学名	科名	属名	濒危等级	保护等级	中国特有种	外来入侵种
889	野梧桐	*Mallotus japonicus*	大戟科	野桐属	无危（LC）			
890	野桐	*Mallotus tenuifolius*	大戟科	野桐属				
891	东南野桐	*Mallotus lianus*	大戟科	野桐属	无危（LC）		是	
892	乌桕	*Triadica sebifera*	大戟科	乌桕属	无危（LC）			
893	山乌桕	*Triadica cochinchinensis*	大戟科	乌桕属				
894	白木乌桕	*Neoshirakia japonica*	大戟科	乌桕属	无危（LC）			
895	铁苋菜	*Acalypha australis*	大戟科	铁苋菜属	无危（LC）			
896	短穗铁苋菜	*Acalypha supera*	大戟科	铁苋菜属				
897	山靛	*Mercurialis leiocarpa*	大戟科	山靛属	无危（LC）			
898	地锦草	*Euphorbia humifusa*	大戟科	大戟属				
899	大戟	*Euphorbia pekinensis*	大戟科	大戟属				
900	泽漆	*Euphorbia helioscopia*	大戟科	大戟属				
901	乳浆大戟	*Euphorbia esula*	大戟科	大戟属				
902	续随子	*Euphorbia lathyris*	大戟科	大戟属				
903	通奶草	*Euphorbia hypericifolia*	大戟科	大戟属				是
904	斑地锦	*Euphorbia maculata*	大戟科	大戟属				是
905	飞扬草	*Euphorbia hirta*	大戟科	大戟属				是
906	蓖麻	*Ricinus communis*	大戟科	蓖麻属				是
907	虎皮楠	*Daphniphyllum oldhamii*	虎皮楠科	虎皮楠属	无危（LC）			
908	交让木	*Daphniphyllum macropodium*	虎皮楠科	虎皮楠属	无危（LC）			
909	沼生水马齿	*Callitriche palustris*	水马齿科	水马齿属				
910	黄杨	*Buxus sinica*	黄杨科	黄杨属				
911	尖叶黄杨	*Buxus sinica* var. *aemulans*	黄杨科	黄杨属				
912	南酸枣	*Choerospondias axillaris*	漆树科	南酸枣属	无危（LC）			
913	黄连木	*Pistacia chinensis*	漆树科	黄连木属	无危（LC）		是	
914	盐肤木	*Rhus chinensis*	漆树科	盐肤木属				
915	白背麸杨	*Rhus hypoleuca*	漆树科	盐肤木属	无危（LC）		是	
916	青麸杨	*Rhus potaninii*	漆树科	盐肤木属	无危（LC）		是	
917	毛漆树	*Toxicodendron trichocarpum*	漆树科	漆属	无危（LC）			
918	木蜡树	*Toxicodendron sylvestre*	漆树科	漆属	无危（LC）			
919	野漆	*Toxicodendron succedaneum*	漆树科	漆属	无危（LC）			
920	刺果毒漆藤	*Toxicodendron radicans* subsp. *hispidum*	漆树科	漆属	无危（LC）		是	
921	小果冬青	*Ilex macrococca*	冬青科	冬青属	无危（LC）			
922	大柄冬青	*Ilex macropoda*	冬青科	冬青属	无危（LC）			
923	遂昌冬青	*Ilex suichangensis*	冬青科	冬青属	数据缺乏（DD）		是	

序号	中文名	学名	科名	属名	濒危等级	保护等级	中国特有种	外来入侵种
924	毛梗铁冬青	*Ilex rotunda* var. *microcarpa*	冬青科	冬青属				
925	凸脉冬青	*Ilex kobuskiana*	冬青科	冬青属	无危（LC）			
926	木姜叶冬青	*Ilex litseifolia*	冬青科	冬青属	无危（LC）		是	
927	冬青	*Ilex chinensis*	冬青科	冬青属	无危（LC）			
928	香冬青	*Ilex suaveolens*	冬青科	冬青属	无危（LC）		是	
929	具柄冬青	*Ilex pedunculosa*	冬青科	冬青属	无危（LC）			
930	亮叶冬青	*Ilex viridis*	冬青科	冬青属	无危（LC）		是	
931	齿叶冬青	*Ilex crenata*	冬青科	冬青属	无危（LC）			
932	浙江冬青	*Ilex zhejiangensis*	冬青科	冬青属	易危（VU）		是	
933	构骨	*Ilex corunta*	冬青科	冬青属				
934	矮冬青	*Ilex lohfauensis*	冬青科	冬青属	无危（LC）		是	
935	厚叶冬青	*Ilex elmerrilliana*	冬青科	冬青属	无危（LC）		是	
936	尾叶冬青	*Ilex wilsonii*	冬青科	冬青属	无危（LC）		是	
937	三花冬青	*Ilex triflora*	冬青科	冬青属	无危（LC）			
938	毛枝三花冬青	*Ilex triflora* var. *kanehirai*	冬青科	冬青属	无危（LC）		是	
939	短梗冬青	*Ilex buergeri*	冬青科	冬青属	无危（LC）			
940	毛冬青	*Ilex pubescens*	冬青科	冬青属	无危（LC）		是	
941	大叶冬青	*Ilex latifolia*	冬青科	冬青属	无危（LC）			
942	榕叶冬青	*Ilex ficoidea*	冬青科	冬青属	无危（LC）			
943	台湾冬青	*Ilex formosana*	冬青科	冬青属	无危（LC）			
944	温州冬青	*Ilex wenchowensis*	冬青科	冬青属	濒危（EN）		是	
945	光枝刺叶冬青	*Ilex bioritsensis*	冬青科	冬青属	无危（LC）		是	
946	卫矛	*Euonymus alatus*	卫矛科	卫矛属				
947	百齿卫矛	*Euonymus centidens*	卫矛科	卫矛属	无危（LC）		是	
948	鸦椿卫矛	*Euonymus euscaphis*	卫矛科	卫矛属	无危（LC）		是	
949	刺果卫矛	*Euonymus acanthocarpus*	卫矛科	卫矛属	无危（LC）			
950	棘刺卫矛	*Euonymus echinatus*	卫矛科	卫矛属	无危（LC）			
951	肉花卫矛	*Euonymus carnosus*	卫矛科	卫矛属	无危（LC）			
952	垂丝卫矛	*Euonymus oxyphyllus*	卫矛科	卫矛属				
953	扶芳藤	*Euonymus fortunei*	卫矛科	卫矛属				
954	常春卫矛	*Euonymus hederaceus*	卫矛科	卫矛属				
955	疏花卫矛	*Euonymus laxiflorus*	卫矛科	卫矛属	无危（LC）			
956	大果卫矛	*Euonymus myrianthus*	卫矛科	卫矛属	无危（LC）		是	
957	中华卫矛	*Euonymus nitidus*	卫矛科	卫矛属	无危（LC）			
958	白杜	*Euonymus maackii*	卫矛科	卫矛属	无危（LC）			
959	过山枫	*Celastrus aculeatus*	卫矛科	南蛇藤属				

序号	中文名	学名	科名	属名	濒危等级	保护等级	中国特有种	外来入侵种
960	窄叶南蛇藤	*Celastrus oblanceifolius*	卫矛科	南蛇藤属				
961	短梗南蛇藤	*Celastrus rosthornianus*	卫矛科	南蛇藤属	无危（LC）		是	
962	哥兰叶	*Celastrus gemmatus*	卫矛科	南蛇藤属	无危（LC）		是	
963	毛脉显柱南蛇藤	*Celastrus styosus* var. *puberulus*	卫矛科	南蛇藤属	无危（LC）		是	
964	雷公藤	*Tripterygium wilfordii*	卫矛科	雷公藤属	无危（LC）			
965	福建假卫矛	*Microtropis fokienensis*	卫矛科	假卫矛属	无危（LC）		是	
966	瘿椒树	*Tapiscia sinensis*	瘿椒树科	瘿椒树属	无危（LC）		是	
967	省沽油	*Staphylea bumalda*	省沽油科	省沽油属	无危（LC）			
968	野鸦椿	*Euscaphis japonica*	省沽油科	野鸦椿属	无危（LC）			
969	锐尖山香圆	*Turpinia arguta*	省沽油科	山香圆属	无危（LC）		是	
970	紫果槭	*Acer cordatum*	槭树科	槭属				
971	苦茶槭	*Acer tataricum* subsp. *theiferum*	槭树科	槭属	无危（LC）		是	
972	羊角槭	*Acer yanjuechi*	槭树科	槭属				
973	五角枫	*Acer pictum* subsp. *mono*	槭树科	槭属	无危（LC）			
974	阔叶槭	*Acer amplum*	槭树科	槭属	近危（NT）			
975	三峡槭	*Acer wilsonii*	槭树科	槭属	无危（LC）			
976	橄榄槭	*Acer olivaceum*	槭树科	槭属				
977	三角槭	*Acer buergerianum*	槭树科	槭属				
978	秀丽槭	*Acer elegantulum*	槭树科	槭属	无危（LC）		是	
979	毛脉槭	*Acer pubinerve*	槭树科	槭属	无危（LC）		是	
980	临安槭	*Acer linganense*	槭树科	槭属	易危（VU）		是	
981	青榨槭	*Acer davidii*	槭树科	槭属				
982	建始槭	*Acer henryi*	槭树科	槭属	无危（LC）		是	
983	小紫果槭	*Acer cordatum* var. *microcordatum*	槭树科	槭属				
984	无患子	*Sapindus saponaria*	无患子科	无患子属	无危（LC）			
985	全缘叶栾树	*Koelreuteria bipinnata* var. *interifoliola*	无患子科	栾树属				
986	清风藤	*Sabia japonica*	清风藤科	清风藤属	无危（LC）			
987	鄂西清风藤	*Sabia campanulata* subsp. *ritchieae*	清风藤科	清风藤属	无危（LC）		是	
988	白背清风藤	*Sabia discolor*	清风藤科	清风藤属	无危（LC）		是	
989	尖叶清风藤	*Sabia swinhoei*	清风藤科	清风藤属	无危（LC）			
990	垂枝泡花树	*Meliosma flexuosa*	清风藤科	泡花树属	无危（LC）		是	
991	异色泡花树	*Meliosma myriantha* var. *discolor*	清风藤科	泡花树属	无危（LC）		是	
992	柔毛泡花树	*Meliosma myriantha* var. *pilosa*	清风藤科	泡花树属	无危（LC）		是	
993	笔罗子	*Meliosma rigida*	清风藤科	泡花树属	无危（LC）			

序号	中文名	学名	科名	属名	濒危等级	保护等级	中国特有种	外来入侵种
994	暖木	*Meliosma veitchiorum*	清风藤科	泡花树属	无危（LC）		是	
995	毡花泡花树	*Meliosma rigida* var. *pannosa*	清风藤科	泡花树属	无危（LC）		是	
996	腋毛泡花树	*Meliosma rhoifolia* var. *barbulata*	清风藤科	泡花树属	无危（LC）		是	
997	红枝柴	*Meliosma oldhamii*	清风藤科	泡花树属	无危（LC）			
998	羽叶泡花树	*Meliosma pinnata*	清风藤科	泡花树属	无危（LC）			
999	牯岭凤仙花	*Impatiens davidii*	凤仙花科	凤仙花属	无危（LC）		是	
1000	浙江凤仙花	*Impatiens chekiangensis*	凤仙花科	凤仙花属	无危（LC）		是	
1001	阔萼凤仙花	*Impatiens platyseplata*	凤仙花科	凤仙花属				
1002	淡黄绿凤仙花	*Impatiens chloroxantha*	凤仙花科	凤仙花属	无危（LC）		是	
1003	九龙山凤仙花	*Impatiens jiulongshanensis*	凤仙花科	凤仙花属	无危（LC）		是	
1004	长距凤仙花	*Impatiens tienmushanica* var. *longicalcarata*	凤仙花科	凤仙花属	无危（LC）		是	
1005	遂昌凤仙花	*Impatiens suichangensis*	凤仙花科	凤仙花属	近危（NT）		是	
1006	凤仙花	*Impatiens balsamina*	凤仙花科	凤仙花属				是
1007	雀梅藤	*Sageretia thea*	鼠李科	雀梅藤属	无危（LC）			
1008	刺藤子	*Sageretia melliana*	鼠李科	雀梅藤属	无危（LC）		是	
1009	长叶冻绿	*Rhamnus crenata*	鼠李科	鼠李属	无危（LC）			
1010	两色冻绿	*Rhamnus crenata* var. *discolor*	鼠李科	鼠李属	近危（NT）		是	
1011	尼泊尔鼠李	*Rhamnus napalensis*	鼠李科	鼠李属	无危（LC）			
1012	圆叶鼠李	*Rhamnus globosa*	鼠李科	鼠李属				
1013	冻绿	*Rhamnus utilis*	鼠李科	鼠李属	无危（LC）			
1014	薄叶鼠李	*Rhamnus leptophylla*	鼠李科	鼠李属	无危（LC）		是	
1015	长叶鼠李	*Rhamnus dolichophylla*	鼠李科	鼠李属				
1016	山鼠李	*Rhamnus wilsonii*	鼠李科	鼠李属	无危（LC）		是	
1017	山绿柴	*Rhamnus brachypoda*	鼠李科	鼠李属	无危（LC）		是	
1018	枳椇	*Hovenia dulcis*	鼠李科	枳椇属	无危（LC）			
1019	光叶毛果枳椇	*Hovenia trichocarpa* var. *robusta*	鼠李科	枳椇属	无危（LC）			
1020	牯岭勾儿茶	*Berchemia kulingensis*	鼠李科	勾儿茶属	无危（LC）		是	
1021	大叶勾儿茶	*Berchemia huana*	鼠李科	勾儿茶属	无危（LC）		是	
1022	多花勾儿茶	*Berchemia floribunda*	鼠李科	勾儿茶属	无危（LC）			
1023	腺枝葡萄	*Vitis adenoclada*	葡萄科	葡萄属				
1024	刺葡萄	*Vitis davidii*	葡萄科	葡萄属	无危（LC）		是	
1025	菱叶葡萄	*Vitis hancockii*	葡萄科	葡萄属	无危（LC）		是	
1026	东南葡萄	*Vitis chunganensis*	葡萄科	葡萄属	无危（LC）		是	
1027	毛葡萄	*Vitis quinquangularis*	葡萄科	葡萄属	无危（LC）			
1028	网脉葡萄	*Vitis wilsoniae*	葡萄科	葡萄属	无危（LC）		是	

序号	中文名	学名	科名	属名	濒危等级	保护等级	中国特有种	外来入侵种
1029	华东葡萄	*Vitis pseudoreticulata*	葡萄科	葡萄属	无危（LC）			
1030	葛藟	*Vitis flexuosa*	葡萄科	葡萄属	无危（LC）			
1031	小叶葛藟	*Vitis flexuosa* var. *parvifolia*	葡萄科	葡萄属				
1032	红叶葡萄	*Vitis erythrophylla*	葡萄科	葡萄属	无危（LC）		是	
1033	龙泉葡萄	*Vitis longquanensis*	葡萄科	葡萄属	无危（LC）		是	
1034	白蔹	*Ampelopsis japonica*	葡萄科	蛇葡萄属	无危（LC）			
1035	蛇葡萄	*Ampelopsis sinica*	葡萄科	蛇葡萄属	无危（LC）			
1036	光叶蛇葡萄	*Ampelopsis sinica* var. *hancei*	葡萄科	蛇葡萄属	无危（LC）			
1037	牯岭蛇葡萄	*Ampelopsis brevipedunculata* var. *kulingensis*	葡萄科	蛇葡萄属	无危（LC）		是	
1038	异叶蛇葡萄	*Ampelopsis humulifolia* var. *heterophylla*	葡萄科	蛇葡萄属	无危（LC）			
1039	广东蛇葡萄	*Ampelopsis cantoniensis*	葡萄科	蛇葡萄属	无危（LC）			
1040	毛枝蛇葡萄	*Ampelopsis megalophylla* var. *puberula*	葡萄科	蛇葡萄属	无危（LC）			
1041	羽叶蛇葡萄	*Ampelopsis chaffanjonii*	葡萄科	蛇葡萄属	无危（LC）		是	
1042	爬山虎	*Parthenocissus tricuspidata*	葡萄科	地锦属	无危（LC）			
1043	异叶爬山虎	*Parthenocissus heterophylla*	葡萄科	地锦属				
1044	粉叶爬山虎	*Parthenocissus thomsonii*	葡萄科	地锦属				
1045	俞藤	*Yua thomsonii*	葡萄科	俞藤属	无危（LC）			
1046	三叶崖爬藤	*Tetrastigma hemsleyanum*	葡萄科	崖爬藤属	无危（LC）			
1047	乌蔹莓	*Cayratia japonica*	葡萄科	乌蔹莓属				
1048	大叶乌蔹莓	*Cayratia albifolia*	葡萄科	乌蔹莓属	无危（LC）		是	
1049	华中乌蔹莓	*Cayratia oligocarpa*	葡萄科	乌蔹莓属	无危（LC）		是	
1050	薯豆	*Elaeocarpus japonicus*	杜英科	杜英属				
1051	中华杜英	*Elaeocarpus chinensis*	杜英科	杜英属	无危（LC）			
1052	杜英	*Elaeocarpus decipiens*	杜英科	杜英属	无危（LC）			
1053	山杜英	*Elaeocarpus sylvestris*	杜英科	杜英属				
1054	秃瓣杜英	*Elaeocarpus glabripetalus*	杜英科	杜英属	无危（LC）		是	
1055	猴欢喜	*Sloanea sinensis*	杜英科	猴欢喜属	无危（LC）			
1056	浆果椴	*Tilia endochrysea*	锦葵科	椴树属	无危（LC）		是	
1057	华东椴	*Tilia japonica*	锦葵科	椴树属	无危（LC）			
1058	粉椴	*Tilia oliveri*	锦葵科	椴树属				
1059	扁担杆	*Grewa bilorb*	锦葵科	扁担杆属	无危（LC）			
1060	甜麻	*Corchorus aestuans*	锦葵科	黄麻属				
1061	田麻	*Corchoropsis tomentosa*	锦葵科	田麻属				
1062	单毛刺蒴麻	*Triumfetta annua*	锦葵科	刺蒴麻属				

序号	中文名	学名	科名	属名	濒危等级	保护等级	中国特有种	外来入侵种
1063	毛刺蒴麻	*Triumfetta tomentosa*	锦葵科	刺蒴麻属	无危（LC）			
1064	苘麻	*Abutilon theophrasti*	锦葵科	苘麻属				是
1065	地桃花	*Urena lobata*	锦葵科	梵天花属				
1066	梵天花	*Urena procumbens*	锦葵科	梵天花属				
1067	田麻	*Corchoropsis crenata*	梧桐科	田麻属				
1068	梧桐	*Firmiana simplex*	梧桐科	梧桐属				
1069	马松子	*Melochia corchorifolia*	梧桐科	马松子属				
1070	软枣猕猴桃	*Actinidia arguta*	猕猴桃科	猕猴桃属	无危（LC）	二级		
1071	黑蕊猕猴桃	*Actinidia melanandra*	猕猴桃科	猕猴桃属				
1072	异色猕猴桃	*Actinidia callosa* var. *discolor*	猕猴桃科	猕猴桃属				
1073	长叶猕猴桃	*Actinidia hemsleyana*	猕猴桃科	猕猴桃属	易危（VU）		是	
1074	安息香猕猴桃	*Actinidia styracifolia*	猕猴桃科	猕猴桃属	易危（VU）		是	
1075	小叶猕猴桃	*Actinidia lanceolata*	猕猴桃科	猕猴桃属	易危（VU）		是	
1076	毛花猕猴桃	*Actinidia eriantha*	猕猴桃科	猕猴桃属	无危（LC）		是	
1077	密花猕猴桃	*Actinidia rufotricha* var. *glomerata*	猕猴桃科	猕猴桃属	濒危（EN）		是	
1078	中华猕猴桃	*Actinidia chinensis*	猕猴桃科	猕猴桃属	无危（LC）	二级	是	
1079	浙江猕猴桃	*Actinidia zhejiangensis*	猕猴桃科	猕猴桃属	极危（CR）		是	
1080	小果石笔木	*Pyrenaria microcarpa*	山茶科	核果茶属				
1081	尖连蕊茶	*Camellia cuspidata*	山茶科	山茶属				
1082	浙江尖连蕊茶	*Camellia cuspidata* var. *chekiangensis*	山茶科	山茶属	无危（LC）		是	
1083	毛花连蕊茶	*Camellia fraterna*	山茶科	山茶属	无危（LC）		是	
1084	浙江红山茶	*Camellia chekiang*	山茶科	山茶属				
1085	遂昌大果油茶	*Camellia chekiangoleosa*	山茶科	山茶属	无危（LC）		是	
1086	粉红短柱茶	*Camellia puniceiflora*	山茶科	山茶属				
1087	茶	*Camellia sinensis*	山茶科	山茶属	数据缺乏（DD）	二级		
1088	八瓣糙果茶	*Camellia crapnelliana*	山茶科	山茶属	易危（VU）		是	
1089	油茶	*Camellia oleifera*	山茶科	山茶属	无危（LC）			
1090	红花短柱茶	*Camellia brevistyla*	山茶科	山茶属				
1091	木荷	*Schima superba*	山茶科	木荷属	无危（LC）			
1092	紫茎	*Stewartia sinenis*	山茶科	紫茎属	无危（LC）		是	
1093	尖萼紫茎	*Stewartia sinensis* var. *acutisepala*	山茶科	紫茎属	无危（LC）		是	
1094	厚皮香	*Ternstroemia gymnanthera*	山茶科	厚皮香属	无危（LC）			
1095	亮叶厚皮香	*Ternstroemia nitida*	山茶科	厚皮香属	无危（LC）		是	
1096	黄瑞木	*Adinandra millettii*	山茶科	杨桐属	无危（LC）			
1097	红淡比	*Cleyera japonica*	山茶科	红淡比属	无危（LC）			

序号	中文名	学名	科名	属名	濒危等级	保护等级	中国特有种	外来入侵种
1098	厚叶红淡比	*Cleyera pachyphylla*	山茶科	红淡比属	无危（LC）		是	
1099	尖萼毛柃	*Eurya acutisepala*	山茶科	柃木属	无危（LC）		是	
1100	细枝柃	*Eurya loquaiana*	山茶科	柃木属	无危（LC）		是	
1101	微毛柃	*Eurya hebeclados*	山茶科	柃木属	无危（LC）		是	
1102	金叶微毛柃	*Eurya hebeclados* var. *aureo-punctata*	山茶科	柃木属				
1103	岩柃	*Eurya saxicola*	山茶科	柃木属	无危（LC）		是	
1104	翅柃	*Eurya alata*	山茶科	柃木属	无危（LC）		是	
1105	细齿柃	*Eurya ntitda*	山茶科	柃木属				
1106	隔药柃	*Eurya muricata*	山茶科	柃木属				
1107	窄基红褐柃	*Eurya rubiginosa* var. *attenuata*	山茶科	柃木属	无危（LC）		是	
1108	黄海棠	*Hypericum ascyron*	藤黄科	金丝桃属				
1109	地耳草	*Hypericum japonicum*	藤黄科	金丝桃属				
1110	元宝草	*Hypericum sampsonii*	藤黄科	金丝桃属				
1111	小连翘	*Hypericum erectum*	藤黄科	金丝桃属	无危（LC）			
1112	扬子小连翘	*Hypericum faberi*	藤黄科	金丝桃属	无危（LC）		是	
1113	蜜腺小连翘	*Hypericum seniawinii*	藤黄科	金丝桃属	无危（LC）			
1114	赶山鞭	*Hypericum attenuatum*	藤黄科	金丝桃属	无危（LC）			
1115	金丝梅	*Hypericum patulum*	藤黄科	金丝桃属				
1116	三腺金丝桃	*Triadenum breviflorum*	藤黄科	红花金丝桃属	无危（LC）			
1117	堇菜	*Viola arcuata*	堇菜科	堇菜属				
1118	三角叶堇菜	*Viola triangulifolia*	堇菜科	堇菜属	无危（LC）		是	
1119	庐山堇菜	*Viola stewardiana*	堇菜科	堇菜属	无危（LC）		是	
1120	紫背堇菜	*Viola violacea*	堇菜科	堇菜属				
1121	紫花堇菜	*Viola grypoceras*	堇菜科	堇菜属	无危（LC）			
1122	日本堇菜	*Viola hondoensis*	堇菜科	堇菜属				
1123	须毛蔓茎堇菜	*Viola diffusa* var. *brevibarbata*	堇菜科	堇菜属				
1124	心叶蔓茎堇菜	*Viola diffusa* subsp. *tenuis*	堇菜科	堇菜属				
1125	柔毛堇菜	*Viola principis*	堇菜科	堇菜属	无危（LC）		是	
1126	七星莲	*Viola diffusa*	堇菜科	堇菜属	无危（LC）			
1127	深圆齿堇菜	*Viola davidii*	堇菜科	堇菜属	无危（LC）		是	
1128	南山堇菜	*Viola chaerophylloides*	堇菜科	堇菜属	无危（LC）			
1129	长萼堇菜	*Viola inconspicua*	堇菜科	堇菜属				
1130	戟叶堇菜	*Viola betonicifolia*	堇菜科	堇菜属				
1131	紫花地丁	*Viola philippica*	堇菜科	堇菜属				
1132	心叶堇菜	*Viola yunnanfuensis*	堇菜科	堇菜属	无危（LC）			

序号	中文名	学名	科名	属名	濒危等级	保护等级	中国特有种	外来入侵种
1133	福建堇菜	*Viola kosanensis*	堇菜科	堇菜属	无危（LC）		是	
1134	辽宁堇菜	*Viola rossii*	堇菜科	堇菜属	无危（LC）			
1135	柞木	*Xylosma japonica*	大风子科	柞木属				
1136	山桐子	*Idesia polycarpa*	大风子科	山桐子属	无危（LC）			
1137	毛叶山桐子	*Idesia polycarpa* var. *vestita*	大风子科	山桐子属				
1138	山拐枣	*Poliothyrsis sinensis*	大风子科	山拐枣属	无危（LC）		是	
1139	喜马拉雅旌节花	*Stachyurus himalaicus*	旌节花科	旌节花属	无危（LC）			
1140	中国旌节花	*Stachyurus chinensis*	旌节花科	旌节花属				
1141	秋海棠	*Begonia evansiana*	秋海棠科	秋海棠属	无危（LC）			
1142	中华秋海棠	*Begonia sinensis*	秋海棠科	秋海棠属	无危（LC）		是	
1143	仙人掌	*Opuntia stricta* var. *dillenii*	仙人掌科	仙人掌属				是
1144	毛瑞香	*Daphne odora* var. *atrocaulis*	瑞香科	瑞香属	无危（LC）			
1145	结香	*Edgeworthia chrysantha*	瑞香科	结香属				
1146	北江荛花	*Wikstroemia monnula*	瑞香科	荛花属	无危（LC）		是	
1147	蔓胡颓子	*Elaeagnus glabra*	胡颓子科	胡颓子属	无危（LC）			
1148	胡颓子	*Elaeagnus pungens*	胡颓子科	胡颓子属	无危（LC）			
1149	宜昌胡颓子	*Elaeagnus henryi*	胡颓子科	胡颓子属	无危（LC）		是	
1150	巴东胡颓子	*Elaeagnus difficilis*	胡颓子科	胡颓子属	无危（LC）		是	
1151	牛奶子	*Elaeagnus umbellata*	胡颓子科	胡颓子属	无危（LC）			
1152	木半夏	*Elaeagnus multiflora*	胡颓子科	胡颓子属				
1153	节节菜	*Rotala indica*	千屈菜科	节节菜属	无危（LC）			
1154	圆叶节节菜	*Rotala rotundifolia*	千屈菜科	节节菜属	无危（LC）			
1155	紫薇	*Lagerstroemia indica*	千屈菜科	紫薇属				
1156	南紫薇	*Lagerstroemia subcostata*	千屈菜科	紫薇属	无危（LC）			
1157	蓝果树	*Nyssa sinensis*	蓝果树科	蓝果树属	无危（LC）			
1158	瓜木	*Alangium platanifolium*	八角枫科	八角枫属				
1159	八角枫	*Alangium chinense*	八角枫科	八角枫属	无危（LC）			
1160	毛八角枫	*Alangium kurzii*	八角枫科	八角枫属	无危（LC）			
1161	云山八角枫	*Alangium kurzii* var. *handelii*	八角枫科	八角枫属	无危（LC）			
1162	华南蒲桃	*Syzygium austrosinense*	桃金娘科	蒲桃属	无危（LC）		是	
1163	赤楠	*Syzygium buxifolium*	桃金娘科	蒲桃属	无危（LC）			
1164	轮叶蒲桃	*Syzygium grijsii*	桃金娘科	蒲桃属	无危（LC）		是	
1165	地菍	*Melastoma dodecandrum*	野牡丹科	野牡丹属	无危（LC）			
1166	楮头红	*Sarcopyramis napalensis*	野牡丹科	肉穗草属				
1167	秀丽野海棠	*Bredia quadrangularis*	野牡丹科	野海棠属	无危（LC）		是	

序号	中文名	学名	科名	属名	濒危等级	保护等级	中国特有种	外来入侵种
1168	中华野海棠	*Bredia sinensis*	野牡丹科	野海棠属	无危（LC）		是	
1169	肥肉草	*Fordiophyton faberi*	野牡丹科	异药花属	无危（LC）		是	
1170	金锦香	*Osbeckia chinensis*	野牡丹科	金锦香属				
1171	野菱	*Trapa incisa*	菱科	菱属	数据缺乏（DD）	二级		
1172	牛泷草	*Circaea cordata*	柳叶菜科	露珠草属	无危（LC）			
1173	南方露珠草	*Circaea mollis*	柳叶菜科	露珠草属	无危（LC）			
1174	谷蓼	*Circaea erubescens*	柳叶菜科	露珠草属	无危（LC）			
1175	高山露珠草	*Circaea alpina*	柳叶菜科	露珠草属	无危（LC）			
1176	长籽柳叶菜	*Epilobium pyrricholophum*	柳叶菜科	柳叶菜属	无危（LC）			
1177	丁香蓼	*Ludwigia epilobioides*	柳叶菜科	丁香蓼属				
1178	卵叶丁香蓼	*Ludwigia ovalis*	柳叶菜科	丁香蓼属				
1179	月见草	*Oenothera biennis*	柳叶菜科	月见草属	无危（LC）			是
1180	裂叶月见草	*Oenothera laciniata*	柳叶菜科	月见草属				是
1181	小花山桃草	*Gaura parviflora*	柳叶菜科	山桃草属				是
1182	小二仙草	*Gonocarpus micranthus*	小二仙草科	小二仙草属				
1183	穗花狐尾藻	*Myriophyllum spicatum*	小二仙草科	狐尾藻属				
1184	轮叶狐尾藻	*Myriophyllum verticillatum*	小二仙草科	狐尾藻属				
1185	树参	*Dendropanax dentiger*	五加科	树参属	无危（LC）			
1186	中华常春藤	*Hedera nepalensis* var. *sinensis*	五加科	常春藤属	无危（LC）			
1187	吴茱萸五加	*Gamblea ciliata* var. *evodiifolia*	五加科	吴萸叶五加属	易危（VU）			
1188	白簕	*Eleutherococcus trifoliatus*	五加科	五加属				
1189	藤五加	*Eleutherococcus leucorrhizus*	五加科	五加属	无危（LC）			
1190	五加	*Acanthopanax gracilistyuls*	五加科	五加属				
1191	糙叶五加	*Eleutherococcus henryi*	五加科	五加属	无危（LC）		是	
1192	细柱五加	*Eleutherococcus nodiflorus*	五加科	五加属	无危（LC）		是	
1193	棘茎楤木	*Aralia echinocaulis*	五加科	楤木属	无危（LC）		是	
1194	楤木	*Aralia chinensis*	五加科	楤木属	无危（LC）			
1195	白背叶楤木	*Aralia chinensis* var. *nuda*	五加科	楤木属				
1196	头序楤木	*Aralia dasyphylla*	五加科	楤木属	无危（LC）			
1197	土当归	*Aralia cordata*	五加科	楤木属	无危（LC）		是	
1198	大叶三七	*Panax japonicus*	五加科	人参属				
1199	羽叶三七	*Panax japonicus* var. *bipinnatifidus*	五加科	人参属	易危（VU）			

序号	中文名	学名	科名	属名	濒危等级	保护等级	中国特有种	外来入侵种
1200	短梗大参	*Macropanax rosthornii*	五加科	大参属	无危（LC）		是	
1201	紫花前胡	*Angelica decursiva*	伞形科	当归属	无危（LC）			
1202	福参	*Angelica morii*	伞形科	当归属	近危（NT）		是	
1203	重齿当归	*Angelica biserrata*	伞形科	当归属	无危（LC）		是	
1204	积雪草	*Centella asiatica*	伞形科	积雪草属				
1205	明党参	*Changium smyrnioides*	伞形科	明党参属	易危（VU）	二级	是	
1206	蛇床	*Cnidium monnieri*	伞形科	蛇床属				
1207	鸭儿芹	*Cryptotaenia japonica*	伞形科	鸭儿芹属	无危（LC）			
1208	细叶旱芹	*Cyclospermum leptophyllum*	伞形科	细叶旱芹属				是
1209	野胡萝卜	*Daucus carota*	伞形科	胡萝卜属				是
1210	天胡荽	*Hydrocotyle sibthorpioides*	伞形科	天胡荽属				
1211	香菇草	*Hydrocotyle vulgaris*	伞形科	天胡荽属				是
1212	肾叶天胡荽	*Hydrocotyle wilfordii*	伞形科	天胡荽属	无危（LC）			
1213	中华天胡荽	*Hydrocotyle hookeri* subsp. *chinensis*	伞形科	天胡荽属	无危（LC）			
1214	红马蹄草	*Hydrocotyle nepalensis*	伞形科	天胡荽属	无危（LC）			
1215	水芹菜	*Oenanthe javanica*	伞形科	水芹属				
1216	线叶水芹	*Oenanthe linearis*	伞形科	水芹属				
1217	隔山香	*Ostericum citriodorum*	伞形科	山芹属	无危（LC）		是	
1218	大齿当归	*Ostericum grosseserratum*	伞形科	山芹属	无危（LC）			
1219	华东山芹	*Ostericum huadongense*	伞形科	山芹属	近危（NT）		是	
1220	前胡	*Peucedanum decursivum*	伞形科	前胡属	无危（LC）		是	
1221	白花前胡	*Peucedanum praeruptorum*	伞形科	前胡属	无危（LC）		是	
1222	异叶茴芹	*Pimpinella diversifolia*	伞形科	茴芹属	无危（LC）			
1223	假苞囊瓣芹	*Pternopetalum tanakae* var. *fulcratum*	伞形科	囊瓣芹属	无危（LC）		是	
1224	变豆菜	*Sanicula chinensis*	伞形科	变豆菜属				
1225	薄片变豆菜	*Sanicula lamelligera*	伞形科	变豆菜属	无危（LC）			
1226	直刺变豆菜	*Sanicula orthacantha*	伞形科	变豆菜属				
1227	小窃衣	*Torilis japonica*	伞形科	窃衣属				
1228	窃衣	*Torilis scabra*	伞形科	窃衣属				
1229	灯台树	*Cornus controversa*	山茱萸科	山茱萸属	无危（LC）			
1230	秀丽四照花	*Cornus hongkongensis* subsp. *elegans*	山茱萸科	山茱萸属	无危（LC）		是	
1231	四照花	*Cornus kousa* subsp. *chinensis*	山茱萸科	山茱萸属	无危（LC）		是	
1232	川鄂山茱萸	*Cornus chinensis*	山茱萸科	山茱萸属	无危（LC）			
1233	青荚叶	*Helwingia japonica*	山茱萸科	青荚叶属	无危（LC）			
1234	白粉青荚叶	*Helwingia japonica* var. *hypoleuca*	山茱萸科	青荚叶属	无危（LC）		是	
1235	浙江青荚叶	*Helwingia japonica* var.	山茱萸科	青荚叶属	无危（LC）		是	

序号	中文名	学名	科名	属名	濒危等级	保护等级	中国特有种	外来入侵种
		zhejiangensis						
1236	青木	*Aucuba japonica*	山茱萸科	桃叶珊瑚属	无危（LC）			
1237	长叶珊瑚	*Aucuba himalaica*	山茱萸科	桃叶珊瑚属	无危（LC）		是	
1238	窄斑叶珊瑚	*Aucuba albopunctifolia* var. *angustula*	山茱萸科	桃叶珊瑚属	无危（LC）		是	
1239	华东山柳	*Clethra barbinervis*	山柳科	桤叶树属	无危（LC）			
1240	鹿蹄草	*Pyrola calliantha*	鹿蹄草科	鹿蹄草属	无危（LC）		是	
1241	普通鹿蹄草	*Pyrola decorata*	鹿蹄草科	鹿蹄草属	无危（LC）			
1242	大果假水晶兰	*Monotropastrum humile*	鹿蹄草科	假沙晶兰属	无危（LC）			
1243	灯笼树	*Enkianthus chinensis*	杜鹃花科	吊钟花属	无危（LC）		是	
1244	江西杜鹃	*Rhododendron kiangsiense*	杜鹃花科	杜鹃属	濒危（EN）	二级	是	
1245	云锦杜鹃	*Rhododendron fortunei*	杜鹃花科	杜鹃属	无危（LC）		是	
1246	猴头杜鹃	*Rhododendron simiarum*	杜鹃花科	杜鹃属	无危（LC）		是	
1247	刺毛杜鹃	*Rhododendron championiae*	杜鹃花科	杜鹃属	无危（LC）		是	
1248	鹿角杜鹃	*Rhododendron latoucheae*	杜鹃花科	杜鹃属	无危（LC）			
1249	马银花	*Rhododendron ovatum*	杜鹃花科	杜鹃属	无危（LC）		是	
1250	羊踯躅	*Rhododendron molle*	杜鹃花科	杜鹃属	无危（LC）		是	
1251	满山红	*Rhododendron mariesii*	杜鹃花科	杜鹃属	无危（LC）		是	
1252	丁香杜鹃	*Rhododendron farrerae*	杜鹃花科	杜鹃属	无危（LC）		是	
1253	映山红	*Rhododendron simsii*	杜鹃花科	杜鹃属				
1254	马醉木	*Pieris japonica*	杜鹃花科	马醉木属	无危（LC）			
1255	美丽马醉木	*Pieris formosa*	杜鹃花科	马醉木属	无危（LC）			
1256	毛果南烛	*Lyonia ovalifolia* var. *hebecarpa*	杜鹃花科	珍珠花属	数据缺乏（DD）		是	
1257	扁枝越橘	*Vaccinium japonicum* var. *sincum*	杜鹃花科	越橘属	无危（LC）		是	
1258	无梗越橘	*Vaccinium henryi*	杜鹃花科	越橘属	无危（LC）		是	
1259	乌饭树	*Vaccinium bracteatum*	杜鹃花科	越橘属				
1260	黄背越橘	*Vaccinium iteophyllum*	杜鹃花科	越橘属	无危（LC）			
1261	短尾越橘	*Vaccinium carlesii*	杜鹃花科	越橘属	无危（LC）			
1262	江南越橘	*Vaccinium mandarinorum*	杜鹃花科	越橘属	无危（LC）		是	
1263	刺毛越橘	*Vaccinium trichocladum*	杜鹃花科	越橘属	无危（LC）		是	
1264	杜茎山	*Maesa japonica*	紫金牛科	杜茎山属	无危（LC）			
1265	少年红	*Ardisia alyxiaefolia*	紫金牛科	紫金牛属	无危（LC）		是	
1266	朱砂根	*Ardisia crenata*	紫金牛科	紫金牛属	无危（LC）			
1267	矮茎紫金牛	*Ardisia brevicaulis*	紫金牛科	紫金牛属	无危（LC）		是	
1268	大罗伞树	*Ardisia hanceana*	紫金牛科	紫金牛属	无危（LC）			
1269	百两金	*Ardisia crispa*	紫金牛科	紫金牛属	无危（LC）			

序号	中文名	学名	科名	属名	濒危等级	保护等级	中国特有种	外来入侵种
1270	细柄百两金	*Ardisia crispa* var. *dielsii*	紫金牛科	紫金牛属				
1271	紫金牛	*Ardisia japonica*	紫金牛科	紫金牛属	无危（LC）			
1272	网脉酸藤子	*Embelia vestita*	紫金牛科	酸藤子属	无危（LC）		是	
1273	光叶铁仔	*Myrsine stolonifera*	紫金牛科	铁仔属	无危（LC）			
1274	密花树	*Myrsine seguinii*	紫金牛科	铁仔属	无危（LC）			
1275	点地梅	*Androsace umbellata*	报春花科	点地梅属				
1276	假婆婆纳	*Stimpsonia chamaedryoides*	报春花科	假婆婆纳属	无危（LC）			
1277	红花假婆婆纳	*Stimpsonia chamaedryoides* f. *rubriflora*	报春花科	假婆婆纳属	易危（VU）		是	
1278	长梗过路黄	*Lysimachia longipes*	报春花科	珍珠菜属	无危（LC）		是	
1279	福建过路黄	*Lysimachia fukienensis*	报春花科	珍珠菜属	无危（LC）		是	
1280	聚花过路黄	*Lysimachia congestiflora*	报春花科	珍珠菜属				
1281	浙江过路黄	*Lysimachia chekiangensis*	报春花科	珍珠菜属	无危（LC）		是	
1282	巴东过路黄	*Lysimachia patungensis*	报春花科	珍珠菜属	无危（LC）		是	
1283	光叶巴东过路黄	*Lysimachia patungensis* f. *glabrifolia*	报春花科	珍珠菜属	无危（LC）		是	
1284	点腺过路黄	*Lysimachia hemsleyana*	报春花科	珍珠菜属				
1285	过路黄	*Lysimachia christiniae*	报春花科	珍珠菜属				
1286	矮桃	*Lysimachia clethroides*	报春花科	珍珠菜属				
1287	黑腺珍珠菜	*Lysimachia heterogenea*	报春花科	珍珠菜属				
1288	星宿菜	*Lysimachia fortunei*	报春花科	珍珠菜属				
1289	泽珍珠菜	*Lysimachia candida*	报春花科	珍珠菜属				
1290	白花过路黄	*Lysimachia huitsunae*	报春花科	珍珠菜属	易危（VU）		是	
1291	红毛过路黄	*Lysimachia rufopilosa*	报春花科	珍珠菜属				
1292	琉璃繁缕	*Anagallis arvensis*	报春花科	琉璃繁缕属				
1293	老鸦柿	*Diospyros rhombifolia*	柿科	柿树属	无危（LC）		是	
1294	罗浮柿	*Diospyros morrisiana*	柿科	柿树属	无危（LC）			
1295	浙江柿	*Diospyros japonica*	柿科	柿树属	无危（LC）			
1296	君迁子	*Diospyros lotus*	柿科	柿树属	无危（LC）			
1297	柿	*Diospyros kaki*	柿科	柿树属				
1298	野柿	*Diospyros kaki* var. *sylvestris*	柿科	柿树属	无危（LC）		是	
1299	延平柿	*Diospyros tsangii*	柿科	柿树属	无危（LC）		是	
1300	粉叶柿	*Diospyros glaucifolia*	柿科	柿树属				
1301	白檀	*Symplocos paniculata*	山矾科	山矾属	无危（LC）			
1302	朝鲜白檀	*Symplocos coreana*	山矾科	山矾属				
1303	华山矾	*Symplocos chinensis*	山矾科	山矾属				
1304	老鼠矢	*Symplocos stellaris*	山矾科	山矾属	无危（LC）			

序号	中文名	学名	科名	属名	濒危等级	保护等级	中国特有种	外来入侵种
1305	宜章山矾	*Symplocos yizhanensis*	山矾科	山矾属				
1306	薄叶山矾	*Symplocos anomala*	山矾科	山矾属	无危（LC）			
1307	光亮山矾	*Symplocos lucida*	山矾科	山矾属				
1308	叶萼山矾	*Symplocos phylloalyx*	山矾科	山矾属				
1309	黄牛奶树	*Symplocos cochinchinensis* var. *laurina*	山矾科	山矾属	无危（LC）			
1310	光叶山矾	*Symplocos lancifolia*	山矾科	山矾属	无危（LC）			
1311	总状山矾	*Symplocos botryantha*	山矾科	山矾属				
1312	海桐山矾	*Symplocos heishanensis*	山矾科	山矾属	无危（LC）		是	
1313	山矾	*Symplocos sumuntia*	山矾科	山矾属	无危（LC）			
1314	南岭山矾	*Symplocos pendula* var. *hirtistylis*	山矾科	山矾属	无危（LC）			
1315	银钟花	*Halesia macgregorii*	安息香科	银钟花属	近危（NT）		是	
1316	赤杨叶	*Alniphyllum fortunei*	安息香科	赤杨叶属	无危（LC）			
1317	灰叶安息香	*Styrax calvescens*	安息香科	安息香属	无危（LC）		是	
1318	栓叶安息香	*Styrax suberifolius*	安息香科	安息香属	无危（LC）			
1319	野茉莉	*Styrax japonicus*	安息香科	安息香属	无危（LC）			
1320	郁香安息香	*Styrax odoratissimus*	安息香科	安息香属	无危（LC）		是	
1321	赛山梅	*Styrax confusus*	安息香科	安息香属	无危（LC）		是	
1322	垂珠花	*Styrax dasyanthus*	安息香科	安息香属	无危（LC）		是	
1323	小叶白辛树	*Pterostyrax corymbosus*	安息香科	白辛树属	无危（LC）			
1324	苦枥木	*Fraxinus insularis*	木樨科	梣属	无危（LC）			
1325	白蜡树	*Fraxinus chinensis*	木樨科	梣属				
1326	金钟花	*Forsythia viridissima*	木樨科	连翘属				
1327	长叶木樨	*Osmanthus marginatus* var. *longissimus*	木樨科	木樨属	无危（LC）		是	
1328	牛矢果	*Osmanthus matsumuranus*	木樨科	木樨属	无危（LC）			
1329	宁波木樨	*Osmanthus cooperi*	木樨科	木樨属	无危（LC）		是	
1330	流苏树	*Chionanthus retusus*	木樨科	流苏树属	无危（LC）			
1331	女贞	*Ligustrum lucidum*	木樨科	女贞属	无危（LC）		是	
1332	华女贞	*Ligustrum lianum*	木樨科	女贞属	无危（LC）		是	
1333	小蜡	*Ligustrum sinense*	木樨科	女贞属				
1334	长筒女贞	*Ligustrum longitubum*	木樨科	女贞属	无危（LC）		是	
1335	蜡子树	*Ligustrum leucanthum*	木樨科	女贞属	无危（LC）		是	
1336	清香藤	*Jasminum lanceolaria*	木樨科	素馨属	无危（LC）			
1337	华素馨	*Jasminum sinense*	木樨科	素馨属	无危（LC）		是	
1338	醉鱼草	*Buddleja lindleyana*	马钱科	醉鱼草属	无危（LC）		是	
1339	蓬莱葛	*Gardneria nutans*	马钱科	蓬莱葛属	无危（LC）			

序号	中文名	学名	科名	属名	濒危等级	保护等级	中国特有种	外来入侵种
1340	荇菜	*Nymphoides peltata*	龙胆科	荇菜属	无危（LC）			
1341	华双蝴蝶	*Tripterospermum chinense*	龙胆科	双蝴蝶属				
1342	香港双蝴蝶	*Tripterospermum nienkui*	龙胆科	双蝴蝶属	无危（LC）			
1343	细茎双蝴蝶	*Tripterospermum filicaule*	龙胆科	双蝴蝶属	数据缺乏（DD）		是	
1344	百金花	*Centaurium pulchellum* var. *altaicum*	龙胆科	百金花属				
1345	龙胆	*Gentiana scabra*	龙胆科	龙胆属	无危（LC）			
1346	条叶龙胆	*Gentiana manshurica*	龙胆科	龙胆属	濒危（EN）			
1347	五岭龙胆	*Gentiana davidii*	龙胆科	龙胆属	无危（LC）		是	
1348	笔龙胆	*Gentiana zollingeri*	龙胆科	龙胆属	无危（LC）			
1349	黄山龙胆	*Gentiana delicata*	龙胆科	龙胆属	近危（NT）		是	
1350	獐牙菜	*Swertia bimaculata*	龙胆科	獐牙菜属	无危（LC）			
1351	江浙獐牙菜	*Swertia hicknii*	龙胆科	獐牙菜属				
1352	链珠藤	*Alyxia sinensis*	夹竹桃科	链珠藤属	无危（LC）		是	
1353	祛风藤	*Biondia microcentra*	夹竹桃科	秦岭藤属	无危（LC）		是	
1354	毛药藤	*Sindechites henryi*	夹竹桃科	毛药藤属	无危（LC）		是	
1355	乳儿绳	*Trachelospermum cathayanum*	夹竹桃科	络石属				
1356	络石	*Trachelospermum jasminoides*	夹竹桃科	络石属	无危（LC）			
1357	石血	*Trachelospermum jasminoides* var. *heterophyllum*	夹竹桃科	络石属				
1358	紫花络石	*Trachelospermum axillare*	夹竹桃科	络石属	无危（LC）		是	
1359	短柱络石	*Trachelospermum brevistylum*	夹竹桃科	络石属	无危（LC）		是	
1360	贵州娃儿藤	*Tylophora silvestris*	萝藦科	娃儿藤属	无危（LC）		是	
1361	折冠牛皮消	*Cynanchum boudieri*	萝藦科	鹅绒藤属	无危（LC）			
1362	柳叶白前	*Cynanchum stauntonii*	萝藦科	鹅绒藤属	无危（LC）		是	
1363	徐长卿	*Cynanchum paniculatum*	萝藦科	鹅绒藤属	无危（LC）			
1364	毛白前	*Cynanchum mooreanum*	萝藦科	鹅绒藤属	无危（LC）		是	
1365	牛皮消	*Cynanchum auriculatum*	萝藦科	鹅绒藤属	无危（LC）			
1366	白前	*Cynanchum glaucescens*	萝藦科	鹅绒藤属	无危（LC）		是	
1367	萝藦	*Metaplexis japonica*	萝藦科	萝藦属	无危（LC）			
1368	牛奶菜	*Marsdenia sinensis*	萝藦科	牛奶菜属	无危（LC）		是	
1369	七层楼	*Tylophora floribunda*	萝藦科	娃儿藤属	无危（LC）			
1370	金灯藤	*Cuscuta japonica*	旋花科	菟丝子属				
1371	菟丝子	*Cuscuta chinensis*	旋花科	菟丝子属				
1372	南方菟丝子	*Cuscuta australis*	旋花科	菟丝子属				
1373	马蹄金	*Dichondra micrantha*	旋花科	马蹄金属	无危（LC）			
1374	飞蛾藤	*Pinetus racemosus*	旋花科	飞蛾藤属				

序号	中文名	学名	科名	属名	濒危等级	保护等级	中国特有种	外来入侵种
1375	旋花	*Calystegia sepium*	旋花科	打碗花属				
1376	打碗花	*Calystegia hederacea*	旋花科	打碗花属	无危（LC）			
1377	三裂叶薯	*Ipomoea triloba*	旋花科	番薯属	无危（LC）			是
1378	瘤梗甘薯	*Ipomoea lacunosa*	旋花科	番薯属				是
1379	牵牛	*Ipomoea nil*	旋花科	番薯属				是
1380	圆叶牵牛	*Ipomoea purpurea*	旋花科	番薯属				是
1381	北鱼黄草	*Merremia sibirica*	旋花科	鱼黄草属	无危（LC）			
1382	厚壳树	*Ehretia acuminata*	紫草科	厚壳树属				
1383	紫草	*Lithospermum erythrorhizon*	紫草科	紫草属	无危（LC）			
1384	梓木草	*Lithospermum zollingeri*	紫草科	紫草属	无危（LC）			
1385	琉璃草	*Cynoglossum zeylanicum*	紫草科	琉璃草属				
1386	盾果草	*Thyrocarpus sampsonii*	紫草科	盾果草属				
1387	柔弱斑种草	*Bothriospermum zeylanicum*	紫草科	斑种草属				
1388	附地菜	*Trigonotis peduncularis*	紫草科	附地菜属				
1389	皿果草	*Omphalotrigonotis cupulifera*	紫草科	皿果草属				
1390	泰顺皿果草	*Omphalotrigonotis taishunensis*	紫草科	皿果草属				
1391	小花琉璃草	*Cynoglossum lanceolatum*	紫草科	琉璃草属	无危（LC）			
1392	马鞭草	*Verbena officinalis*	马鞭草科	马鞭草属				
1393	兰香草	*Caryopteris incana*	马鞭草科	莸属	无危（LC）			
1394	单花莸	*Caryopteris nepetaefolia*	马鞭草科	莸属	无危（LC）		是	
1395	紫珠	*Callicarpa bodinieri*	马鞭草科	紫珠属	无危（LC）			
1396	华紫珠	*Callicarpa cathayana*	马鞭草科	紫珠属	无危（LC）		是	
1397	全缘叶紫珠	*Callicarpa integerrima*	马鞭草科	紫珠属	无危（LC）		是	
1398	红紫珠	*Callicarpa integerrima* var. *chinensis*	马鞭草科	紫珠属	无危（LC）			
1399	秃红紫珠	*Callicarpa rubella* var. *subglabra*	马鞭草科	紫珠属	无危（LC）		是	
1400	钝齿红紫珠	*Callicarpa rubella* f. *crenata*	马鞭草科	紫珠属	无危（LC）			
1401	白棠子树	*Callicarpa dichotoma*	马鞭草科	紫珠属	无危（LC）			
1402	老鸦糊	*Callicarpa giraldii*	马鞭草科	紫珠属	无危（LC）		是	
1403	毛叶老鸦糊	*Callicarpa giraldii* var. *lyi*	马鞭草科	紫珠属	无危（LC）		是	
1404	日本紫珠	*Callicarpa japonica*	马鞭草科	紫珠属	无危（LC）			
1405	窄叶紫珠	*Callicarpa japonica* var. *angustata*	马鞭草科	紫珠属				
1406	光叶紫珠	*Callicarpa lingii*	马鞭草科	紫珠属				
1407	臭牡丹	*Clerodendrum bungei*	马鞭草科	大青属	无危（LC）			
1408	浙江大青	*Clerodendrum kaichianum*	马鞭草科	大青属	无危（LC）		是	
1409	大青	*Clerodendrum cyrtophyllum*	马鞭草科	大青属	无危（LC）			
1410	海州常山	*Clerodendrum trichotomum*	马鞭草科	大青属				

序号	中文名	学名	科名	属名	濒危等级	保护等级	中国特有种	外来入侵种
1411	豆腐柴	*Premna microphylla*	马鞭草科	豆腐柴属	无危（LC）			
1412	牡荆	*Vitex negundo* var. *cannabifolia*	马鞭草科	牡荆属	无危（LC）			
1413	四棱草	*Schnabelia oligophylla*	唇形科	四棱草属	无危（LC）		是	
1414	庐山香科科	*Teucirum pernyi*	唇形科	香科科属	无危（LC）		是	
1415	血见愁	*Teucirum viscidum*	唇形科	香科科属	无危（LC）			
1416	金疮小草	*Ajuga decumbens*	唇形科	筋骨草属	无危（LC）			
1417	紫背金盘	*Ajuga nipponensis*	唇形科	筋骨草属	无危（LC）			
1418	印度黄芩	*Scutellaria indica*	唇形科	黄芩属				
1419	京黄芩	*Scutellaria pekinensis*	唇形科	黄芩属	无危（LC）			
1420	半枝莲	*Scutellaria barbata*	唇形科	黄芩属				
1421	藿香	*Agastache rugosa*	唇形科	藿香属				
1422	活血丹	*Glechoma longituba*	唇形科	活血丹属				
1423	走茎龙头草	*Meehania urticifolia* var. *angustifolia*	唇形科	龙头草属				
1424	高野山龙头草	*Meehania montis-koyae*	唇形科	龙头草属				
1425	夏枯草	*Prunella vulgaris*	唇形科	夏枯草属				
1426	益母草	*Leonurus japonicus*	唇形科	益母草属				
1427	宝盖草	*Lamium amplexicaule*	唇形科	野芝麻属				
1428	野芝麻	*Lamium barbatum*	唇形科	野芝麻属				
1429	水苏	*Stachys japonica*	唇形科	水苏属				
1430	田野水苏	*Stachys arvensis*	唇形科	水苏属	无危（LC）			是
1431	中间假糙苏	*Paraphlomis intermedia*	唇形科	假糙苏属				
1432	云和假糙苏	*Paraphlomis lancidentata*	唇形科	假糙苏属	近危（NT）		是	
1433	地蚕	*Stachys geobombycis*	唇形科	水苏属	无危（LC）		是	
1434	小野芝麻	*Galeobdolon chinense*	唇形科	小野芝麻属	无危（LC）		是	
1435	南丹参	*Salvia bowleyana*	唇形科	鼠尾草属	无危（LC）		是	
1436	荔枝草	*Salvia plebeia*	唇形科	鼠尾草属				
1437	鼠尾草	*Salvia japonica*	唇形科	鼠尾草属	无危（LC）			
1438	舌瓣鼠尾草	*Salvia liguliloba*	唇形科	鼠尾草属	无危（LC）		是	
1439	蔓茎鼠尾草	*Salvia substolonifera*	唇形科	鼠尾草属	无危（LC）		是	
1440	华鼠尾草	*Salvia chinensis*	唇形科	鼠尾草属	无危（LC）		是	
1441	红根草	*Salvia prionitis*	唇形科	鼠尾草属	无危（LC）		是	
1442	细风轮菜	*Clinopodium gracile*	唇形科	风轮菜属				
1443	邻近风轮菜	*Clinopodium confine*	唇形科	风轮菜属				
1444	风轮菜	*Clinopodium chinense*	唇形科	风轮菜属				
1445	牛至	*Origanum vulgare*	唇形科	牛至属				
1446	薄荷	*Mentha canadensis*	唇形科	薄荷属				

序号	中文名	学名	科名	属名	濒危等级	保护等级	中国特有种	外来入侵种
1447	硬毛地笋	*Lycopus lucidus* var. *hirtus*	唇形科	地笋属	无危（LC）			
1448	紫苏	*Perilla frutescens*	唇形科	紫苏属				
1449	野紫苏	*Perilla frutescens* var. *acuta*	唇形科	紫苏属				
1450	苏州荠苎	*Mosla soochowensis*	唇形科	石荠苎属				
1451	石荠苎	*Mosla scabra*	唇形科	石荠苎属	无危（LC）			
1452	小鱼仙草	*Mosla dianthera*	唇形科	石荠苎属	无危（LC）			
1453	长苞荠苎	*Mosla longibracteata*	唇形科	石荠苎属				
1454	石香薷	*Mosla chinensis*	唇形科	石荠苎属	无危（LC）			
1455	杭州石荠苎	*Mosla hangchowensis*	唇形科	石荠苎属	近危（NT）		是	
1456	紫花香薷	*Elsholtzia argyi*	唇形科	香薷属	无危（LC）			
1457	香薷	*Elsholtzia ciliata*	唇形科	香薷属	无危（LC）			
1458	香薷状香简草	*Keiskea elsholtzioides*	唇形科	香简草属	无危（LC）		是	
1459	出蕊四轮香	*Hanceola exserta*	唇形科	四轮香属	近危（NT）		是	
1460	长管香茶菜	*Rabdosia longituba*	唇形科	香茶菜属	无危（LC）			
1461	大萼香茶菜	*Rabdosia macrocalyx*	唇形科	香茶菜属	无危（LC）		是	
1462	水蜡烛	*Dysophylla yatabeana*	唇形科	水蜡烛属	无危（LC）			
1463	香茶菜	*Isodon amethystoides*	唇形科	香茶菜属	无危（LC）		是	
1464	显脉香茶菜	*Isodon nervosus*	唇形科	香茶菜属	无危（LC）		是	
1465	线纹香茶菜	*Isodon lophanthoides*	唇形科	香茶菜属	无危（LC）			
1466	内折香茶菜	*Isodon inflexus*	唇形科	香茶菜属	无危（LC）			
1467	凉粉草	*Mesona chinensis*	唇形科	凉粉草属	无危（LC）		是	
1468	苦梓	*Gmelina hainanensis*	唇形科	石梓属	无危（LC）	二级		
1469	曼陀罗	*Datura stramonium*	茄科	曼陀罗属				是
1470	紫单花红丝线	*Lycianthes lysimachioides*	茄科	红丝线属				
1471	中华红丝线	*Lycianthes lysimachioides* var. *sinensis*	茄科	红丝线属	无危（LC）		是	
1472	枸杞	*Lycium chinense*	茄科	枸杞属	无危（LC）			
1473	假酸浆	*Nicandra physalodes*	茄科	假酸浆属				是
1474	广西地海椒	*Physaliastrum chamaesarachoides*	茄科	散血丹属	易危（VU）			
1475	江南散血丹	*Physaliastrum heterophyllum*	茄科	散血丹属	无危（LC）		是	
1476	挂金灯	*Physalis alkekengi*	茄科	酸浆属				
1477	苦蘵	*Physalis angulata*	茄科	酸浆属	无危（LC）			是
1478	小酸浆	*Physalis minima*	茄科	酸浆属	无危（LC）			是
1479	喀西茄	*Solanum aculeatissimum*	茄科	茄属	无危（LC）			是
1480	野海茄	*Solanum japonense*	茄科	茄属	无危（LC）			
1481	白英	*Solanum lyrtum*	茄科	茄属	无危（LC）			

序号	中文名	学名	科名	属名	濒危等级	保护等级	中国特有种	外来入侵种
1482	龙葵	*Solanum nigrum*	茄科	茄属	无危（LC）			
1483	海桐叶白英	*Solanum pittosporifolium*	茄科	茄属	无危（LC）			
1484	珊瑚樱	*Solanum pseudocapsicum*	茄科	茄属				是
1485	珊瑚豆	*Solanum pseudocapsicum* var. *diflorum*	茄科	茄属				是
1486	牛茄子	*Solanum virginianum*	茄科	茄属	无危（LC）			是
1487	龙珠	*Tubocapsicum anomalum*	茄科	龙珠属	无危（LC）			
1488	毛泡桐	*Paulownia tomentosa*	玄参科	泡桐属				
1489	白花泡桐	*Paulownia fortunei*	玄参科	泡桐属				
1490	台湾泡桐	*Paulownia kawakamii*	玄参科	泡桐属	无危（LC）		是	
1491	石龙尾	*Limnophila sessiliflora*	玄参科	石龙尾属				
1492	鞭打绣球	*Hemiphragma heterophyllum*	玄参科	鞭打绣球属	无危（LC）			
1493	玄参	*Scrophularia ningpoensis*	玄参科	玄参属				
1494	蚊母草	*Veronica peregrina*	玄参科	婆婆纳属				是
1495	直立婆婆纳	*Veronica arvensis*	玄参科	婆婆纳属				是
1496	婆婆纳	*Veronica didyma*	玄参科	婆婆纳属	无危（LC）			
1497	阿拉伯婆婆纳	*Veronica persica*	玄参科	婆婆纳属				是
1498	爬岩红	*Veronicastrum axillare*	玄参科	腹水草属	无危（LC）			
1499	毛叶腹水草	*Veronicastrum villosulum*	玄参科	腹水草属	无危（LC）			
1500	硬毛腹水草	*Veronicastrum villosulum* var. *hirsutum*	玄参科	腹水草属	无危（LC）		是	
1501	山萝花	*Melampyrum roseum*	玄参科	山罗花属				
1502	圆苞山罗花	*Melampyrum laxum*	玄参科	山罗花属	数据缺乏（DD）			
1503	水苦荬	*Veronica undulata*	玄参科	婆婆纳属				
1504	多枝婆婆纳	*Veronica javanica*	玄参科	婆婆纳属	无危（LC）			
1505	松蒿	*Phtheirospermum japonicum*	玄参科	松蒿属				
1506	阴行草	*Siphonostegia chinensis*	玄参科	阴行草属	无危（LC）			
1507	腺毛阴行草	*Siphonostegia laeta*	玄参科	阴行草属	无危（LC）		是	
1508	沙氏鹿茸草	*Monochasma savatieri*	玄参科	鹿茸草属	无危（LC）			
1509	鹿茸草	*Monochasma sheareri*	玄参科	鹿茸草属	无危（LC）			
1510	黑草	*Buchnera cruciata*	玄参科	黑草属	无危（LC）			
1511	胡麻草	*Centranthera cochinchinensis*	玄参科	胡麻草属	无危（LC）			
1512	毛果短冠草	*Sopubia lasiocarpa*	玄参科	短冠草属	无危（LC）		是	
1513	天目地黄	*Rehmannia chingii*	玄参科	地黄属	易危（VU）		是	
1514	紫萼蝴蝶草	*Torenia violaceaa*	玄参科	蝴蝶草属				
1515	陌上菜	*Lindernia procumbens*	玄参科	母草属				

序号	中文名	学名	科名	属名	濒危等级	保护等级	中国特有种	外来入侵种
1516	狭叶母草	*Lindernia angustifolia*	玄参科	母草属				
1517	母草	*Lindernia crustacea*	玄参科	母草属				
1518	毛刺母草	*Lindernia setuloa*	玄参科	母草属				
1519	泥花草	*Lindernia antipoda*	玄参科	母草属				
1520	弹刀子菜	*Mazus stachydifolius*	玄参科	通泉草属				
1521	早落通泉草	*Mazus caducifer*	玄参科	通泉草属	无危（LC）		是	
1522	通泉草	*Mazus japonicus*	玄参科	通泉草属	无危（LC）			
1523	光叶蝴蝶草	*Torenia glabra*	玄参科	蝴蝶草属				
1524	凌霄	*Campsis grandiflora*	紫葳科	凌霄属	无危（LC）			
1525	两头毛	*Incarvillea arguta*	紫葳科	角蒿属				
1526	野菰	*Aeginetia indica*	列当科	野菰属	无危（LC）			
1527	中国野菰	*Aeginetia sinensis*	列当科	野菰属				
1528	假野菰	*Christisonia hookeri*	列当科	假野菰属	近危（NT）			
1529	吊石苣苔	*Lysionotus pauciflorus*	苦苣苔科	吊石苣苔属	无危（LC）			
1530	苦苣苔	*Conandron ramondioides*	苦苣苔科	苦苣苔属	无危（LC）			
1531	长瓣马铃苣苔	*Oreocharis auricula*	苦苣苔科	马铃苣苔属	无危（LC）		是	
1532	大花石上莲	*Oreocharis maximowiczii*	苦苣苔科	马铃苣苔属	无危（LC）		是	
1533	浙皖粗筒苣苔	*Briggsia chienii*	苦苣苔科	粗筒苣苔属	无危（LC）		是	
1534	半蒴苣苔	*Hemiboea subcapitata*	苦苣苔科	半蒴苣苔属				
1535	羽裂唇柱苣苔	*Chirita pinnatifida*	苦苣苔科	唇柱苣苔属	无危（LC）		是	
1536	温州长蒴苣苔	*Didymocarpus cortusifolius*	苦苣苔科	长蒴苣苔属				
1537	迭裂长蒴苣苔	*Didymocarpus salviiflorus*	苦苣苔科	长蒴苣苔属	近危（NT）		是	
1538	挖耳草	*Utricularia bifida*	狸藻科	狸藻属	无危（LC）			
1539	钩突挖耳草	*Utricularia warburgii*	狸藻科	狸藻属	无危（LC）		是	
1540	圆叶挖耳草	*Utricularia striatula*	狸藻科	狸藻属	无危（LC）			
1541	短梗挖耳草	*Utricularia caerulea*	狸藻科	狸藻属				
1542	水蓑衣	*Hygrophila salicifoia*	爵床科	水蓑衣属	无危（LC）			
1543	九头狮子草	*Peristrophe japonica*	爵床科	观音草属	无危（LC）			
1544	羽裂马蓝	*Strobilanthes pinnatifida*	爵床科	紫云菜属	无危（LC）		是	
1545	密花孩儿草	*Rungia densiflora*	爵床科	孩儿草属	无危（LC）		是	
1546	爵床	*Rostellularia procumbens*	爵床科	爵床属				
1547	圆苞杜根藤	*Justicia championii*	爵床科	爵床属	无危（LC）		是	
1548	白接骨	*Asystasia neesiana*	爵床科	十万错属	无危（LC）			
1549	透骨草	*Phryma leptostachya* subsp. *asiatica*	透骨草科	透骨草属	无危（LC）			
1550	大车前	*Plantago major*	车前科	车前属				
1551	车前	*Plantago asiatica*	车前科	车前属				

序号	中文名	学名	科名	属名	濒危等级	保护等级	中国特有种	外来入侵种
1552	北美车前	*Plantago virginica*	车前科	车前属				是
1553	水团花	*Adina pilulifera*	茜草科	水团花属	无危（LC）			
1554	细叶水团花	*Adina rubella*	茜草科	水团花属	无危（LC）			
1555	茜树	*Aidia cochinchinensis*	茜草科	茜树属	无危（LC）			
1556	阔叶丰花草	*Borreria latifolia*	茜草科	丰花草属				
1557	流苏子	*Coptosapelta diffusa*	茜草科	流苏子属	无危（LC）			
1558	短刺虎刺	*Damnacanthus giganteus*	茜草科	虎刺属	无危（LC）			
1559	虎刺	*Damnacanthus indicus*	茜草科	虎刺属	无危（LC）			
1560	狗骨柴	*Diplospora dubia*	茜草科	狗骨柴属	无危（LC）			
1561	香果树	*Emmenopterys henryi*	茜草科	香果树属	近危（NT）	二级	是	
1562	四叶葎	*Galium bungei*	茜草科	拉拉藤属				
1563	阔叶四叶葎	*Galium bungei* var. *trachyspermum*	茜草科	拉拉藤属	无危（LC）			
1564	六叶葎	*Galium hoffmeisteri*	茜草科	拉拉藤属				
1565	林猪殃殃	*Galium paradoxum*	茜草科	拉拉藤属				
1566	猪殃殃	*Galium spurium*	茜草科	拉拉藤属				
1567	小叶猪殃殃	*Galium trifidum*	茜草科	拉拉藤属				
1568	栀子	*Gardenia jasminoides*	茜草科	栀子属	无危（LC）			
1569	水栀子	*Gardenia jasminoides* var. *radicans*	茜草科	栀子属				
1570	剑叶耳草	*Hedyotis caudatifolia*	茜草科	耳草属				
1571	金毛耳草	*Hedyotis Chrysotricha*	茜草科	耳草属				
1572	白花蛇舌草	*Hedyotis diffusa*	茜草科	耳草属				
1573	纤花耳草	*Hedyotis tenelliflora*	茜草科	耳草属				
1574	红大戟	*Knoxia roxburghii*	茜草科	红芽大戟属	易危（VU）			
1575	日本粗叶木	*Lasianthus japonicus*	茜草科	粗叶木属	无危（LC）			
1576	锡金粗叶木	*Lasianthus sikkimensis*	茜草科	粗叶木属	无危（LC）			
1577	波状蔓虎刺	*Mitchella umbellata*	茜草科	蔓虎刺属				
1578	蔓虎刺	*Mitchella undulata*	茜草科	蔓虎刺属	无危（LC）			
1579	羊角藤	*Morinda umbellata*	茜草科	巴戟天属				
1580	玉叶金花	*Mussaenda pubescens*	茜草科	玉叶金花属	无危（LC）			
1581	大叶白纸扇	*Mussaenda shikokiana*	茜草科	玉叶金花属	无危（LC）			
1582	薄叶假耳草	*Neanotis hirsuta*	茜草科	新耳草属				
1583	臭味新耳草	*Neanotis ingrata*	茜草科	新耳草属	无危（LC）			
1584	伞房花耳草	*Oldenlandia corymbosa*	茜草科	耳草属				
1585	蛇根草	*Ophiorrhiza japonica*	茜草科	蛇根草属	无危（LC）			
1586	毛鸡屎藤	*Paederia cavaleriei* var. *tomentosa*	茜草科	鸡矢藤属				
1587	耳叶鸡屎藤	*Paederia cavaleriei*	茜草科	鸡矢藤属	无危（LC）			

序号	中文名	学名	科名	属名	濒危等级	保护等级	中国特有种	外来入侵种
1588	疏花鸡矢藤	*Paederia laxiflora*	茜草科	鸡矢藤属	无危（LC）		是	
1589	鸡屎藤	*Paederia scandens*	茜草科	鸡矢藤属				
1590	海南槽裂木	*Pertusadina metcalfii*	茜草科	槽裂木属	无危（LC）		是	
1591	山黄皮	*Randia cochinchinensis*	茜草科	蓝茜树属				
1592	金剑草	*Rubia alata*	茜草科	茜草属	无危（LC）			
1593	茜草	*Rubia cordifolia*	茜草科	茜草属				
1594	白马骨	*Serissa serissiodes*	茜草科	白马骨属				
1595	白花苦灯笼	*Tarenna mollissima*	茜草科	乌口树属	无危（LC）			
1596	钩藤	*Uncaria rhynchophylla*	茜草科	钩藤属	无危（LC）			
1597	巴东荚蒾	*Viburnum henryi*	忍冬科	荚蒾属	无危（LC）		是	
1598	浙江荚蒾	*Viburnum schensianum* subsp. *chekiangense*	忍冬科	荚蒾属				
1599	壶花荚蒾	*Viburnum urceolatum*	忍冬科	荚蒾属	无危（LC）			
1600	合轴荚蒾	*Viburnum sympodiale*	忍冬科	荚蒾属	无危（LC）		是	
1601	球核荚蒾	*Viburnum propinquum*	忍冬科	荚蒾属	无危（LC）		是	
1602	蝴蝶戏珠花	*Viburnum plicatum* var. *tomentosum*	忍冬科	荚蒾属				
1603	金腺荚蒾	*Viburnum chunii*	忍冬科	荚蒾属	无危（LC）		是	
1604	具毛常绿荚蒾	*Viburnum sempervirens* var. *trichophorum*	忍冬科	荚蒾属	无危（LC）		是	
1605	饭汤子	*Viburnum setigerum*	忍冬科	荚蒾属				
1606	披针叶荚蒾	*Viburnum lancifolium*	忍冬科	荚蒾属				
1607	光萼台中荚蒾	*Viburnum formosanum* subsp. *leiogynum*	忍冬科	荚蒾属	无危（LC）		是	
1608	宜昌荚蒾	*Viburnum erosum*	忍冬科	荚蒾属	无危（LC）			
1609	荚蒾	*Viburnum dilatatum*	忍冬科	荚蒾属	无危（LC）			
1610	接骨草	*Sambucus javanica*	忍冬科	接骨木属	无危（LC）			
1611	接骨木	*Sambucus williamsii*	忍冬科	接骨木属	无危（LC）		是	
1612	水马桑	*Weigela japonica* var. *sinica*	忍冬科	锦带花属	无危（LC）			
1613	细毡毛忍冬	*Lonicera similis*	忍冬科	忍冬属	无危（LC）			
1614	下江忍冬	*Lonicera modesta*	忍冬科	忍冬属	无危（LC）		是	
1615	庐山忍冬	*Lonicera modesta* var. *lushanensis*	忍冬科	忍冬属	无危（LC）		是	
1616	须蕊忍冬	*Lonicera chrysantha* var. *koehneana*	忍冬科	忍冬属	无危（LC）		是	
1617	忍冬	*Lonicera japonica*	忍冬科	忍冬属	无危（LC）			
1618	淡红忍冬	*Lonicera acuminata*	忍冬科	忍冬属	无危（LC）			
1619	无毛淡红忍冬	*Lonicera acuminata* var. *depilata*	忍冬科	忍冬属	无危（LC）		是	
1620	毛萼忍冬	*Lonicera trichosepala*	忍冬科	忍冬属	无危（LC）		是	
1621	短柄忍冬	*Lonicera pampaninii*	忍冬科	忍冬属	无危（LC）		是	

序号	中文名	学名	科名	属名	濒危等级	保护等级	中国特有种	外来入侵种
1622	菰腺忍冬	*Lonicera hypoglauca*	忍冬科	忍冬属	无危（LC）			
1623	大花忍冬	*Lonicera macrantha*	忍冬科	忍冬属	无危（LC）			
1624	灰毡毛忍冬	*Lonicera macranthoides*	忍冬科	忍冬属	无危（LC）		是	
1625	盘叶忍冬	*Lonicera tragophylla*	忍冬科	忍冬属	无危（LC）		是	
1626	南方六道木	*Abelia dielsii*	忍冬科	六道木属				
1627	川续断	*Dipsacus asper*	忍冬科	川续断属	无危（LC）			
1628	南方荚蒾	*Viburnum fordiae*	忍冬科	荚蒾属	无危（LC）		是	
1629	吕宋荚蒾	*Viburnum luzonicum*	忍冬科	荚蒾属	无危（LC）			
1630	败酱	*Patrinia scabiosifolia*	败酱科	败酱属				
1631	白花败酱	*Patrinia villosa*	败酱科	败酱属				
1632	斑花败酱	*Patrinia monandra*	败酱科	败酱属	无危（LC）			
1633	窄叶败酱	*Patrinia heterophylla*	败酱科	败酱属				
1634	宽裂缬草	*Valeriana officinalis*	败酱科	缬草属				
1635	长叶赤爮	*Thladiantha longifolia*	葫芦科	赤爮儿属				
1636	台湾赤爮	*Thladiantha punctata*	葫芦科	赤爮儿属	无危（LC）		是	
1637	绞股蓝	*Gynostemma pentaphyllum*	葫芦科	绞股蓝属	无危（LC）			
1638	长萼栝楼	*Trichosanthes laceribractea*	葫芦科	栝楼属	无危（LC）		是	
1639	小花栝楼	*Trichosanthes hylonoma*	葫芦科	栝楼属	易危（VU）		是	
1640	王瓜	*Trichosanthes cucumeroides*	葫芦科	栝楼属	无危（LC）			
1641	盒子草	*Actinostemma tenerum*	葫芦科	盒子草属				
1642	栝楼	*Trichosanthes kirilowii*	葫芦科	栝楼属	无危（LC）			
1643	马爮儿	*Zehneria japonica*	葫芦科	马爮儿属				
1644	金钱豹	*Campanumoea javanica* subsp. *japonica*	桔梗科	金钱豹属	无危（LC）			
1645	羊乳	*Codonopsis lanceolata*	桔梗科	党参属	无危（LC）			
1646	蓝花参	*Wahlenbergia marginata*	桔梗科	蓝花参属				
1647	轮叶沙参	*Adenophora tetraphylla*	桔梗科	沙参属	无危（LC）			
1648	沙参	*Adenophora stircta*	桔梗科	沙参属	无危（LC）			
1649	华东杏叶沙参	*Adenophora petiolata* subsp. *huadungensis*	桔梗科	沙参属	无危（LC）		是	
1650	袋果草	*Peracarpa carnosa*	桔梗科	袋果草属	无危（LC）			
1651	半边莲	*Lobelia chinensis*	桔梗科	半边莲属				
1652	江南山梗菜	*Lobelia davidii*	桔梗科	半边莲属	无危（LC）			
1653	铜锤玉带草	*Pratia nummularia*	桔梗科	铜锤玉带属				
1654	下田菊	*Adenostemma lavenia*	菊科	下田菊属				
1655	宽叶下田菊	*Adenostemma lavenia* var. *latifolium*	菊科	下田菊属	无危（LC）			
1656	藿香蓟	*Ageratum conyzoides*	菊科	藿香蓟属				是

序号	中文名	学名	科名	属名	濒危等级	保护等级	中国特有种	外来入侵种
1657	熊耳草	*Ageratum houstonianum*	菊科	藿香蓟属				是
1658	杏香兔儿风	*Ainsliaea fragrans*	菊科	兔儿风属	无危（LC）			
1659	铁灯兔儿风	*Ainsliaea macroclinidioides*	菊科	兔儿风属	无危（LC）			
1660	三脉兔儿风	*Ainsliaea trinervis*	菊科	兔儿风属	无危（LC）		是	
1661	翅茎香青（变型）	*Anaphalis sinica* f. *pterocaula*	菊科	香青属				
1662	香青	*Anaphalis sinica*	菊科	香青属	无危（LC）			
1663	黄花蒿	*Artemisia annua*	菊科	蒿属	无危（LC）			
1664	奇蒿	*Artemisia anomala*	菊科	蒿属	无危（LC）			
1665	艾蒿	*Artemisia argyi*	菊科	蒿属				
1666	牡蒿	*Artemisia japonica*	菊科	蒿属				
1667	白苞蒿	*Artemisia lactiflora*	菊科	蒿属	无危（LC）			
1668	矮蒿	*Artemisia lancea*	菊科	蒿属				
1669	野艾蒿	*Artemisia lavandulifolia*	菊科	蒿属				
1670	猪毛蒿	*Artemisia scoparia*	菊科	蒿属				
1671	牛蒡	*Artium lappa*	菊科	牛蒡属				
1672	白舌紫菀	*Aster baccharoides*	菊科	紫菀属	无危（LC）		是	
1673	九龙山紫菀	*Aster jiulongshanensis*	菊科	紫菀属				
1674	琴叶紫菀	*Aster panduratus*	菊科	紫菀属	无危（LC）		是	
1675	东风菜	*Aster scaber*	菊科	紫菀属				
1676	狭叶裸菀	*Aster sinoangustifolius*	菊科	紫菀属				
1677	钻叶紫菀	*Aster subulatus*	菊科	紫菀属				是
1678	三脉紫菀	*Aster trinervius* subsp. *ageratoides*	菊科	紫菀属				
1679	陀螺紫菀	*Aster turbinatus*	菊科	紫菀属	无危（LC）		是	
1680	白术	*Atractylodes macrocephala*	菊科	苍术属	无危（LC）			
1681	婆婆针	*Bidens bipinnata*	菊科	鬼针草属				是
1682	金盏银盘	*Bidens biternata*	菊科	鬼针草属				
1683	大狼杷草	*Bidens frondosa*	菊科	鬼针草属				是
1684	鬼针草	*Bidens pilosa*	菊科	鬼针草属				是
1685	台湾艾纳香	*Blumea formosana*	菊科	艾纳香属	无危（LC）		是	
1686	毛毡草	*Blumea hieraciifolia*	菊科	艾纳香属				
1687	长圆叶艾纳香	*Blumea oblongifolia*	菊科	艾纳香属	无危（LC）			
1688	天名精	*Carpesium abrotanoides*	菊科	天名精属				
1689	烟管头草	*Carpesium cernuum*	菊科	天名精属				
1690	金挖耳	*Carpesium divaricatum*	菊科	天名精属				
1691	石胡荽	*Centipeda minima*	菊科	石胡荽属				

序号	中文名	学名	科名	属名	濒危等级	保护等级	中国特有种	外来入侵种
1692	野菊	*Chrysanthemum indicum*	菊科	茼蒿属				
1693	菊苣	*Cichorium intybus*	菊科	菊苣属				是
1694	刺儿菜	*Cirsium arvense* var. *integrifolium*	菊科	蓟属	无危（LC）			
1695	绿蓟	*Cirsium chinense*	菊科	蓟属	无危（LC）		是	
1696	大蓟	*Cirsium japonicum*	菊科	蓟属	无危（LC）			
1697	线叶蓟	*Cirsium lineare*	菊科	蓟属	无危（LC）			
1698	总序蓟	*Cirsium racemiforme*	菊科	蓟属	无危（LC）		是	
1699	野塘蒿	*Conyza bonariensis*	菊科	白酒草属				
1700	苏门白酒草	*Conyza sumatrensis*	菊科	白酒草属	无危（LC）			是
1701	剑叶金鸡菊	*Coreopsis lanceolata*	菊科	金鸡菊属				是
1702	黄秋英	*Cosmos sulphureus*	菊科	秋英属				是
1703	革命菜	*Crassocephalum crepidioides*	菊科	野茼蒿属				是
1704	黄瓜假还阳参	*Crepidiastrum denticulatum*	菊科	假还阳参属				
1705	抱茎苦荬菜	*Crepidiastrum sonchifolium*	菊科	假还阳参属				
1706	甘菊	*Dendranthema lavandulifolia*	菊科	菊属				
1707	鱼眼草	*Dichrocephala integrifolia*	菊科	鱼眼草属				
1708	鳢肠	*Eclipta prostrata*	菊科	鳢肠属				是
1709	地胆草	*Elephantopus scaber*	菊科	地胆草属				
1710	细红背叶	*Emilia prenanthoidea*	菊科	一点红属	无危（LC）			
1711	一点红	*Emilia sonchifolia*	菊科	一点红属				
1712	梁子菜	*Erechtites hieraciifolius*	菊科	菊芹属	无危（LC）			是
1713	一年蓬	*Erigeron annuus*	菊科	飞蓬属				是
1714	小蓬草	*Erigeron canadensis*	菊科	飞蓬属				是
1715	白酒草	*Eschenbachia japonica*	菊科	白酒草属				
1716	华泽兰	*Eupatorium chinense*	菊科	泽兰属				
1717	佩兰	*Eupatorium fortunei*	菊科	泽兰属	无危（LC）			
1718	泽兰	*Eupatorium japonicum*	菊科	泽兰属				
1719	林泽兰	*Eupatorium lindleyanum*	菊科	泽兰属				
1720	牛膝菊	*Galinsoga parviflora*	菊科	牛膝菊属				是
1721	匙叶合冠鼠麹草	*Gamochaeta pensylvanica*	菊科	合冠鼠曲草属				
1722	白背鼠麹草	*Gnaphalium japonicum*	菊科	鼠麹草属				
1723	菊芋	*Helianthus tuberosus*	菊科	向日葵属				
1724	泥胡菜	*Hemisteptia lyrata*	菊科	泥胡菜属				
1725	狗娃花	*Heteropappus hispidus*	菊科	狗娃花属				
1726	山柳菊	*Hieracium umbellatum*	菊科	山柳菊属	无危（LC）			

序号	中文名	学名	科名	属名	濒危等级	保护等级	中国特有种	外来入侵种
1727	三角叶风毛菊	*Himalaiella deltoidea*	菊科	须弥菊属	无危（LC）			
1728	小苦荬	*Ixeridium dentatum*	菊科	小苦荬属				
1729	中华苦荬菜	*Ixeris chinensis*	菊科	苦荬菜属				
1730	细叶苦荬菜	*Ixeris gracilis*	菊科	苦荬菜属				
1731	剪刀股	*Ixeris japonica*	菊科	苦荬菜属				
1732	苦荬菜	*Ixeris polycephala*	菊科	苦荬菜属				
1733	马兰	*Kalimeris indica*	菊科	马兰属				
1734	全缘叶马兰	*Kalimeris integrifolia*	菊科	马兰属				
1735	台湾翅果菊	*Lactuca formosana*	菊科	莴苣属				
1736	翅果菊	*Lactuca indica*	菊科	莴苣属				
1737	六棱菊	*Laggera alata*	菊科	六棱菊属	无危（LC）			
1738	稻槎菜	*Lapsanastrum apogonoides*	菊科	稻槎菜属				
1739	大丁草	*Leibnitzia anandria*	菊科	大丁草属				
1740	蹄叶橐吾	*Ligularia fischeri*	菊科	橐吾属	无危（LC）			
1741	大头橐吾	*Ligularia japonica*	菊科	橐吾属	无危（LC）			
1742	糙叶大头橐吾	*Ligularia japonica* var. *scaberrima*	菊科	橐吾属				
1743	窄头橐吾	*Ligularia stenocephala*	菊科	橐吾属	无危（LC）			
1744	林生假福王草	*Paraprenanthes diversifolia*	菊科	假福王草属	无危（LC）			
1745	毛枝假福王草	*Paraprenanthes pilipes*	菊科	假福王草属	无危（LC）			
1746	假福王草	*Paraprenanthes sororia*	菊科	假福王草属	无危（LC）			
1747	矢镞叶蟹甲草	*Parasenecio rubescens*	菊科	蟹甲草属	无危（LC）		是	
1748	心叶帚菊	*Pertya cordifolia*	菊科	帚菊属	无危（LC）		是	
1749	单叶帚菊	*Pertya desmocephala*	菊科	帚菊属	无危（LC）		是	
1750	蜂斗菜	*Petasites japonicus*	菊科	蜂斗菜属	无危（LC）			
1751	毛大丁草	*Piloselloides hirsuta*	菊科	兔耳一枝箭属				
1752	拟鼠麹草	*Pseudognaphalium affine*	菊科	拟鼠麹草属				
1753	拟秋鼠麹草	*Pseudognaphalium hypoleucum*	菊科	拟鼠麹草属				
1754	高大翅果菊	*Pterocypsela elata*	菊科	翅果菊属	无危（LC）			
1755	华漏芦	*Rhaponticum chinense*	菊科	漏芦属				
1756	庐山风毛菊	*Saussurea bullockii*	菊科	风毛菊属	无危（LC）		是	
1757	千里光	*Senecio scandens*	菊科	千里光属				
1758	豨莶	*Siegesbeckia orientalis*	菊科	豨莶属				
1759	腺梗豨莶	*Siegesbeckia pubescens*	菊科	豨莶属				
1760	毛梗豨莶	*Siegesbeckia glabrescens*	菊科	豨莶属				
1761	蒲儿根	*Sinosenecio oldhamianus*	菊科	蒲儿根属				

序号	中文名	学名	科名	属名	濒危等级	保护等级	中国特有种	外来入侵种
1762	加拿大一枝黄花	*Solidago canadensis*	菊科	一枝黄花属				是
1763	一枝黄花	*Solidago decurrens*	菊科	一枝黄花属				
1764	裸柱菊	*Soliva anthemifolia*	菊科	裸柱菊属				是
1765	断续菊	*Sonchus asper*	菊科	苦苣菜属				是
1766	苦苣菜	*Sonchus oleraceus*	菊科	苦苣菜属				是
1767	苣荬菜	*Sonchus wightianus*	菊科	苦苣菜属	无危（LC）			
1768	兔儿伞	*Syneilesis aconitifolia*	菊科	兔儿伞属	无危（LC）			
1769	山牛蒡	*Synurus deltoides*	菊科	山牛蒡属	无危（LC）			
1770	蒲公英	*Taraxacum mongolicum*	菊科	蒲公英属				
1771	夜香牛	*Vernonia cinerea*	菊科	斑鸠菊属				
1772	苍耳	*Xanthium strumarium*	菊科	苍耳属				
1773	异叶黄鹌菜	*Youngia heterophylla*	菊科	黄鹌菜属				
1774	黄鹌菜	*Youngia japonica*	菊科	黄鹌菜属				
1775	九龙山黄鹌菜	*Youngia jiulongshanensis*	菊科	黄鹌菜属				
1776	羽裂黄鹌菜	*Youngia paleacea*	菊科	黄鹌菜属	无危（LC）		是	
1777	水烛	*Typha angustifolia*	香蒲科	香蒲属				
1778	眼子菜	*Potamogeton distinctus*	眼子菜科	眼子菜属	无危（LC）			
1779	小叶眼子菜	*Potamogeton cristatus*	眼子菜科	眼子菜属	无危（LC）			
1780	竹叶眼子菜	*Potamogeton wrightii*	眼子菜科	眼子菜属	无危（LC）			
1781	菹草	*Potamogeton crispus*	眼子菜科	眼子菜属	无危（LC）			
1782	尖叶眼子菜	*Potamogeton oxyphyllus*	眼子菜科	眼子菜属	无危（LC）			
1783	小眼子菜	*Potamogeton pusillus*	眼子菜科	眼子菜属	无危（LC）			
1784	矮慈姑	*Sagittaria pygmaea*	泽泻科	慈姑属				
1785	野慈姑	*Sagittaria trifolia*	泽泻科	慈姑属	无危（LC）			
1786	长瓣慈姑	*Sagittaria trifolia* f. *longiloba*	泽泻科	慈姑属				
1787	水鳖	*Hydrocharis dubia*	水鳖科	水鳖属	无危（LC）			
1788	黑藻	*Hydrilla verticillata*	水鳖科	黑藻属				
1789	台湾翦股颖	*Agrostis canina* var. *formosana*	禾本科	剪股颖属				
1790	看麦娘	*Alopecurus aequalis*	禾本科	看麦娘属	无危（LC）			
1791	荩草	*Arthraxon hispidus*	禾本科	荩草属	无危（LC）			
1792	匿芒荩草	*Arthraxon hispidus* var. *cryptatherus*	禾本科	荩草属				
1793	野古草	*Arundinella hirta*	禾本科	野古草属				
1794	刺芒野古草	*Arundinella setosa*	禾本科	野古草属	无危（LC）			
1795	芦竹	*Arundo donax*	禾本科	芦竹属	无危（LC）			
1796	野燕麦	*Avena fatua*	禾本科	燕麦属	无危（LC）			是

序号	中文名	学名	科名	属名	濒危等级	保护等级	中国特有种	外来入侵种
1797	无毛野燕麦	*Avena fatua* var. *glabrata*	禾本科	燕麦属	无危（LC）			
1798	白羊草	*Bothriochloa ischaemum*	禾本科	孔颖草属	无危（LC）			
1799	毛臂形草	*Brachiaria villosa*	禾本科	臂形草属	无危（LC）			
1800	雀麦	*Bromus japonicus*	禾本科	雀麦属	无危（LC）			
1801	疏花雀麦	*Bromus remotiflorus*	禾本科	雀麦属	无危（LC）			
1802	拂子茅	*Calamagrostis epigeios*	禾本科	拂子草属	无危（LC）			
1803	硬秆子草	*Capillipedium assimile*	禾本科	细柄草属	无危（LC）			
1804	细柄草	*Capillipedium parviflorum*	禾本科	细柄草属	无危（LC）			
1805	方竹	*Chimonobambusa quadrangularis*	禾本科	方竹属	无危（LC）			
1806	菩提子	*Coix lacryma-jobi*	禾本科	薏苡属				
1807	橘草	*Cymbopogon goeringii*	禾本科	香茅属	无危（LC）			
1808	扭鞘香茅	*Cymbopogon tortilis*	禾本科	香茅属	无危（LC）			
1809	狗牙根	*Cynodon dactylon*	禾本科	狗牙根属				
1810	双花狗牙根	*Cynodon dactylon* var. *biflorus*	禾本科	狗牙根属	无危（LC）			
1811	纤毛野青茅	*Deyeuxia arundinacea* var. *ciliata*	禾本科	野青茅属				
1812	疏花野青茅	*Deyeuxia pyramidalis*	禾本科	野青茅属	无危（LC）			
1813	毛马唐	*Digitaria ciliaris* var. *chrysoblephara*	禾本科	马唐属	无危（LC）			
1814	升马唐	*Digitaria ciliaris*	禾本科	马唐属				
1815	止血马唐	*Digitaria ischaemum*	禾本科	马唐属	无危（LC）			
1816	短叶马唐	*Digitaria radicosa*	禾本科	马唐属	无危（LC）			
1817	紫马唐	*Digitaria violascens*	禾本科	马唐属	无危（LC）			
1818	长芒稗	*Echinochloa caudata*	禾本科	稗属	无危（LC）			
1819	光头稗	*Echinochloa colona*	禾本科	稗属	无危（LC）			
1820	稗	*Echinochloa crus-galli*	禾本科	稗属	无危（LC）			
1821	旱稗	*Echinochloa crus-galli* var. *hispidula*	禾本科	稗属				
1822	无芒稗	*Echinochloa crus-galli* var. *mitis*	禾本科	稗属	无危（LC）			
1823	西来稗	*Echinochloa crus-galli* var. *zelayensis*	禾本科	稗属	无危（LC）			
1824	牛筋草	*Eleusine indica*	禾本科	穇属	无危（LC）			
1825	纤毛鹅观草	*Elymus ciliaris*	禾本科	披碱草属				
1826	竖立鹅观草	*Elymus ciliaris* var. *hackelianus*	禾本科	披碱草属	无危（LC）			
1827	鹅观草	*Elymus kamoji*	禾本科	披碱草属				
1828	珠芽画眉草	*Eragrostis bulbilifera*	禾本科	画眉草属	无危（LC）			
1829	大画眉草	*Eragrostis cilianensis*	禾本科	画眉草属				
1830	知风草	*Eragrostis ferruginea*	禾本科	画眉草属	无危（LC）			
1831	乱草	*Eragrostis japonica*	禾本科	画眉草属	无危（LC）			
1832	小画眉草	*Eragrostis minor*	禾本科	画眉草属	无危（LC）			

序号	中文名	学名	科名	属名	濒危等级	保护等级	中国特有种	外来入侵种
1833	画眉草	*Eragrostis pilosa*	禾本科	画眉草属	无危（LC）			
1834	无毛画眉草	*Eragrostis pilosa* var. *imberbis*	禾本科	画眉草属				
1835	蜈蚣草	*Eremochloa ciliaris*	禾本科	蜈蚣草属	无危（LC）			
1836	假俭草	*Eremochloa ophiuroides*	禾本科	蜈蚣草属	无危（LC）			
1837	野黍	*Eriochloa villosa*	禾本科	野黍属	无危（LC）			
1838	四脉金茅	*Eulalia quadrinervis*	禾本科	黄金茅属	无危（LC）			
1839	金茅	*Eulalia speciosa*	禾本科	黄金茅属	无危（LC）			
1840	小颖羊茅	*Festuca parvigluma*	禾本科	羊茅属	无危（LC）			
1841	甜茅	*Glyceria acutiflora* subsp. *japonica*	禾本科	甜茅属	无危（LC）			
1842	白茅	*Imperata cylindrica*	禾本科	白茅属				
1843	阔叶箬竹	*Indocalamus latifolius*	禾本科	箬竹属	无危（LC）		是	
1844	米箬竹	*Indocalamus tessellatus*	禾本科	箬竹属	无危（LC）		是	
1845	算盘竹	*Indosasa glabrata*	禾本科	大节竹属	无危（LC）		是	
1846	柳叶箬	*Isachne globosa*	禾本科	柳叶箬属	无危（LC）			
1847	浙江柳叶箬	*Isachne hoi*	禾本科	柳叶箬属	无危（LC）		是	
1848	日本柳叶箬	*Isachne nipponensis*	禾本科	柳叶箬属	无危（LC）			
1849	平颖柳叶箬	*Isachne truncata*	禾本科	柳叶箬属	无危（LC）			
1850	有芒鸭嘴草	*Ischaemum aristatum*	禾本科	鸭嘴草属	无危（LC）			
1851	细毛鸭嘴草	*Ischaemum Indicum*	禾本科	鸭嘴草属	无危（LC）			
1852	秕壳草	*Leersia sayanuka*	禾本科	假稻属	无危（LC）			
1853	千金子	*Leptochloa chinensis*	禾本科	千金子属	无危（LC）			
1854	黑麦草	*Lolium perenne*	禾本科	黑麦草属				是
1855	淡竹叶	*Lophatherum gracile*	禾本科	淡竹叶属	无危（LC）			
1856	竹叶茅	*Microstegium nudum*	禾本科	莠竹属	无危（LC）			
1857	柔枝莠竹	*Microstegium vimineum*	禾本科	莠竹属	无危（LC）			
1858	五节芒	*Miscanthus floridulus*	禾本科	芒属	无危（LC）			
1859	荻	*Miscanthus sacchariflorus*	禾本科	芒属	无危（LC）			
1860	芒	*Miscanthus sinensis*	禾本科	芒属	无危（LC）			
1861	日本麦氏草	*Moliniopsis hui*	禾本科	沼原草属				
1862	多枝乱子草	*Muhlenbergia ramosa*	禾本科	乱子草属	无危（LC）			
1863	山类芦	*Neyraudia montana*	禾本科	类芦属	无危（LC）		是	
1864	类芦	*Neyraudia reynaudiana*	禾本科	类芦属	无危（LC）			
1865	肿节竹	*Oligostachyum oedogonatum*	禾本科	少穗竹属	无危（LC）		是	
1866	求米草	*Oplismenus undulatifolius*	禾本科	求米草属	无危（LC）			
1867	日本求米草	*Oplismenus undulatifolius* var. *japonicus*	禾本科	求米草属	无危（LC）			

序号	中文名	学名	科名	属名	濒危等级	保护等级	中国特有种	外来入侵种
1868	糠稷	*Panicum bisulcatum*	禾本科	黍属	无危（LC）			
1869	双穗雀稗	*Paspalum distichum*	禾本科	雀稗属	无危（LC）			
1870	圆果雀稗	*Paspalum scrobiculatum* var. *orbiculare*	禾本科	雀稗属	无危（LC）			
1871	雀稗	*Paspalum thunbergii*	禾本科	雀稗属	无危（LC）			
1872	狼尾草	*Pennisetum alopecuroides*	禾本科	狼尾草属	无危（LC）			
1873	显子草	*Phaenosperma globosa*	禾本科	显子草属				
1874	梯牧草	*Phleum pratense*	禾本科	梯牧草属	无危（LC）			是
1875	芦苇	*Phragmites australis*	禾本科	芦苇属	无危（LC）			
1876	毛竹	*Phyllostachys edulis*	禾本科	刚竹属				
1877	水竹	*Phyllostachys heteroclada*	禾本科	刚竹属	无危（LC）		是	
1878	红壳雷竹	*Phyllostachys incarnata*	禾本科	刚竹属				
1879	红竹	*Phyllostachys iridescens*	禾本科	刚竹属				
1880	台湾桂竹	*Phyllostachys makinio*	禾本科	刚竹属	无危（LC）			
1881	枪刀竹	*Phyllostachys nidularia* f. *glabrovagina*	禾本科	刚竹属				
1882	金竹	*Phyllostachys nigra* var. *henonis*	禾本科	刚竹属	无危（LC）			
1883	遂昌雷竹	*Phyllostachys primotina*	禾本科	刚竹属				
1884	早竹	*Phyllostachys violascens*	禾本科	刚竹属				
1885	刚竹	*Phyllostachys viridis*	禾本科	刚竹属	无危（LC）		是	
1886	云和哺鸡竹	*Phyllostachys yunhoensis*	禾本科	刚竹属				
1887	钝颖落芒草	*Piptatherum kuoi*	禾本科	落芒草属	无危（LC）			
1888	苦竹	*Pleioblastus amarus*	禾本科	苦竹属	无危（LC）		是	
1889	仙居苦竹	*Pleioblastus hsienchuensis*	禾本科	苦竹属	无危（LC）		是	
1890	华丝竹	*Pleioblastus intermedius*	禾本科	苦竹属	无危（LC）		是	
1891	衢县苦竹	*Pleioblastus juxianensis*	禾本科	苦竹属	数据缺乏（DD）		是	
1892	油苦竹	*Pleioblastus oleosus*	禾本科	苦竹属	无危（LC）		是	
1893	白顶早熟禾	*Poa acroleuca*	禾本科	早熟禾属	无危（LC）			
1894	早熟禾	*Poa annua*	禾本科	早熟禾属	无危（LC）			
1895	华东早熟禾	*Poa faberi*	禾本科	早熟禾属				
1896	金丝草	*Pogonatherum crinitum*	禾本科	金发草属	无危（LC）			
1897	棒头草	*Polypogon fugax*	禾本科	棒头草属	无危（LC）			
1898	长芒棒头草	*Polypogon monspeliensis*	禾本科	棒头草属	无危（LC）			
1899	斑茅	*Saccharum arundinaceum*	禾本科	甘蔗属	无危（LC）			
1900	囊颖草	*Sacciolepis indica*	禾本科	囊颖草属	无危（LC）			
1901	裂稃草	*Schizachyrium brevifolium*	禾本科	裂稃草属	无危（LC）			

序号	中文名	学名	科名	属名	濒危等级	保护等级	中国特有种	外来入侵种
1902	矮穗竹	*Semiarundinaria densiflora*	禾本科	业平竹属	无危（LC）		是	
1903	大狗尾草	*Setaria faberi*	禾本科	狗尾草属	无危（LC）			
1904	棕叶狗尾草	*Setaria palmifolia*	禾本科	狗尾草属	无危（LC）			是
1905	幽狗尾草	*Setaria parviflora*	禾本科	狗尾草属	无危（LC）			是
1906	皱叶狗尾草	*Setaria plicata*	禾本科	狗尾草属	无危（LC）			
1907	金色狗尾草	*Setaria pumila*	禾本科	狗尾草属				
1908	狗尾草	*Setaria viridis*	禾本科	狗尾草属	无危（LC）			
1909	鹅毛竹	*Shibataea chinensis*	禾本科	鹅毛竹属	无危（LC）		是	
1910	油芒	*Spodiopogon cotulifer*	禾本科	大油芒属	无危（LC）			
1911	大油芒	*Spodiopogon sibiricus*	禾本科	大油芒属	无危（LC）			
1912	鼠尾栗	*Sporobolus fertilis*	禾本科	鼠尾粟属	无危（LC）			
1913	苞子草	*Themeda caudata*	禾本科	菅属	无危（LC）			
1914	黄背草	*Themeda triandra*	禾本科	菅属	无危（LC）			
1915	三毛草	*Trisetum bifidum*	禾本科	三毛草属	无危（LC）			
1916	百山祖玉山竹	*Yushania baishanzuensis*	禾本科	玉山竹属	无危（LC）		是	
1917	菰	*Zizania latifolia*	禾本科	菰属	无危（LC）			
1918	中华结缕草	*Zoysia sinica*	禾本科	结缕草属	无危（LC）	二级		
1919	庐山藨草	*Scirpus lushanensis*	莎草科	藨草属	无危（LC）			
1920	华东藨草	*Scirpus karuisawensis*	莎草科	藨草属	无危（LC）			
1921	百球藨草	*Scirpus rosthornii*	莎草科	藨草属	无危（LC）			
1922	茸球藨草	*Scirpus wichurae*	莎草科	藨草属	数据缺乏（DD）			
1923	类头状花序藨草	*Trichophorum subcapitatum*	莎草科	蔺藨草属	无危（LC）			
1924	三棱秆藨草	*Trichophorum mattfeldianum*	莎草科	蔺藨草属	无危（LC）			
1925	牛毛毡	*Eleocharis yokoscensis*	莎草科	荸荠属	无危（LC）			
1926	龙狮草	*Eleocharis tetraquetra*	莎草科	荸荠属	数据缺乏（DD）			
1927	透明鳞荸荠	*Eleocharis pellucida*	莎草科	荸荠属	无危（LC）			
1928	球柱草	*Bulbostylis barbata*	莎草科	球柱草属	无危（LC）			
1929	丝叶球柱草	*Bulbostylis densa*	莎草科	球柱草属	无危（LC）			
1930	宜昌飘拂草	*Fimbristylis henryi*	莎草科	飘拂草属	无危（LC）		是	
1931	扁鞘飘拂草	*Fimbristylis complanata*	莎草科	飘拂草属	无危（LC）			
1932	东南飘拂草	*Fimbristylis pierotii*	莎草科	飘拂草属	无危（LC）			
1933	日照飘拂草	*Fimbristylis littoralis*	莎草科	飘拂草属	无危（LC）			
1934	面条草	*Fimbristylis diphylloides*	莎草科	飘拂草属				
1935	两歧飘拂草	*Fimbristylis dichotoma*	莎草科	飘拂草属				

序号	中文名	学名	科名	属名	濒危等级	保护等级	中国特有种	外来入侵种
1936	少穗飘拂草	*Fimbristylis schoenoides*	莎草科	飘拂草属	无危（LC）			
1937	香附子	*Cyperus rotundus*	莎草科	莎草属	无危（LC）			是
1938	碎米莎草	*Cyperus iria*	莎草科	莎草属	无危（LC）			
1939	阿穆尔莎草	*Cyperus amuricus*	莎草科	莎草属	数据缺乏（DD）			
1940	畦畔莎草	*Cyperus haspan*	莎草科	莎草属	无危（LC）			
1941	旋鳞莎草	*Cyperus michelianus*	莎草科	莎草属	无危（LC）			
1942	具芒碎米莎草	*Cyperus microiria*	莎草科	莎草属	无危（LC）			
1943	异型莎草	*Cyperus difformis*	莎草科	莎草属	无危（LC）			
1944	窄穗莎草	*Cyperus tenuispica*	莎草科	莎草属	无危（LC）			
1945	水莎草	*Cyperus serotinus*	莎草科	莎草属	无危（LC）			
1946	砖子苗	*Cyperus cyperoides*	莎草科	莎草属	无危（LC）			
1947	莎草砖子苗	*Cyperus cyperinus*	莎草科	莎草属	无危（LC）			
1948	水蜈蚣	*Kyllinga brevifolia*	莎草科	水蜈蚣属				
1949	胡瓜草	*Lipocarpha microcephala*	莎草科	湖瓜草属	无危（LC）			
1950	球穗扁莎	*Pycreus flavidus*	莎草科	扁莎草属	无危（LC）			
1951	红鳞扁莎	*Pycreus sanguinolentus*	莎草科	扁莎草属	无危（LC）			
1952	浙南薹草	*Carex austrozhejiangensis*	莎草科	薹草属	无危（LC）		是	
1953	青绿薹草	*Carex breviculmis*	莎草科	薹草属	无危（LC）			
1954	短尖薹草	*Carex brevicuspis*	莎草科	薹草属	无危（LC）		是	
1955	栗褐薹草	*Carex brunnea*	莎草科	薹草属	无危（LC）			
1956	陈氏薹草	*Carex cheniana*	莎草科	薹草属	无危（LC）		是	
1957	中华薹草	*Carex chinensis*	莎草科	薹草属	无危（LC）		是	
1958	十字薹草	*Carex cruciata*	莎草科	薹草属	无危（LC）			
1959	长芒薹草	*Carex davidii*	莎草科	薹草属	数据缺乏（DD）			
1960	皱果薹草	*Carex dispalata*	莎草科	薹草属	无危（LC）			
1961	长穗薹草	*Carex dolichostachya*	莎草科	薹草属	无危（LC）			
1962	签草	*Carex doniana*	莎草科	薹草属	无危（LC）			
1963	蕨状薹草	*Carex filicina*	莎草科	薹草属	无危（LC）			
1964	福建薹草	*Carex fokienensis*	莎草科	薹草属				
1965	穹隆薹草	*Carex gibba*	莎草科	薹草属	无危（LC）			
1966	长梗薹草	*Carex glossostigma*	莎草科	薹草属	无危（LC）		是	
1967	长囊薹草	*Carex harlandii*	莎草科	薹草属	无危（LC）			
1968	狭穗薹草	*Carex ischnostachya*	莎草科	薹草属	无危（LC）			
1969	江苏薹草	*Carex kiangsuensis*	莎草科	薹草属	无危（LC）		是	

序号	中文名	学名	科名	属名	濒危等级	保护等级	中国特有种	外来入侵种
1970	青营	*Carex leucochlora*	莎草科	薹草属				
1971	舌叶薹草	*Carex ligulata*	莎草科	薹草属	无危（LC）			
1972	斑点果薹草	*Carex maculata*	莎草科	薹草属	无危（LC）			
1973	套鞘薹草	*Carex maubertiana*	莎草科	薹草属	无危（LC）			
1974	灰帽薹草	*Carex mitrata*	莎草科	薹草属				
1975	柔果薹草	*Carex mollicula*	莎草科	薹草属	无危（LC）			
1976	条穗薹草	*Carex nemostachys*	莎草科	薹草属	无危（LC）			
1977	苍绿薹草	*Carex pallideviridis*	莎草科	薹草属				
1978	黄穗薹草	*Carex perakensis*	莎草科	薹草属	无危（LC）			
1979	镜子薹草	*Carex phacota*	莎草科	薹草属	无危（LC）			
1980	粉被薹草	*Carex pruinosa*	莎草科	薹草属	无危（LC）			
1981	根花薹草	*Carex radiciflora*	莎草科	薹草属	无危（LC）		是	
1982	大理薹草	*Carex rubrobrunnea* var. *taliensis*	莎草科	薹草属	无危（LC）		是	
1983	花莛薹草	*Carex scaposa*	莎草科	薹草属				
1984	宽叶薹草	*Carex siderosticta*	莎草科	薹草属	无危（LC）			
1985	褐绿薹草	*Carex stipitinux*	莎草科	薹草属	无危（LC）		是	
1986	近头状薹草	*Carex subcapitata*	莎草科	薹草属	无危（LC）		是	
1987	武义薹草	*Carex subcernua*	莎草科	薹草属	无危（LC）			
1988	似横果薹草	*Carex subtransversa*	莎草科	薹草属	近危（NT）			
1989	肿胀果薹草	*Carex subtumida*	莎草科	薹草属	无危（LC）		是	
1990	细梗薹草	*Carex teinogyna*	莎草科	薹草属	无危（LC）			
1991	藏薹草	*Carex thibetica*	莎草科	薹草属	无危（LC）		是	
1992	三穗薹草	*Carex tristachya*	莎草科	薹草属	无危（LC）			
1993	截鳞薹草	*Carex truncatigluma*	莎草科	薹草属	无危（LC）			
1994	毛果珍珠茅	*Scleria levis*	莎草科	珍珠茅属	无危（LC）			
1995	小型珍珠茅	*Scleria parvula*	莎草科	珍珠茅属	无危（LC）			
1996	水毛花	*Schoenoplectus mucronatus* subsp. *robustus*	莎草科	水葱属	无危（LC）			
1997	刺子莞	*Rhynchospora rubra*	莎草科	刺子莞属				
1998	华刺子莞	*Rhynchospora chinensis*	莎草科	刺子莞属	无危（LC）			
1999	棕榈	*Trachycarpus fortunei*	棕榈科	棕榈属				
2000	大薸	*Pistia stratiotes*	天南星科	大薸属				是
2001	东亚磨芋	*Amorphophallus kiusianus*	天南星科	魔芋属	无危（LC）			
2002	一把伞南星	*Arisaema erubescens*	天南星科	天南星属	无危（LC）			
2003	天南星	*Arisaema heterophyllum*	天南星科	天南星属	无危（LC）			
2004	云台南星	*Arisaema dubois-reymondiae*	天南星科	天南星属	无危（LC）		是	

序号	中文名	学名	科名	属名	濒危等级	保护等级	中国特有种	外来入侵种
2005	灯台莲	*Arisaema bockii*	天南星科	天南星属	无危（LC）			
2006	滴水珠	*Pinellia cordata*	天南星科	半夏属	无危（LC）		是	
2007	半夏	*Pinellia ternata*	天南星科	半夏属	无危（LC）			
2008	菖蒲	*Acorus calamus*	天南星科	菖蒲属				
2009	石菖蒲	*Acorus tatarinowii*	天南星科	菖蒲属	无危（LC）			
2010	金钱蒲	*Acorus gramineus*	天南星科	菖蒲属	无危（LC）			
2011	野芋	*Colocasia antiquorum*	天南星科	芋属	无危（LC）			
2012	浮萍	*Lemna minor*	浮萍科	浮萍属				
2013	稀脉萍	*Lemna aequinoctialis*	浮萍科	浮萍属				是
2014	紫萍	*Spirodela polyrhiza*	浮萍科	紫萍属				
2015	长苞谷精草	*Eriocaulon decemflorum*	谷精草科	谷精草属	易危（VU）			
2016	白药谷精草	*Eriocaulon cinereum*	谷精草科	谷精草属	无危（LC）			
2017	谷精草	*Eriocaulon buergerianum*	谷精草科	谷精草属	无危（LC）			
2018	杜若	*Pollia japonica*	鸭跖草科	杜若属	无危（LC）			
2019	疣草	*Murdannia keisak*	鸭跖草科	水竹叶属				
2020	水竹叶	*Murdannia triquetra*	鸭跖草科	水竹叶属				
2021	裸花水竹叶	*Murdannia nudiflora*	鸭跖草科	水竹叶属				
2022	鸭跖草	*Commelina communis*	鸭跖草科	鸭跖草属				
2023	饭包草	*Commelina benghalensis*	鸭跖草科	鸭跖草属				
2024	鸭舌草	*Monochoria vaginalis*	雨久花科	雨久花属				
2025	凤眼莲	*Eichhornia crassipes*	雨久花科	凤眼莲属				是
2026	羽毛地杨梅	*Luzula plumosa*	灯芯草科	地杨梅属	无危（LC）			
2027	灯芯草	*Juncus effusus*	灯芯草科	灯芯草属				
2028	野灯芯草	*Juncus setchuensis*	灯芯草科	灯芯草属				
2029	江南灯芯草	*Juncus prismatocarpus*	灯芯草科	灯芯草属				
2030	翅茎灯芯草	*Juncus alatus*	灯芯草科	灯芯草属				
2031	星花灯芯草	*Juncus diastrophanthus*	灯芯草科	灯芯草属				
2032	百部	*Stemona japonica*	百部科	百部属	数据缺乏（DD）			
2033	疏花无叶莲	*Petrosavia sakuraii*	无叶莲科	无叶莲属	无危（LC）			
2034	天门冬	*Asparagus cochinchinensis*	百合科	天门冬属	无危（LC）			
2035	开口箭	*Tupistra chinensits*	百合科	开口箭属	无危（LC）		是	
2036	黄花菜	*Hemerocallis citrine*	百合科	萱草属				
2037	萱草	*Hemerocallis fulva*	百合科	萱草属	无危（LC）			
2038	粉条儿菜	*Aletris spicata*	百合科	粉条儿菜属	无危（LC）			
2039	短柄粉条儿菜	*Aletris scopulorum*	百合科	粉条儿菜属	无危（LC）			

序号	中文名	学名	科名	属名	濒危等级	保护等级	中国特有种	外来入侵种
2040	山麦冬	*Liriope spicata*	百合科	山麦冬属	无危（LC）			
2041	禾叶山麦冬	*Liriope graminifolia*	百合科	山麦冬属	无危（LC）		是	
2042	矮小山麦冬	*Liriope minor*	百合科	山麦冬属	无危（LC）			
2043	阔叶山麦冬	*Liriope muscari*	百合科	山麦冬属	无危（LC）			
2044	麦冬	*Ophiopogon japonicus*	百合科	沿阶草属				
2045	沿阶草	*Ophiopogon bodinieri*	百合科	沿阶草属	无危（LC）			
2046	间型沿阶草	*Ophiopogon intermedius*	百合科	沿阶草属	无危（LC）			
2047	紫萼	*Hosta ventricosa*	百合科	玉簪属				
2048	华重楼	*Paris polyphylla* var. *chinensis*	百合科	重楼属	易危（VU）	二级		
2049	狭叶重楼	*Paris polyphylla* var. *stenophylla*	百合科	重楼属	近危（NT）	二级		
2050	白背牛尾菜	*Smilax nipponica*	百合科	菝葜属	无危（LC）			
2051	牛尾菜	*Smilax riparia*	百合科	菝葜属				
2052	托柄菝葜	*Smilax discotis*	百合科	菝葜属	无危（LC）		是	
2053	菝葜	*Smilax china*	百合科	菝葜属				
2054	小果菝葜	*Smilax davidiana*	百合科	菝葜属	无危（LC）			
2055	暗色菝葜	*Smilax laceifolia*	百合科	菝葜属				
2056	鞘柄菝葜	*Smilax stans*	百合科	菝葜属	无危（LC）			
2057	浙南菝葜	*Smilax austrozhejiangensis*	百合科	菝葜属	无危（LC）		是	
2058	土茯苓	*Smilax glabra*	百合科	菝葜属	无危（LC）			
2059	缘脉菝葜	*Smilax nervomarginata*	百合科	菝葜属	无危（LC）			
2060	华东菝葜	*Smilax sieboldii*	百合科	菝葜属	无危（LC）			
2061	黑果菝葜	*Smilax glaucochina*	百合科	菝葜属	无危（LC）		是	
2062	尖叶菝葜	*Smilax arisanensis*	百合科	菝葜属	无危（LC）			
2063	肖菝葜	*Heterosmilax japonica*	百合科	肖菝葜属	无危（LC）			
2064	玉竹	*Polygonatum odoratum*	百合科	黄精属	无危（LC）			
2065	多花黄精	*Polygonatum cyrtonema*	百合科	黄精属	近危（NT）		是	
2066	长梗黄精	*Polygonatum filipes*	百合科	黄精属	无危（LC）		是	
2067	鹿药	*Smilacina japonica*	百合科	舞鹤草属	无危（LC）			
2068	绿花油点草	*Tricyrtis viridula*	百合科	油点草属	易危（VU）		是	
2069	油点草	*Tricyrtis macropoda*	百合科	油点草属	无危（LC）			
2070	宝铎草	*Disporum uniflorum*	百合科	万寿竹属	无危（LC）			
2071	薤白	*Allium macrostemon*	百合科	葱属	无危（LC）			
2072	藠头	*Allium chinensis*	百合科	葱属				
2073	牯岭藜芦	*Veratrum schindleri*	百合科	藜芦属	无危（LC）		是	
2074	水百合	*Cardiocrinum giganteum*	百合科	大百合属				
2075	荞麦叶大百合	*Cardiocrinum cathayanum*	百合科	大百合属	无危（LC）	二级	是	

序号	中文名	学名	科名	属名	濒危等级	保护等级	中国特有种	外来入侵种
2076	卷丹	*Lilium tigrinum*	百合科	百合属				
2077	野百合	*Lilium brownii*	百合科	百合属	无危（LC）		是	
2078	百合	*Lilium brownii* var. *viridulum*	百合科	百合属	无危（LC）		是	
2079	绵枣儿	*Barnardia japonica*	百合科	芭呐兰属	无危（LC）			
2080	石蒜	*Lycoris radiata*	石蒜科	石蒜属				
2081	仙茅	*Curculigo orchioides*	石蒜科	仙茅属	无危（LC）			
2082	粉萆薢	*Dioscorea collettii* var. *hypoglauca*	薯蓣科	薯蓣属	无危（LC）		是	
2083	纤细薯蓣	*Dioscorea gracillima*	薯蓣科	薯蓣属	近危（NT）			
2084	毛芋头薯蓣	*Dioscorea kamoonensis*	薯蓣科	薯蓣属	无危（LC）			
2085	山萆薢	*Dioscorea tokoro*	薯蓣科	薯蓣属	无危（LC）			
2086	龙萆薢	*Dioscorea nipponica*	薯蓣科	薯蓣属				
2087	薯蓣	*Dioscorea polystachya*	薯蓣科	薯蓣属	无危（LC）			
2088	日本薯蓣	*Dioscorea japonica*	薯蓣科	薯蓣属	无危（LC）			
2089	黄独	*Dioscorea bulbifera*	薯蓣科	薯蓣属	无危（LC）			
2090	薯莨	*Dioscorea cirrhosa*	薯蓣科	薯蓣属	无危（LC）			
2091	射干	*Belamcanda chinensis*	鸢尾科	射干属	无危（LC）			
2092	蝴蝶花	*Iris japonica*	鸢尾科	鸢尾属	无危（LC）			
2093	小花鸢尾	*Iris speculatrix*	鸢尾科	鸢尾属	无危（LC）		是	
2094	蘘荷	*Zingiber mioga*	姜科	姜属				
2095	山姜	*Alpinia japonica*	姜科	山姜属	无危（LC）			
2096	头花水玉簪	*Burmannia championii*	水玉簪科	水玉簪属	无危（LC）			
2097	大西坑水玉簪	*Burmannia cryptopetala* var. *daxkangensis*	水玉簪科	水玉簪属				
2098	石山水玉簪	*Burmannia fadouensis*	水玉簪科	水玉簪属				
2099	透明水玉簪	*Burmannia cryptopetala*	水玉簪科	水玉簪属	易危（VU）			
2100	天麻	*Gastrodia elata*	兰科	天麻属	数据缺乏（DD）	二级		
2101	红果山珊瑚	*Cyrtosia septentrionalis*	兰科	肉果兰属	易危（VU）			
2102	毛萼山珊瑚	*Galeola lindleyana*	兰科	山珊瑚属	无危（LC）			
2103	宽距兰	*Yoania japonica*	兰科	宽距兰属	濒危（EN）			
2104	长唇羊耳蒜	*Liparis pauliana*	兰科	羊耳蒜属	无危（LC）		是	
2105	见血青	*Liparis nervosa*	兰科	羊耳蒜属	无危（LC）			
2106	小沼兰	*Oberonioides microtatantha*	兰科	小沼兰属	近危（NT）		是	
2107	绶草	*Spiranthes sinensis*	兰科	绶草属	无危（LC）			
2108	细葶无柱兰	*Amitostigma gracile*	兰科	无柱兰属	无危（LC）			
2109	盔花舌喙兰	*Hemipilia galeata*	兰科	舌喙兰属				

序号	中文名	学名	科名	属名	濒危等级	保护等级	中国特有种	外来入侵种
2110	大花无柱兰	*Amitostigma pinguicula*	兰科	无柱兰属	极危（CR）			
2111	二叶兜被兰	*Neottianthe cucullata*	兰科	兜被兰属	易危（VU）			
2112	尾瓣舌唇兰	*Platanthera mandarinorum*	兰科	舌唇兰属	无危（LC）			
2113	小舌唇兰	*Platanthera minor*	兰科	舌唇兰属	无危（LC）			
2114	大明山舌唇兰	*Platanthera damingshanica*	兰科	舌唇兰属	易危（VU）		是	
2115	小花蜻蜓兰	*Tulotis ussuriensis*	兰科	蜻蜓兰属	近危（NT）			
2116	湿地玉凤花	*Habenaria humidicola*	兰科	玉凤花属	无危（LC）			
2117	鹅毛玉凤花	*Habenaria dentata*	兰科	玉凤花属	无危（LC）			
2118	线叶十字兰	*Habenaria schindleri*	兰科	玉凤花属	近危（NT）			
2119	朱兰	*Pogonia japonica*	兰科	朱兰属	近危（NT）			
2120	金兰	*Cephalanthera falcata*	兰科	头蕊兰属	无危（LC）			
2121	大花斑叶兰	*Goodyera biflora*	兰科	斑叶兰属	近危（NT）			
2122	绿花斑叶兰	*Goodyera viridiflora*	兰科	斑叶兰属	无危（LC）			
2123	斑叶兰	*Goodyera schlechtendaliana*	兰科	斑叶兰属	近危（NT）			
2124	绒叶斑叶兰	*Goodyera velutina*	兰科	斑叶兰属	无危（LC）			
2125	花叶开唇兰	*Anoectochilus roxburghii*	兰科	开唇兰属	濒危（EN）	二级		
2126	浙江金线兰	*Anoectochilus zhejiangensis*	兰科	开唇兰属	濒危（EN）	二级	是	
2127	春兰	*Cymbidium goeringii*	兰科	兰属	易危（VU）	二级		
2128	蕙兰	*Cymbidium faberi*	兰科	兰属	无危（LC）	二级		
2129	建兰	*Cymbidium ensifolium*	兰科	兰属	易危（VU）	二级		
2130	寒兰	*Cymbidium kanran*	兰科	兰属	易危（VU）	二级		
2131	多花兰	*Cymbidium floribundum*	兰科	兰属	易危（VU）	二级		
2132	钩距虾脊兰	*Calanthe graciliflora*	兰科	虾脊兰属	近危（NT）		是	
2133	虾脊兰	*Calanthe discolor*	兰科	虾脊兰属	无危（LC）			
2134	白芨	*Bletilla striata*	兰科	白芨属	濒危（EN）	二级		
2135	台湾独蒜兰	*Pleione formosana*	兰科	独蒜兰属	易危（VU）	二级	是	
2136	独蒜兰	*Pleione bulbocodioides*	兰科	独蒜兰属	无危（LC）	二级	是	
2137	长叶山兰	*Oreorchis fargesii*	兰科	山兰属	近危（NT）		是	
2138	带唇兰	*Tainia dunnii*	兰科	带唇兰属	近危（NT）		是	
2139	细茎石斛	*Dendrobium moniliforme*	兰科	石斛属		二级		
2140	梵净山石斛	*Dendrobium fanjingshanense*	兰科	石斛属	濒危（EN）	二级	是	
2141	铁皮石斛	*Dendrobium catenatum*	兰科	石斛属		二级		
2142	黄花鹤顶兰	*Phaius flavus*	兰科	鹤顶兰属	无危（LC）			
2143	齿瓣石豆兰	*Bulbophyllum psychoon*	兰科	石豆花属	无危（LC）			
2144	广东石豆兰	*Bulbophyllum kwangtungense*	兰科	石豆花属	无危（LC）		是	
2145	短距槽舌兰	*Holcoglossum flavescens*	兰科	槽舌兰属	易危（VU）		是	

序号	中文名	学名	科名	属名	濒危等级	保护等级	中国特有种	外来入侵种
2146	连球毛兰	*Eria reptans*	兰科	毛兰属	无危（LC）			
2147	短茎萼脊兰	*Sedirea subparishii*	兰科	萼脊兰属	濒危（EN）		是	
2148	单叶厚唇兰	*Epigeneium fargesii*	兰科	厚唇兰属	无危（LC）			

2. 哺乳动物名录

序号	中文名	学名	目名	科名	濒危等级	保护等级	历史数据
1	猕猴	*Macaca mulatta*	灵长目	猴科	无危（LC）	二级	
2	中华穿山甲	*Manis pentadactyla*	鳞甲目	穿山甲科	极危（CR）	一级	是
3	黑熊	*Ursus thibetanus*	食肉目	熊科	易危（VU）	二级	是
4	鼬獾	*Melogale moschata*	食肉目	鼬科	近危（NT）		
5	猪獾	*Arctonyx collaris*	食肉目	鼬科	近危（NT）		
6	黄鼬	*Mustela sibirica*	食肉目	鼬科	无危（LC）		
7	黄腹鼬	*Mustela kathiah*	食肉目	鼬科	近危（NT）		是
8	果子狸	*Paguma larvata*	食肉目	灵猫科	近危（NT）		
9	豹猫	*Prionailurus bengalensis*	食肉目	猫科	易危（VU）	二级	
10	野猪	*Sus scrofa*	偶蹄目	猪科	无危（LC）		
11	小麂	*Muntiacus reevesi*	偶蹄目	鹿科	易危（VU）		
12	黑麂	*Muntiacus crinifrons*	偶蹄目	鹿科	濒危（EN）	一级	
13	中华鬣羚	*Capricornis milneedwardsi*	偶蹄目	牛科	易危（VU）	二级	
14	东北刺猬	*Erinaceus amurensis*	劳亚食虫目	刺猬科	无危（LC）		
15	山东小麝鼩	*Crocidura shantungensis*	劳亚食虫目	鼩鼱科	无危（LC）		
16	灰麝鼩	*Crocidura attenuata*	劳亚食虫目	鼩鼱科	无危（LC）		
17	喜马拉雅水麝鼩	*Chimarogale himalayica*	劳亚食虫目	鼩鼱科	数据缺乏（DD）		是
18	倭花鼠	*Tamias sibiricus*	啮齿目	松鼠科	无危（LC）		
19	赤腹松鼠	*Callosciurus erythraeus*	啮齿目	松鼠科	无危（LC）		
20	大仓鼠	*Tscherskia triton*	啮齿目	仓鼠科	无危（LC）		
21	黑腹绒鼠	*Eothenomys melanogaster*	啮齿目	仓鼠科	无危（LC）		是
22	白腹巨鼠	*Leopoldamys edwardsi*	啮齿目	鼠科	无危（LC）		
23	小家鼠	*Mus musculus*	啮齿目	鼠科	无危（LC）		
24	黄毛鼠	*Rattus norvegicus*	啮齿目	鼠科	无危（LC）		
25	巢鼠	*Micromys minutus*	啮齿目	鼠科	无危（LC）		是
26	针毛鼠	*Rattus nitidus*	啮齿目	鼠科	无危（LC）		
27	中华姬鼠	*Apodemus draco*	啮齿目	鼠科	无危（LC）		
28	青毛硕鼠	*Berylmys bowersi*	啮齿目	鼠科	无危（LC）		
29	黑线姬鼠	*Apodemus agrarius*	啮齿目	鼠科	无危（LC）		

序号	中文名	学名	目名	科名	濒危等级	保护等级	历史数据
30	中国豪猪	*Hystrix hodgsoni*	啮齿目	豪猪科	无危（LC）		
31	华南兔	*Lepus sinensis*	兔形目	兔科	无危（LC）		
32	东亚伏翼	*Pipistrellus abramus*	翼手目	蝙蝠科	无危（LC）		
33	日本长翼蝠	*Miniopterus fuliginosus*	翼手目	蝙蝠科	无危（LC）		
34	渡濑氏鼠耳蝠	*Myotis ruforniger*	翼手目	蝙蝠科	无危（LC）		
35	高颅鼠耳蝠	*Myotis siligorensis*	翼手目	蝙蝠科	无危（LC）		
36	华南水鼠耳蝠	*Myotis laniger*	翼手目	蝙蝠科	无危（LC）		
37	中管鼻蝠	*Murina huttoni*	翼手目	蝙蝠科	无危（LC）		
38	毛翼管鼻蝠	*Harpiocephalus harpia*	翼手目	蝙蝠科	无危（LC）		
39	大棕蝠	*Eptesicus serotinus*	翼手目	蝙蝠科	无危（LC）		
40	中华菊头蝠	*Rhinolophus sinicus*	翼手目	菊头蝠科	无危（LC）		
41	中菊头蝠	*Rhinolophus affinis*	翼手目	菊头蝠科	无危（LC）		
42	马铁菊头蝠	*Rhinolophus ferrumequinum*	翼手目	菊头蝠科	无危（LC）		
43	菲菊头蝠	*Rhinolophus pusillus*	翼手目	菊头蝠科	无危（LC）		
44	大菊头蝠	*Rhinolophus luctus*	翼手目	菊头蝠科	无危（LC）		
45	大耳菊头蝠	*Rhinolophus macrotis*	翼手目	菊头蝠科	无危（LC）		
46	皮氏菊头蝠	*Rhinolophus pearsoni*	翼手目	菊头蝠科	无危（LC）		
47	大蹄蝠	*Hipposideros armiger*	翼手目	蹄蝠科	无危（LC）		

3. 鸟类名录

序号	中文名	学名	目名	科名	濒危等级	保护等级	中国特有种	历史数据
1	灰胸竹鸡	*Bambusicola thoracicus*	鸡形目	雉科	无危（LC）		是	
2	白鹇	*Lophura nycthemera*	鸡形目	雉科	无危（LC）	二级		
3	白颈长尾雉	*Syrmaticus ellioti*	鸡形目	雉科	易危（VU）	一级	是	
4	白眉山鹧鸪	*Arborophila gingica*	鸡形目	雉科	易危（VU）	二级	是	是
5	鹌鹑	*Coturnix japonica*	鸡形目	雉科	无危（LC）			
6	黄腹角雉	*Tragopan caboti*	鸡形目	雉科	濒危（EN）	一级	是	
7	勺鸡	*Pucrasia macrolopha*	鸡形目	雉科	无危（LC）	二级		
8	环颈雉	*Phasianus colchicus*	鸡形目	雉科	无危（LC）			
9	鸳鸯	*Aix galericulata*	雁形目	鸭科	近危（NT）	二级		
10	绿翅鸭	*Anas crecca*	雁形目	鸭科	无危（LC）			
11	普通秋沙鸭	*Mergus merganser*	雁形目	鸭科	无危（LC）			是
12	小䴙䴘	*Tachybaptus ruficollis*	䴙䴘目	䴙䴘科	无危（LC）			
13	山斑鸠	*Streptopelia orientalis*	鸽形目	鸠鸽科	无危（LC）			
14	火斑鸠	*Streptopelia tranquebarica*	鸽形目	鸠鸽科	无危（LC）			是

序号	中文名	学名	目名	科名	濒危等级	保护等级	中国特有种	历史数据
15	珠颈斑鸠	*Streptopelia chinensis*	鸽形目	鸠鸽科	无危（LC）			
16	斑尾鹃鸠	*Macropygia unchall*	鸽形目	鸠鸽科	近危（NT）	二级		
17	普通夜鹰	*Caprimulgus indicus*	夜鹰目	夜鹰科	无危（LC）			
18	白腰雨燕	*Apus pacificus*	夜鹰目	雨燕科	无危（LC）			
19	小杜鹃	*Cuculus poliocephalus*	鹃形目	杜鹃科	无危（LC）			
20	大鹰鹃	*Hierococcyx sparverioides*	鹃形目	杜鹃科	无危（LC）			是
21	四声杜鹃	*Cuculus micropterus*	鹃形目	杜鹃科	无危（LC）			是
22	中杜鹃	*Cuculus saturatus*	鹃形目	杜鹃科	无危（LC）			是
23	大杜鹃	*Cuculus canorus*	鹃形目	杜鹃科	无危（LC）			是
24	黑水鸡	*Gallinula chloropus*	鹤形目	秧鸡科	无危（LC）			
25	灰胸秧鸡	*Lewinia striata*	鹤形目	秧鸡科	无危（LC）			是
26	红脚田鸡	*Zapornia akool*	鹤形目	秧鸡科	无危（LC）			是
27	凤头麦鸡	*Vanellus vanellus*	鸻形目	鸻科	无危（LC）			是
28	白腰草鹬	*Tringa ochropus*	鸻形目	鹬科	无危（LC）			
29	矶鹬	*Actitis hypoleucos*	鸻形目	鹬科	无危（LC）			
30	白腰杓鹬	*Numenius arquata*	鸻形目	鹬科	近危（NT）			是
31	红脚鹬	*Tringa totanus*	鸻形目	鹬科	无危（LC）			是
32	普通鸬鹚	*Phalacrocorax carbo*	鲣鸟目	鸬鹚科	无危（LC）			
33	夜鹭	*Nycticorax nycticorax*	鹈形目	鹭科	无危（LC）			
34	池鹭	*Ardeola bacchus*	鹈形目	鹭科	无危（LC）			
35	牛背鹭	*Bubulcus ibis*	鹈形目	鹭科	无危（LC）			
36	大白鹭	*Ardea alba*	鹈形目	鹭科	无危（LC）			
37	白鹭	*Egretta garzetta*	鹈形目	鹭科	无危（LC）			
38	中白鹭	*Ardea intermedia*	鹈形目	鹭科	无危（LC）			是
39	鹗	*Pandion haliaetus*	鹰形目	鹗科	近危（NT）	二级		
40	黑翅鸢	*Elanus caeruleus*	鹰形目	鹰科	近危（NT）	二级		
41	黑冠鹃隼	*Aviceda leuphotes*	鹰形目	鹰科	无危（LC）	二级		
42	蛇雕	*Spilornis cheela*	鹰形目	鹰科	近危（NT）	二级		
43	鹰雕	*Nisaetus nipalensis*	鹰形目	鹰科	近危（NT）	二级		
44	林雕	*Ictinaetus malaiensis*	鹰形目	鹰科	易危（VU）	二级		
45	白腹隼雕	*Aquila fasciata*	鹰形目	鹰科	易危（VU）	二级		
46	乌雕	*Clanga clanga*	鹰形目	鹰科	濒危（EN）	二级		是
47	凤头鹰	*Accipiter trivirgatus*	鹰形目	鹰科	无危（LC）	二级		
48	赤腹鹰	*Accipiter soloensis*	鹰形目	鹰科	无危（LC）	二级		
49	松雀鹰	*Accipiter virgatus*	鹰形目	鹰科	无危（LC）	二级		
50	雀鹰	*Accipiter nisus*	鹰形目	鹰科	无危（LC）	二级		是
51	苍鹰	*Accipiter gentilis*	鹰形目	鹰科	近危（NT）	二级		是

序号	中文名	学名	目名	科名	濒危等级	保护等级	中国特有种	历史数据
52	黑鸢	*Milvus migrans*	鹰形目	鹰科	无危（LC）	二级		是
53	灰脸鵟鹰	*Butastur indicus*	鹰形目	鹰科	近危（NT）	二级		是
54	毛脚鵟	*Buteo lagopus*	鹰形目	鹰科	近危（NT）	二级		是
55	普通鵟	*Buteo japonicus*	鹰形目	鹰科	无危（LC）	二级		是
56	黄嘴角鸮	*Otus spilocephalus*	鸮形目	鸱鸮科	近危（NT）	二级		
57	领角鸮	*Otus lettia*	鸮形目	鸱鸮科	无危（LC）	二级		
58	红角鸮	*Otus sunia*	鸮形目	鸱鸮科	无危（LC）	二级		
59	领鸺鹠	*Glaucidium brodiei*	鸮形目	鸱鸮科	无危（LC）	二级		
60	斑头鸺鹠	*Glaucidium cuculoides*	鸮形目	鸱鸮科	无危（LC）	二级		
61	鹰鸮	*Ninox scutulata*	鸮形目	鸱鸮科	近危（NT）	二级		
62	雕鸮	*Bubo bubo*	鸮形目	鸱鸮科	近危（NT）	二级		是
63	长耳鸮	*Asio otus*	鸮形目	鸱鸮科	无危（LC）	二级		是
64	草鸮	*Tyto longimembris*	鸮形目	草鸮科	数据缺乏（DD）	二级		是
65	红头咬鹃	*Harpactes erythrocephalus*	咬鹃目	咬鹃科	近危（NT）	二级		
66	戴胜	*Upupa epops*	犀鸟目	戴胜科	无危（LC）			是
67	三宝鸟	*Eurystomus orientalis*	佛法僧目	佛法僧科	无危（LC）			
68	普通翠鸟	*Alcedo atthis*	佛法僧目	翠鸟科	无危（LC）			
69	冠鱼狗	*Megaceryle lugubris*	佛法僧目	翠鸟科	无危（LC）			
70	白胸翡翠	*Halcyon smyrnensis*	佛法僧目	翠鸟科	无危（LC）	二级		是
71	蓝翡翠	*Halcyon pileata*	佛法僧目	翠鸟科	无危（LC）			是
72	大拟啄木鸟	*Psilopogon virens*	啄木鸟目	拟啄木鸟科	无危（LC）			
73	黑眉拟啄木鸟	*Psilopogon faber*	啄木鸟目	拟啄木鸟科	无危（LC）			
74	斑姬啄木鸟	*Picumnus innominatus*	啄木鸟目	啄木鸟科	无危（LC）			
75	星头啄木鸟	*Dendrocopos canicapillus*	啄木鸟目	啄木鸟科	无危（LC）			
76	灰头绿啄木鸟	*Picus canus*	啄木鸟目	啄木鸟科	无危（LC）			
77	黄嘴栗啄木鸟	*Blythipicus pyrrhotis*	啄木鸟目	啄木鸟科	无危（LC）			
78	棕腹啄木鸟	*Dendrocopos hyperythrus*	啄木鸟目	啄木鸟科	无危（LC）			是
79	大斑啄木鸟	*Dendrocopos major*	啄木鸟目	啄木鸟科	无危（LC）			是
80	燕隼	*Falco subbuteo*	隼形目	隼科	无危（LC）	二级		是
81	红隼	*Falco tinnunculus*	隼形目	隼科	无危（LC）	二级		
82	游隼	*Falco peregrinus*	隼形目	隼科	无危（LC）	二级		
83	白腿小隼	*Microhierax melanoleucos*	隼形目	隼科	易危（VU）	二级		
84	仙八色鸫	*Pitta nympha*	雀形目	八色鸫科	易危（VU）	二级		是
85	黑枕黄鹂	*Oriolus chinensis*	雀形目	黄鹂科	无危（LC）			是
86	白腹凤鹛	*Erpornis zantholeuca*	雀形目	莺雀科	无危（LC）			
87	淡绿䴗鹛	*Pteruthius xanthochlorus*	雀形目	莺雀科	近危（NT）			
88	小灰山椒鸟	*Pericrocotus cantonensis*	雀形目	山椒鸟科	无危（LC）			

序号	中文名	学名	目名	科名	濒危等级	保护等级	中国特有种	历史数据
89	灰喉山椒鸟	*Pericrocotus solaris*	雀形目	山椒鸟科	无危（LC）			
90	黑卷尾	*Dicrurus macrocercus*	雀形目	卷尾科	无危（LC）			
91	灰卷尾	*Dicrurus leucophaeus*	雀形目	卷尾科	无危（LC）			是
92	发冠卷尾	*Dicrurus hottentottus*	雀形目	卷尾科	无危（LC）			
93	寿带	*Terpsiphone incei*	雀形目	王鹟科	近危（NT）			
94	棕背伯劳	*Lanius schach*	雀形目	伯劳科	无危（LC）			
95	牛头伯劳	*Lanius bucephalus*	雀形目	伯劳科	无危（LC）			是
96	红尾伯劳	*Lanius cristatus*	雀形目	伯劳科	无危（LC）			是
97	松鸦	*Garrulus glandarius*	雀形目	鸦科	无危（LC）			
98	红嘴蓝鹊	*Urocissa erythroryncha*	雀形目	鸦科	无危（LC）			
99	灰树鹊	*Dendrocitta formosae*	雀形目	鸦科	无危（LC）			
100	喜鹊	*Pica pica*	雀形目	鸦科	无危（LC）			
101	白颈鸦	*Corvus pectoralis*	雀形目	鸦科	近危（NT）			是
102	大嘴乌鸦	*Corvus macrorhynchos*	雀形目	鸦科	无危（LC）			是
103	煤山雀	*Periparus ater*	雀形目	山雀科	无危（LC）			
104	黄腹山雀	*Pardaliparus venustulus*	雀形目	山雀科	无危（LC）		是	
105	大山雀	*Parus cinereus*	雀形目	山雀科	无危（LC）			
106	黄颊山雀	*Machlolophus spilonotus*	雀形目	山雀科	无危（LC）			
107	纯色山鹪莺	*Prinia inornata*	雀形目	扇尾莺科	无危（LC）			
108	山鹪莺	*Prinia crinigera*	雀形目	扇尾莺科	无危（LC）			
109	黄腹山鹪莺	*Prinia flaviventris*	雀形目	扇尾莺科	无危（LC）			
110	褐山鹪莺	*Prinia polychroa*	雀形目	扇尾莺科	无危（LC）			是
111	家燕	*Hirundo rustica*	雀形目	燕科	无危（LC）			
112	烟腹毛脚燕	*Delichon dasypus*	雀形目	燕科	无危（LC）			
113	金腰燕	*Cecropis daurica*	雀形目	燕科	无危（LC）			
114	崖沙燕	*Riparia riparia*	雀形目	燕科	无危（LC）			是
115	领雀嘴鹎	*Spizixos semitorques*	雀形目	鹎科	无危（LC）			
116	黄臀鹎	*Pycnonotus xanthorrhous*	雀形目	鹎科	无危（LC）			
117	白头鹎	*Pycnonotus sinensis*	雀形目	鹎科	无危（LC）			
118	绿翅短脚鹎	*Ixos mcclellandii*	雀形目	鹎科	无危（LC）			
119	黑短脚鹎	*Hypsipetes leucocephalus*	雀形目	鹎科	无危（LC）			
120	栗背短脚鹎	*Hemixos castanonotus*	雀形目	鹎科	无危（LC）			
121	褐柳莺	*Phylloscopus fuscatus*	雀形目	柳莺科	无危（LC）			
122	黄腰柳莺	*Phylloscopus proregulus*	雀形目	柳莺科	无危（LC）			
123	黄眉柳莺	*Phylloscopus inornatus*	雀形目	柳莺科	无危（LC）			
124	冕柳莺	*Phylloscopus coronatus*	雀形目	柳莺科	无危（LC）			
125	华南冠纹柳莺	*Phylloscopus goodsoni*	雀形目	柳莺科	无危（LC）			

序号	中文名	学名	目名	科名	濒危等级	保护等级	中国特有种	历史数据
126	黑眉柳莺	*Phylloscopus ricketti*	雀形目	柳莺科	无危（LC）			
127	巨嘴柳莺	*Phylloscopus schwarzi*	雀形目	柳莺科	无危（LC）			是
128	极北柳莺	*Phylloscopus borealis*	雀形目	柳莺科	无危（LC）			是
129	黄胸柳莺	*Phylloscopus cantator*	雀形目	柳莺科	无危（LC）			是
130	金眶鹟莺	*Seicercus burkii*	雀形目	柳莺科	无危（LC）			是
131	栗头鹟莺	*Seicercus castaniceps*	雀形目	柳莺科	无危（LC）			
132	棕脸鹟莺	*Abroscopus albogularis*	雀形目	树莺科	无危（LC）			
133	远东树莺	*Horornis canturians*	雀形目	树莺科	无危（LC）			
134	强脚树莺	*Horornis fortipes*	雀形目	树莺科	无危（LC）			
135	银喉长尾山雀	*Aegithalos glaucogularis*	雀形目	长尾山雀科	无危（LC）		是	
136	红头长尾山雀	*Aegithalos concinnus*	雀形目	长尾山雀科	无危（LC）			
137	棕头鸦雀	*Sinosuthora webbiana*	雀形目	莺鹛科	无危（LC）			
138	短尾鸦雀	*Neosuthora davidiana*	雀形目	莺鹛科	近危（NT）			
139	灰头鸦雀	*Psittiparus gularis*	雀形目	莺鹛科	无危（LC）			
140	栗耳凤鹛	*Yuhina castaniceps*	雀形目	绣眼鸟科	无危（LC）			
141	黑颏凤鹛	*Yuhina nigrimenta*	雀形目	绣眼鸟科	无危（LC）			
142	暗绿绣眼鸟	*Zosterops japonicus*	雀形目	绣眼鸟科	无危（LC）			
143	华南斑胸钩嘴鹛	*Erythrogenys swinhoei*	雀形目	林鹛科	无危（LC）		是	
144	棕颈钩嘴鹛	*Pomatorhinus ruficollis*	雀形目	林鹛科	无危（LC）			
145	红头穗鹛	*Cyanoderma ruficeps*	雀形目	林鹛科	无危（LC）			
146	灰眶雀鹛	*Alcippe morrisonia*	雀形目	幽鹛科	无危（LC）			
147	画眉	*Garrulax canorus*	雀形目	噪鹛科	近危（NT）	二级		
148	黑脸噪鹛	*Garrulax perspicillatus*	雀形目	噪鹛科	无危（LC）			
149	白颊噪鹛	*Garrulax sannio*	雀形目	噪鹛科	无危（LC）			
150	灰翅噪鹛	*Garrulax cineraceus*	雀形目	噪鹛科	无危（LC）			是
151	小黑领噪鹛	*Garrulax monileger*	雀形目	噪鹛科	无危（LC）			是
152	黑领噪鹛	*Garrulax pectoralis*	雀形目	噪鹛科	无危（LC）			
153	棕噪鹛	*Garrulax berthemyi*	雀形目	噪鹛科	无危（LC）	二级		是
154	红嘴相思鸟	*Leiothrix lutea*	雀形目	噪鹛科	无危（LC）	二级		
155	普通䴓	*Sitta europaea*	雀形目	䴓科	无危（LC）			是
156	褐河乌	*Cinclus pallasii*	雀形目	河乌科	无危（LC）			
157	八哥	*Acridotheres cristatellus*	雀形目	椋鸟科	无危（LC）			
158	丝光椋鸟	*Spodiopsar sericeus*	雀形目	椋鸟科	无危（LC）			
159	灰椋鸟	*Spodiopsar cineraceus*	雀形目	椋鸟科	无危（LC）			
160	黑领椋鸟	*Gracupica nigricollis*	雀形目	椋鸟科	无危（LC）			
161	虎斑地鸫	*Zoothera aurea*	雀形目	鸫科	无危（LC）			

序号	中文名	学名	目名	科名	濒危等级	保护等级	中国特有种	历史数据
162	乌鸫	*Turdus mandarinus*	雀形目	鸫科	无危（LC）		是	
163	白腹鸫	*Turdus pallidus*	雀形目	鸫科	无危（LC）			
164	斑鸫	*Turdus eunomus*	雀形目	鸫科	无危（LC）			
165	白眉地鸫	*Geokichla sibirica*	雀形目	鸫科	无危（LC）			是
166	灰背鸫	*Turdus hortulorum*	雀形目	鸫科	无危（LC）			是
167	红尾斑鸫	*Turdus naumanni*	雀形目	鸫科	无危（LC）			是
168	红胁蓝尾鸲	*Tarsiger cyanurus*	雀形目	鹟科	无危（LC）			
169	鹊鸲	*Copsychus saularis*	雀形目	鹟科	无危（LC）			
170	北红尾鸲	*Phoenicurus auroreus*	雀形目	鹟科	无危（LC）			
171	红尾水鸲	*Rhyacornis fuliginosa*	雀形目	鹟科	无危（LC）			
172	白顶溪鸲	*Chaimarrornis leucocephalus*	雀形目	鹟科	无危（LC）			是
173	紫啸鸫	*Myophonus caeruleus*	雀形目	鹟科	无危（LC）			
174	小燕尾	*Enicurus scouleri*	雀形目	鹟科	无危（LC）			
175	灰背燕尾	*Enicurus schistaceus*	雀形目	鹟科	无危（LC）			
176	白额燕尾	*Enicurus leschenaulti*	雀形目	鹟科	无危（LC）			
177	斑背燕尾	*Enicurus maculatus*	雀形目	鹟科	无危（LC）			
178	灰林䳭	*Saxicola ferreus*	雀形目	鹟科	无危（LC）			
179	黑喉石䳭	*Saxicola maurus*	雀形目	鹟科	无危（LC）			
180	蓝矶鸫	*Monticola solitarius*	雀形目	鹟科	无危（LC）			
181	蓝头矶鸫	*Monticola cinclorhyncha*	雀形目	鹟科	无危（LC）			是
182	栗腹矶鸫	*Monticola rufiventris*	雀形目	鹟科	无危（LC）			
183	鸲姬鹟	*Ficedula mugimaki*	雀形目	鹟科	无危（LC）			
184	白腹蓝鹟	*Cyanoptila cyanomelana*	雀形目	鹟科	无危（LC）			
185	铜蓝鹟	*Eumyias thalassinus*	雀形目	鹟科	无危（LC）			
186	北灰鹟	*Muscicapa dauurica*	雀形目	鹟科	无危（LC）			是
187	灰纹鹟	*Muscicapa griseisticta*	雀形目	鹟科	无危（LC）			
188	白眉姬鹟	*Ficedula zanthopygia*	雀形目	鹟科	无危（LC）			是
189	白腹暗蓝鹟	*Cyanoptila cumatilis*	雀形目	鹟科	无危（LC）			是
190	白喉林鹟	*Cyornis brunneatus*	雀形目	鹟科	易危（VU）	二级		是
191	红胸啄花鸟	*Dicaeum ignipectus*	雀形目	啄花鸟科	无危（LC）			
192	丽星鹩鹛	*Elachura formosa*	雀形目	丽星鹩鹛科	近危（NT）			
193	橙腹叶鹎	*Chloropsis hardwickii*	雀形目	叶鹎科	无危（LC）			
194	叉尾太阳鸟	*Aethopyga christinae*	雀形目	花蜜鸟科	无危（LC）			
195	白腰文鸟	*Lonchura striata*	雀形目	梅花雀科	无危（LC）			
196	斑文鸟	*Lonchura punctulata*	雀形目	梅花雀科	无危（LC）			
197	山麻雀	*Passer cinnamomeus*	雀形目	雀科	无危（LC）			

序号	中文名	学名	目名	科名	濒危等级	保护等级	中国特有种	历史数据
198	麻雀	*Passer montanus*	雀形目	雀科	无危（LC）			
199	黄鹡鸰	*Motacilla tschutschensis*	雀形目	鹡鸰科	无危（LC）			
200	灰鹡鸰	*Motacilla cinerea*	雀形目	鹡鸰科	无危（LC）			
201	白鹡鸰	*Motacilla alba*	雀形目	鹡鸰科	无危（LC）			
202	山鹡鸰	*Dendronanthus indicus*	雀形目	鹡鸰科	无危（LC）			是
203	红喉鹨	*Anthus cervinus*	雀形目	鹡鸰科	无危（LC）			是
204	树鹨	*Anthus hodgsoni*	雀形目	鹡鸰科	无危（LC）			
205	黄腹鹨	*Anthus rubescens*	雀形目	鹡鸰科	无危（LC）			
206	燕雀	*Fringilla montifringilla*	雀形目	燕雀科	无危（LC）			
207	褐灰雀	*Pyrrhula nipalensis*	雀形目	燕雀科	无危（LC）			
208	金翅雀	*Chloris sinica*	雀形目	燕雀科	无危（LC）			
209	黄雀	*Spinus spinus*	雀形目	燕雀科	无危（LC）			
210	锡嘴雀	*Coccothraustes coccothraustes*	雀形目	燕雀科	无危（LC）			是
211	黑尾蜡嘴雀	*Eophona migratoria*	雀形目	燕雀科	无危（LC）			是
212	凤头鹀	*Melophus lathami*	雀形目	鹀科	无危（LC）			
213	三道眉草鹀	*Emberiza cioides*	雀形目	鹀科	无危（LC）			
214	白眉鹀	*Emberiza tristrami*	雀形目	鹀科	近危（NT）			
215	小鹀	*Emberiza pusilla*	雀形目	鹀科	无危（LC）			
216	黄眉鹀	*Emberiza chrysophrys*	雀形目	鹀科	无危（LC）			
217	田鹀	*Emberiza rustica*	雀形目	鹀科	近危（NT）			
218	黄喉鹀	*Emberiza elegans*	雀形目	鹀科	无危（LC）			
219	栗鹀	*Emberiza rutila*	雀形目	鹀科	无危（LC）			
220	灰头鹀	*Emberiza spodocephala*	雀形目	鹀科	无危（LC）			

4. 两栖动物名录

序号	中文名	学名	目名	科名	濒危等级	保护等级	中国特有种
1	中国大鲵	*Andrias davidianus*	有尾目	隐鳃鲵科	极危（CR）	二级	是
2	秉志肥螈	*Pachytriton granulosus*	有尾目	蝾螈科	数据缺乏（DD）		是
3	中国瘰螈	*Paramesotriton chinensis*	有尾目	蝾螈科	近危（NT）	二级	是
4	东方蝾螈	*Cynops orientalis*	有尾目	蝾螈科	近危（NT）		是
5	福建掌突蟾	*Leptolalax liui*	无尾目	角蟾科	无危（LC）		是
6	崇安髭蟾	*Vibrissaphora liui*	无尾目	角蟾科	近危（NT）		是
7	淡肩角蟾	*Megophrys boettgeri*	无尾目	角蟾科	无危（LC）		是

序号	中文名	学名	目名	科名	濒危等级	保护等级	中国特有种
8	挂墩角蟾	*Megophrys kuatunensis*	无尾目	角蟾科	无危（LC）		
9	中华蟾蜍	*Bufo gargarizans*	无尾目	蟾蜍科	无危（LC）		
10	黑眶蟾蜍	*Duttaphrynus melanostictus*	无尾目	蟾蜍科	无危（LC）		
11	中国雨蛙	*Hyla chinensis*	无尾目	雨蛙科	无危（LC）		
12	三港雨蛙	*Hyla sanchiangensis*	无尾目	雨蛙科	无危（LC）		是
13	饰纹姬蛙	*Microhyla fissipes*	无尾目	姬蛙科	无危（LC）		
14	小弧斑姬蛙	*Microhyla heymonsi*	无尾目	姬蛙科	无危（LC）		
15	北仑姬蛙	*Microhyla beilunensis*	无尾目	姬蛙科	数据缺乏（DD）		是
16	泽陆蛙	*Fejervarya multistriata*	无尾目	叉舌蛙科	无危（LC）		
17	虎纹蛙	*Hoplobatrachus rugulosus*	无尾目	叉舌蛙科	濒危（EN）	二级	
18	福建大头蛙	*Limnonectes fujianensis*	无尾目	叉舌蛙科	近危（NT）		是
19	九龙棘蛙	*Quasipaa jiulongensis*	无尾目	叉舌蛙科	易危（VU）		是
20	棘胸蛙	*Quasipaa spinosa*	无尾目	叉舌蛙科	易危（VU）		
21	武夷湍蛙	*molops wuyiensis*	无尾目	蛙科	无危（LC）		是
22	天台粗皮蛙	*Glandirana tientaiensis*	无尾目	蛙科	近危（NT）		是
23	阔褶水蛙	*Hylarana latouchii*	无尾目	蛙科	无危（LC）		是
24	沼水蛙	*Hylarana guentheri*	无尾目	蛙科	无危（LC）		
25	弹琴蛙	*Nidirana adenopleura*	无尾目	蛙科	无危（LC）		
26	小竹叶蛙	*Bamburana exiliversabilis*	无尾目	蛙科	近危（NT）		是
27	凹耳竹叶蛙	*Bamburana tormota*	无尾目	蛙科	易危（VU）		是
28	大绿臭蛙	*Odorrana graminea*	无尾目	蛙科	无危（LC）		
29	天目臭蛙	*Odorrana tianmuii*	无尾目	蛙科	无危（LC）		是
30	黑斑侧褶蛙	*Pelophylax nigromaculatus*	无尾目	蛙科	近危（NT）		
31	布氏泛树蛙	*Polypedates braueri*	无尾目	树蛙科	无危（LC）		
32	大树蛙	*Zhangixalus dennysi*	无尾目	树蛙科	无危（LC）		

5. 爬行动物名录

序号	中文名	学名	目名	科名	濒危等级	保护等级	中国特有种
1	平胸龟	*Platysternon megacephalum*	龟鳖目	平胸龟科	极危（CR）	二级	
2	乌龟	*Mauremys reevesii*	龟鳖目	地龟科	濒危（EN）	二级	
3	花龟	*Mauremys sinensis*	龟鳖目	地龟科	濒危（EN）	二级	
4	中华鳖	*Pelodiscus sinensis*	龟鳖目	鳖科	濒危（EN）		
5	铅山壁虎	*Gekko hokouensis*	有鳞目	壁虎科	无危（LC）		

序号	中文名	学名	目名	科名	濒危等级	保护等级	中国特有种
6	蹼趾壁虎	*Gekko subpalmatus*	有鳞目	壁虎科	无危（LC）		是
7	铜蜓蜥	*Sphenomorphus indicus*	有鳞目	石龙子科	无危（LC）		
8	股鳞蜓蜥	*incognitus*	有鳞目	石龙子科	近危（NT）		
9	中国石龙子	*Plestiodon chinensis*	有鳞目	石龙子科	无危（LC）		
10	蓝尾石龙子	*Plestiodon elegans*	有鳞目	石龙子科	无危（LC）		
11	宁波滑蜥	*Scincella modesta*	有鳞目	石龙子科	无危（LC）		是
12	北草蜥	*Takydromus septentrionalis*	有鳞目	蜥蜴科	无危（LC）		是
13	尖吻蝮	*Deinagkistrodon acutus*	有鳞目	蝰科	濒危（EN）		
14	原矛头蝮	*Protobothrops mucrosquamatus*	有鳞目	蝰科	无危（LC）		
15	福建竹叶青蛇	*Viridovipera stejnegeri*	有鳞目	蝰科	无危（LC）		
16	福建华珊瑚蛇	*Sinomicrurus kelloggi*	有鳞目	眼镜蛇科	无危（LC）		
17	银环蛇	*Bungarus multicinctus*	有鳞目	眼镜蛇科	濒危（EN）		
18	舟山眼镜蛇	*Naja atra*	有鳞目	眼镜蛇科	易危（VU）		
19	台湾小头蛇	*Oligodon formosanus*	有鳞目	游蛇科	近危（NT）		
20	中国小头蛇	*Oligodon chinensis*	有鳞目	游蛇科	无危（LC）		
21	乌梢蛇	*Ptyas dhumnades*	有鳞目	游蛇科	易危（VU）		
22	滑鼠蛇	*Ptyas mucosus*	有鳞目	游蛇科	濒危（EN）		
23	黄链蛇	*Lycodon flavozonatum*	有鳞目	游蛇科	无危（LC）		
24	赤链蛇	*Lycodon rufozonatum*	有鳞目	游蛇科	无危（LC）		
25	福清白环蛇	*Lycodon futsingensis*	有鳞目	游蛇科	无危（LC）		
26	紫灰锦蛇	*Oreocryptophis porphyraceus*	有鳞目	游蛇科	无危（LC）		
27	王锦蛇	*Elaphe carinata*	有鳞目	游蛇科	濒危（EN）		
28	黑眉锦蛇	*Elaphe taeniura*	有鳞目	游蛇科	濒危（EN）		
29	绞花林蛇	*Boiga kraepelini*	有鳞目	游蛇科	无危（LC）		
30	翠青蛇	*Cyclophiops major*	有鳞目	游蛇科	无危（LC）		
31	颈棱蛇	*Pseudoagkistrodon rudis*	有鳞目	游蛇科	无危（LC）		是
32	山溪后棱蛇	*Opisthotropis latouchii*	有鳞目	游蛇科	无危（LC）		是
33	乌华游蛇	*Trimorodytes percarinatus*	有鳞目	游蛇科	易危（VU）		
34	赤链华游蛇	*Sinonatrix annularis*	有鳞目	游蛇科	易危（VU）		是
35	虎斑颈槽蛇	*Rhabdophis tigrinus*	有鳞目	水游蛇科	无危（LC）		

6. 陆生昆虫名录

序号	中文名	学名	目名	科名	濒危等级	保护等级
1	克氏原斑蟌	*Protosticta kiautai*	蜻蜓目	扁蟌科		
2	奇数蟌	*Coenagrion impar*	蜻蜓目	蟌科		

序号	中文名	学名	目名	科名	濒危等级	保护等级
3	弓背细蟌	*Pseudagrion pilidorsum*	蜻蜓目	蟌科		
4	奇异赭丝蟌	*Indolestes extranea*	蜻蜓目	丝蟌科		
5	红面大丝蟌	*Rhipidolestes jucunda*	蜻蜓目	丝蟌科		
6	白条绿丝蟌	*Sinolestes omata*	蜻蜓目	丝蟌科		
7	赤条绿丝蟌	*Sinolestes truncata*	蜻蜓目	丝蟌科		
8	紫闪色蟌	*Caliphaea consimilis*	蜻蜓目	色蟌科		
9	褐色蟌	*Calopteryx grandaeva*	蜻蜓目	色蟌科		
10	黑色蟌	*Calopteryx atrata*	蜻蜓目	色蟌科		
11	宽翅色蟌	*Calopteryx melli*	蜻蜓目	色蟌科		
12	单脉色蟌	*Matrcma basilaris*	蜻蜓目	色蟌科		
13	灿绿色蟌	*Mnais auripennis*	蜻蜓目	色蟌科		
14	褐翅细色蟌	*Vestalis xnrens*	蜻蜓目	色蟌科		
15	黑角细色蟌	*Vestalis smaragdina*	蜻蜓目	色蟌科		
16	藏山蟌	*Mesopodagrion tibetanum*	蜻蜓目	山蟌科		
17	黄纹长腹扇蟌	*Coeliccia cyanomelas*	蜻蜓目	扇蟌科		
18	线纹鼻蟌	*Rhinocypha drusiua*	蜻蜓目	鼻蟌科		
19	方带暗溪蟌	*Anisophaea decorata*	蜻蜓目	溪蟌科		
20	庆元异翅溪蟌	*Anisopleura qingyuanensis*	蜻蜓目	溪蟌科		
21	巨齿尾溪蟌	*Bayadera melanopteryx*	蜻蜓目	溪蟌科		
22	褐翅黑溪蟌	*Euphaea opaca*	蜻蜓目	溪蟌科		
23	粗壮恒河蟌	*Philoganga robusta*	蜻蜓目	溪蟌科		
24	古老恒河蟌	*Philoganga vetusta*	蜻蜓目	溪蟌科		
25	黄腹绿综蟌	*Megalestes heros*	蜻蜓目	综蟌科		
26	安氏异春蜓	*Anisogomphus anderi*	蜻蜓目	春蜓科		
27	和平亚春蜓	*Asiagomphus pacificus*	蜻蜓目	春蜓科		
28	长角亚春蜓	*Asiagomphus cuneatus*	蜻蜓目	春蜓科		
29	溪居缅春蜓	*Burmagomphus intinctus*	蜻蜓目	春蜓科		
30	弗鲁戴氏春蜓	*Davidius fruhstorefi*	蜻蜓目	春蜓科		
31	深山闽春蜓	*Fukienogomphus prometheus*	蜻蜓目	春蜓科		
32	扭尾曦春蜓	*Heliogomphus scorpio*	蜻蜓目	春蜓科		
33	凶猛春蜓	*Labrogomphus torvus*	蜻蜓目	春蜓科		
34	环纹环尾春蜓	*Lamelligomphus ringens*	蜻蜓目	春蜓科		
35	台湾环尾春蜓	*Lamelligomphus formosanus*	蜻蜓目	春蜓科		
36	优美纤春蜓	*Leptogomphus elegans*	蜻蜓目	春蜓科		
37	双峰弯尾春蜓	*Melligomphus ardens*	蜻蜓目	春蜓科		
38	无峰弯尾春蜓	*Melligomphus ludens*	蜻蜓目	春蜓科		
39	中华长钩春蜓	*Ophiogomphus sinicus*	蜻蜓目	春蜓科		
40	亚力施春蜓	*Sieboldius alexanderi*	蜻蜓目	春蜓科		

序号	中文名	学名	目名	科名	濒危等级	保护等级
41	黄侧华春蜓	*Sinogomphus peleus*	蜻蜓目	春蜓科		
42	亲棘尾春蜓	*Trigomphus carus*	蜻蜓目	春蜓科		
43	巨圆臀大蜓	*Anotogaster sieboldii*	蜻蜓目	大蜓科		
44	清六圆臀大蜓	*Anotogaster sakaii*	蜻蜓目	大蜓科		
45	尖额绿大蜓	*Chloromphus suzukii*	蜻蜓目	大蜓科		
46	斯氏绿大蜓	*Chloromphus nasuius*	蜻蜓目	大蜓科		
47	碧伟蜓	*Anax parthenope*	蜻蜓目	蜓科		
48	克氏头蜓	*Cephaleschna klostia*	蜻蜓目	蜓科		
49	李氏头蜓	*Cephaleschna risi*	蜻蜓目	蜓科		
50	细腰长尾蜓	*Gynacantha subinterrupta*	蜻蜓目	蜓科		
51	绿黑佩蜓	*Periaeschna flinti*	蜻蜓目	蜓科		
52	玛佩蜓	*Periaeschna magdalena*	蜻蜓目	蜓科		
53	科氏叶蜓	*Petaliaeschna corneliae*	蜻蜓目	蜓科		
54	浙江普莱蜓	*Planaeschna suichangensis*	蜻蜓目	蜓科		
55	黄翅蜻	*Brachythemis contaminate*	蜻蜓目	蜻科		
56	红蜻	*Crocothemis servilia*	蜻蜓目	蜻科		
57	纹蓝小蜻	*Diplacodes trivialis*	蜻蜓目	蜻科		
58	基斑蜻	*Libellula depressa*	蜻蜓目	蜻科		
59	闪绿宽腹蜻	*Lyriothemis pachygastra*	蜻蜓目	蜻科		
60	白尾灰蜻	*Orthetrum albistylum*	蜻蜓目	蜻科		
61	赤褐灰蜻	*Orthetrum pruinosum*	蜻蜓目	蜻科		
62	狭腹灰蜻	*Orthetrum sabina*	蜻蜓目	蜻科		
63	异色灰蜻	*Orthetrum melania*	蜻蜓目	蜻科		
64	六斑曲纹蜻	*Palpopleura sexmactdate*	蜻蜓目	蜻科		
65	黄蜻	*Pantala flavescens*	蜻蜓目	蜻科		
66	玉带蜻	*Pseudothemis zonata*	蜻蜓目	蜻科		
67	斑丽翅蜻	*Rhyothemts variegata*	蜻蜓目	蜻科		
68	竖眉赤蜻	*Sympetrum eroticum*	蜻蜓目	蜻科		
69	双纹赤蜻	*Sympetrum ruptum*	蜻蜓目	蜻科		
70	夏赤蜻	*Sympetrum darwinianum*	蜻蜓目	蜻科		
71	闪蓝丽伪蜻	*Epophthalmia eugans*	蜻蜓目	伪蜻科		
72	莱氏异伪蜻	*Jdionyx lieftincki*	蜻蜓目	伪蜻科		
73	杭州山伪蜻	*Macromidia hangzhouensis*	蜻蜓目	伪蜻科		
74	东方蜚蠊	*Blatta orientalis*	蜚蠊目	蜚蠊科		
75	黑胸大蠊	*Periplaneta fitliginosa*	蜚蠊目	蜚蠊科		
76	德国小蠊	*Blattella germaniea*	蜚蠊目	姬蠊科		
77	拟德国蠊	*Blttella litericolla*	蜚蠊目	姬蠊科		
78	黄翅大白蚁	*Macrotermes baneyi*	等翅目	白蚁科		

序号	中文名	学名	目名	科名	濒危等级	保护等级
79	黑翅土白蚁	*Odontotermes formosanus*	等翅目	白蚁科		
80	浙江诺(虫责)	*Rhopalopsole logispina*	襀翅目	(虫责)科		
81	长形襟(虫责)	*Togoperla perpicta*	襀翅目	(虫责)科		
82	中华襟(虫责)	*Togoperta sinensis*	襀翅目	(虫责)科		
83	天目原螳	*Anaxarcha tianmushanensis*	螳螂目	花螳科		
84	中华原螳	*Anaxarcha sinensis*	螳螂目	花螳科		
85	丽眼斑螳	*Creobroter gemmata*	螳螂目	花螳科		
86	云眼斑螳	*Creobroter nebulosa*	螳螂目	花螳科		
87	浙江巨腿螳	*Hestiasula zhejiangensis*	螳螂目	花螳科		
88	海南姬螳	*Acromantis hesione*	螳螂目	螳科		
89	名和异跳螳	*Amantis nawai*	螳螂目	螳科		
90	中华拒斧螳	*Hierodula chinensis*	螳螂目	螳科		
91	小虹翅螳	*Iridopteryx maculata*	螳螂目	螳科		
92	中华大齿螳	*Odontomantis sinensis*	螳螂目	螳科		
93	斑点古细足螳	*Palaeothespis stictus*	螳螂目	螳科		
94	毛螳	*Spilomantis occipitalis*	螳螂目	螳科		
95	绿污斑螳	*Statilia maculata*	螳螂目	螳科		
96	棕污斑螳	*Statilia nemoralis*	螳螂目	螳科		
97	枯叶刀螳	*Tenodera aridifolia*	螳螂目	螳科		
98	中华大刀螳	*Tenodera sinensis*	螳螂目	螳科		
99	斑纹肥螋	*Euborellia puncta*	革翅目	肥螋科		
100	普通肥螋	*Euborellia plebeja*	革翅目	肥螋科		
101	缘瘤螋	*Gonolabis marginalis*	革翅目	肥螋科		
102	奇球螋	*Allodahlia scabriascula*	革翅目	球螋科		
103	日本张球螋	*Anechura japonica*	革翅目	球螋科		
104	三角臀张球螋	*Anechura sakaii*	革翅目	球螋科		
105	黄头拟荣球螋	*Paratimomenus flavocapitatus*	革翅目	球螋科		
106	曲花螋	*Pseudochelidura sinuata*	革翅目	球螋科		
107	科氏乔螋	*Timomenus komarui*	革翅目	球螋科		
108	棒形钳螋	*Forcipula clavata*	革翅目	蠼螋科		
109	小蠼螋	*Labia minor*	革翅目	蠼螋科		
110	蠼螋	*Labidura riparia*	革翅目	蠼螋科		
111	纳蠼螋	*Nala lividipes*	革翅目	蠼螋科		
112	尼纳蠼螋	*Nala nepalensis*	革翅目	蠼螋科		
113	隐居丝尾螋	*Diplatys reconditus*	革翅目	丝尾螋科		
114	凤阳丝尾螋	*Haplodiplatys fhigyangensis*	革翅目	丝尾螋科		
115	福氏大尾螋	*Challia flecheri*	革翅目	大尾螋科		
116	短星翅蝗	*Calliptamus abbreviatus*	直翅目	斑腿蝗科		

序号	中文名	学名	目名	科名	濒危等级	保护等级
117	白尾卵翅蝗	*Caryanda albufurcula*	直翅目	斑腿蝗科		
118	短角斑腿蝗	*Catantops brachycerus*	直翅目	斑腿蝗科		
119	红褐斑腿蝗	*Catantops pinguis*	直翅目	斑腿蝗科		
120	线斑腿蝗	*Catantops splendens*	直翅目	斑腿蝗科		
121	长翅黑背蝗	*Eyprepocnemis shirakii*	直翅目	斑腿蝗科		
122	短翅露腹蝗	*Fruhstorferiola brachyptera*	直翅目	斑腿蝗科		
123	绿腿露腹蝗	*Fruhstorferiola viridifemorata*	直翅目	斑腿蝗科		
124	斑角蔗蝗	*Hieroglyphus annulicornis*	直翅目	斑腿蝗科		
125	东亚飞蝗	*Locusta mugratoria manilensis*	直翅目	斑腿蝗科		
126	两齿稻蝗	*Oxya bidentata*	直翅目	斑腿蝗科		
127	山稻蝗	*Oxya agavisa*	直翅目	斑腿蝗科		
128	小稻蝗	*Oxya intricata*	直翅目	斑腿蝗科		
129	中华稻蝗	*Oxya chinensis*	直翅目	斑腿蝗科		
130	日本黄脊蝗	*Patanga japonica*	直翅目	斑腿蝗科		
131	板胸蝗	*Spathostemum prasiniferum*	直翅目	斑腿蝗科		
132	东方凸额蝗	*Traulia orientalis*	直翅目	斑腿蝗科		
133	花胫绿纹蝗	*Aiolopus tamulus*	直翅目	斑翅蝗科		
134	云斑车蝗	*Gastrimargus marmoratus*	直翅目	斑翅蝗科		
135	方异距蝗	*Heteropternis respondens*	直翅目	斑翅蝗科		
136	红胫小车蝗	*Oedaleus manjius*	直翅目	斑翅蝗科		
137	疣蝗	*Trilophidia annulata*	直翅目	斑翅蝗科		
138	黄脊竹蝗	*Ceracris kiangsu*	直翅目	网翅蝗科		
139	青脊竹蝗	*Ceracris nigricornis*	直翅目	网翅蝗科		
140	中华雏蝗	*Chorthippus chinensis*	直翅目	网翅蝗科		
141	短额负蝗	*Atractomorpha sinensis*	直翅目	锥头蝗科		
142	长额负蝗	*Atractomorpha lata*	直翅目	锥头蝗科		
143	棉蝗	*Chondracris rosea*	直翅目	蝗科		
144	中华剑角蝗	*Acrida cinerea*	直翅目	剑角蝗科		
145	中华蚱蜢	*Acrida chinensis*	直翅目	剑角蝗科		
146	短翅佛蝗	*Phlaeoba angustidorsis*	直翅目	剑角蝗科		
147	僧帽佛蝗	*Phlaeoba infumata*	直翅目	剑角蝗科		
148	日本蚱	*Tetrix japonica*	直翅目	蚱科		
149	江苏耳舌螽	*Atlanticus kingsu*	直翅目	螽斯科		
150	比尔铲尾螽	*Conocephalus pieli*	直翅目	螽斯科		
151	悦鸣草螽	*Conocephalus melaenus*	直翅目	螽斯科		
152	长瓣草螽	*Conocephalus gladiatus*	直翅目	螽斯科		
153	鼻优草螽	*Euconocephalus nasutus*	直翅目	螽斯科		
154	中华螽斯	*Tettigonia chinensis*	直翅目	螽斯科		

序号	中文名	学名	目名	科名	濒危等级	保护等级
155	歧尾鼓鸣螽	*Bulbistridulous furcatus*	直翅目	露螽科		
156	日本条螽	*Ducetia japonica*	直翅目	露螽科		
157	绿掩耳螽	*Elimaea chloris*	直翅目	露螽科		
158	小掩耳螽	*Elimaea parva*	直翅目	露螽科		
159	叶肛掩耳螽	*Elimaea foliata*	直翅目	露螽科		
160	挂掩耳螽螽	*Hemielimaea kuatun*	直翅目	露螽科		
161	日本绿螽	*Holochlora japonica*	直翅目	露螽科		
162	细齿平背螽	*Isopsera denticulata*	直翅目	露螽科		
163	中华桑螽	*Kuwayamaea chinensis*	直翅目	露螽科		
164	小桑螽	*Kuzvayamaea parua*	直翅目	露螽科		
165	纺织娘	*Mecopoda elongata*	直翅目	露螽科		
166	日本纺织娘	*Mecopoda niponensis*	直翅目	露螽科		
167	黑角露螽	*Phaneroptera nigroantennata*	直翅目	露螽科		
168	江苏华绿螽	*Sinochlora kinhsnensis*	直翅目	露螽科		
169	长裂华绿螽	*Sinochlora longifissa*	直翅目	露螽科		
170	中华华绿螽	*Sinochlora sinensis*	直翅目	露螽科		
171	斑腿双针蟋	*Dianemobius fascipes*	直翅目	蛉蟋科		
172	油葫芦	*Cryllus testaceus*	直翅目	蟋蟀科		
173	蟋蟀	*Gryllulus chinensis*	直翅目	蟋蟀科		
174	德齐棺头蟋	*Loxoblemmus doenitzi*	直翅目	蟋蟀科		
175	石首棺头蟋	*Loxoblemmus equestris*	直翅目	蟋蟀科		
176	小棺头蟋	*Loxoblemmus aomoriensis*	直翅目	蟋蟀科		
177	东方蝼蛄	*Gryllotalpa orientalis*	直翅目	蝼蛄科		
178	垂臀华异	*Sinophasma brevipenne*	竹节虫目	异　科		
179	瓦腹华异	*Sinophasma honei*	竹节虫目	异　科		
180	白带猎蝽	*Acanthaspis cincticrus*	半翅目	猎蝽科		
181	圆腹猎蝽	*Agriosphodrus dohrni*	半翅目	猎蝽科		
182	冠绒猎蝽	*Apocaucus sinicus*	半翅目	猎蝽科		
183	艳红猎蝽	*Cydnocoris russatus*	半翅目	猎蝽科		
184	八节黑猎蝽	*Ectrychotes andreae*	半翅目	猎蝽科		
185	脊猎蝽	*Epidaucus carinatus*	半翅目	猎蝽科		
186	黑红赤猎蝽	*Haematoloecha nigrorufa*	半翅目	猎蝽科		
187	黑红捕猎蝽	*Harpactor fuscipes*	半翅目	猎蝽科		
188	茶褐猎蝽	*Isyndus obscurus*	半翅目	猎蝽科		
189	红股隶猎蝽	*Lestomerus femoralis*	半翅目	猎蝽科		
190	日月猎蝽	*Pirates arcuatus*	半翅目	猎蝽科		
191	黄足猎蝽	*Sirthenea flavipes*	半翅目	猎蝽科		
192	赤腹猎蝽	*Sphedanolestes pubinotus*	半翅目	猎蝽科		

序号	中文名	学名	目名	科名	濒危等级	保护等级
193	环斑猛猎蝽	*Sphedanolestes impressicollis*	半翅目	猎蝽科		
194	山达猎蝽	*Tamaonia montana*	半翅目	猎蝽科		
195	赭斑猎蝽	*Velitra rubropicta*	半翅目	猎蝽科		
196	胝盾长蝽	*Mizaldus lewisi*	半翅目	长蝽科		
197	长须梭长蝽	*Pachygrontha antennata*	半翅目	长蝽科		
198	杉木扁长蝽	*Sinorsillus piliferus*	半翅目	长蝽科		
199	瘤缘蝽	*Acanthocoris scaber*	半翅目	缘蝽科		
200	斑背安缘蝽	*Anoplocnemis binotata*	半翅目	缘蝽科		
201	稻棘缘蝽	*Cletus puncitiger*	半翅目	缘蝽科		
202	褐奇缘蝽	*Derepteryx fuliginosa*	半翅目	缘蝽科		
203	月肩奇缘蝽	*Derepteryx lunata*	半翅目	缘蝽科		
204	广腹同缘蝽	*Homoeocerus dilatatus*	半翅目	缘蝽科		
205	纹须同缘蝽	*Homoeocerus striicomis*	半翅目	缘蝽科		
206	中稻缘蝽	*Leptocorisa chinensis*	半翅目	缘蝽科		
207	黑胫侎缘蝽	*Midis fuscipes*	半翅目	缘蝽科		
208	山竹缘蝽	*Notobitus montanus*	半翅目	缘蝽科		
209	点蜂缘蝽	*Riptortus pedestris*	半翅目	缘蝽科		
210	天目同蝽	*Acanthosoma ouchii*	半翅目	同蝽科		
211	钝肩直同蝽	*Elasmostethus nubilus*	半翅目	同蝽科		
212	点匙同蝽	*Elasmucha punctata*	半翅目	同蝽科		
213	三点边土蝽	*Legnotus triguttulus*	半翅目	土蝽科		
214	青革土蝽	*Macroscytus subaeneus*	半翅目	土蝽科		
215	薄蝽	*Brachymna tenuis*	半翅目	蝽科		
216	辉蝽	*Carbula humerigera*	半翅目	蝽科		
217	斑须蝽	*Dolycoris baccarum*	半翅目	蝽科		
218	麻皮蝽	*Erthesina fullo*	半翅目	蝽科		
219	硕蝽	*Eurostus validus*	半翅目	蝽科		
220	横纹菜蝽	*Eurydema gebleri*	半翅目	蝽科		
221	二星蝽	*Eysarcoris guttiger*	半翅目	蝽科		
222	谷蝽	*Gonopsis affinis*	半翅目	蝽科		
223	茶翅蝽	*Halyomorpha halys*	半翅目	蝽科		
224	红玉蝽	*Hoplistodera pulchra*	半翅目	蝽科		
225	广蝽	*Laprius varicomis*	半翅目	蝽科		
226	狭玛蝽	*Mattiphus minutus*	半翅目	蝽科		
227	短角瓜蝽	*Megymennum brevicomis*	半翅目	蝽科		
228	紫蓝曼蝽	*Menida violacea*	半翅目	蝽科		
229	大臭蝽	*Metonymia glandulosa*	半翅目	蝽科		
230	秀蝽	*Neojurtina typica*	半翅目	蝽科		

序号	中文名	学名	目名	科名	濒危等级	保护等级
231	稻绿蝽	*Nezara viridula*	半翅目	蝽科		
232	稻褐蝽	*Niphe elongata*	半翅目	蝽科		
233	碧蝽	*Palomena angulosa*	半翅目	蝽科		
234	卷蝽	*Paterculus elatus*	半翅目	蝽科		
235	绿点益蝽	*Picromerus viridipunctatus*	半翅目	蝽科		
236	珀蝽	*Plautia fimbriata*	半翅目	蝽科		
237	尖角普蝽	*Priassus spiniger*	半翅目	蝽科		
238	扁盾蝽	*Eurygaster testudinarius*	半翅目	盾蝽科		
239	油茶宽盾蝽	*Poecilocoris latus*	半翅目	盾蝽科		
240	角突娇异蝽	*Urostylis chinai*	半翅目	异蝽科		
241	匙突娇异蝽	*Urostylis striicomis*	半翅目	异蝽科		
242	显著圆龟蝽	*Coptosoma notabilis*	半翅目	龟蝽科		
243	小饰圆龟蝽	*Coptosoma paruipicta*	半翅目	龟蝽科		
244	巨红蝽	*Macroceroea grandis*	半翅目	红蝽科		
245	小斑红蝽	*Physopelta cincticolli*	半翅目	红蝽科		
246	天目螳瘤蝽	*Cnizocoris dimorphus*	半翅目	奇蝽科		
247	梨冠网蝽	*Stephanitis nashi*	半翅目	网蝽科		
248	黄角肩网蝽	*Uhlerites latius*	半翅目	网蝽科		
249	九香虫	*Coridius chinensis*	半翅目	兜蝽科		
250	华凹大叶蝉	*Bothrogonia sinica*	半翅目	叶蝉科		
251	黄绿短头叶蝉	*Bythoscopus chlorophana*	半翅目	叶蝉科		
252	大青叶蝉	*Cicadella viridis*	半翅目	叶蝉科		
253	电光叶蝉	*Deltocephalus dorsalis*	半翅目	叶蝉科		
254	小绿叶蝉	*Empoasca flavescens*	半翅目	叶蝉科		
255	白翅叶蝉	*Erythroneura subrufa*	半翅目	叶蝉科		
256	黑尾叶蝉	*Nephotettix bipunctatus*	半翅目	叶蝉科		
257	横带叶蝉	*Scaphoideus festivus*	半翅目	叶蝉科		
258	大白叶蝉	*Tettigoniella spectra*	半翅目	叶蝉科		
259	黑尾大叶蝉	*Tettigoniella ferruginea*	半翅目	叶蝉科		
260	伯瑞象蜡蝉	*Dictyophara patruelis*	半翅目	象蜡蝉科		
261	中华象蜡蝉	*Dictyophara sinica*	半翅目	象蜡蝉科		
262	鼎点宽广蜡蝉	*Pochazia trinitatis*	半翅目	广翅蜡蝉科		
263	眼斑宽广蜡蝉	*Pochazia discreta*	半翅目	广翅蜡蝉科		
264	八点广翅蜡蝉	*Ricania speculum*	半翅目	广翅蜡蝉科		
265	粉黛广翅蜡蝉	*Ricania pulverosa*	半翅目	广翅蜡蝉科		
266	钩纹广翅蜡蝉	*Ricania simulans*	半翅目	广翅蜡蝉科		
267	渡边氏东方蜡蝉	*Pyrops watanabei*	半翅目	蜡蝉科		
268	长突宽冠叶蝉	*Laticorana aeguata*	半翅目	耳叶蝉科		

序号	中文名	学名	目名	科名	濒危等级	保护等级
269	淡缘肩叶蝉	*Paraconfucius pallidus*	半翅目	耳叶蝉科		
270	黑脉角胸叶蝉	*Tituria nigrivena*	半翅目	耳叶蝉科		
271	黑蚱	*Cryptompana atrata*	半翅目	蝉科		
272	大姬蝉	*Formosemia gigas*	半翅目	蝉科		
273	红蝉	*Huechys sanguinea*	半翅目	蝉科		
274	草蝉	*Megannia hebes*	半翅目	蝉科		
275	蛁蝉	*Meimura opalifera*	半翅目	蝉科		
276	鸣蝉	*Oncotypana maculaticollis*	半翅目	蝉科		
277	竹蝉	*Platylomia pieli*	半翅目	蝉科		
278	蟪蛄	*Platypleura kaempteri*	半翅目	蝉科		
279	窄瓣螂蝉	*Pomponia fusca*	半翅目	蝉科		
280	褐蝉	*Tanna oblique*	半翅目	蝉科		
281	华蝎蝉	*Tanna sinensis*	半翅目	蝉科		
282	灰飞虱	*Laodelphax striatellus*	半翅目	飞虱科		
283	褐飞虱	*Nilaparvata lugens*	半翅目	飞虱科		
284	白背飞虱	*Sogatella furcifera*	半翅目	飞虱科		
285	棉蚜	*Aphis gossypii*	半翅目	蚜科		
286	桃粉蚜	*Hyalopterus arundinis*	半翅目	蚜科		
287	梨二叉蚜	*Toxoptera piricola*	半翅目	蚜科		
288	稻蓟马	*Stenchnethrips biformis*	缨翅目	蓟马科		
289	中华盲蛇蛉	*Inocellia sinensis*	蛇蛉目	盲蛇蛉科		
290	八斑绢草蛉	*Ankylopteryx octopunctata*	脉翅目	草蛉科		
291	大草蛉	*Chrysopa pallens*	脉翅目	草蛉科		
292	中华通草蛉	*Chrysopa sinica*	脉翅目	草蛉科		
293	松氏通草蛉	*Chrysoperla savioi*	脉翅目	草蛉科		
294	亚非玛草蛉	*Mallada desjardinsi*	脉翅目	草蛉科		
295	锯角蝶角蛉	*Acheron trux*	脉翅目	蝶角蛉科		
296	黄脊蝶角蛉	*Ascalohybris subjacens*	脉翅目	蝶角蛉科		
297	克氏蝶角蛉	*Hybris kolthoffl*	脉翅目	蝶角蛉科		
298	江苏螳蛉	*Climaciella lacolombierei*	脉翅目	螳蛉科		
299	四瘤蜂螳蛉	*Climaciella quadrituberculata*	脉翅目	螳蛉科		
300	褐纹树蚁蛉	*Dendroleon pantherinus*	脉翅目	蚁蛉科		
301	多斑蚁蛉	*Dtstoleon nigricans*	脉翅目	蚁蛉科		
302	白云蚁蛉	*Paraglenurus japonicus*	脉翅目	蚁蛉科		
303	追击大蚁蛉	*Synclisis japonica*	脉翅目	蚁蛉科		
304	暗新蝎蛉	*Neopanorpa huangshana*	长翅目	蝎蛉科		
305	九龙新蝎蛉	*Neopanorpa jiulongensis*	长翅目	蝎蛉科		
306	卵形翅新褐蛉	*Neopanorpa ovata*	长翅目	蝎蛉科		

序号	中文名	学名	目名	科名	濒危等级	保护等级
307	莫干山新蝎蛉	*Neopanorpa moganshanensis*	长翅目	蝎蛉科		
308	天目新蝎蛉	*Neopanorpa tienmushana*	长翅目	蝎蛉科		
309	黄翅蝎蛉	*Panorpa lutea*	长翅目	蝎蛉科		
310	龙氏蝎蛉	*Panorpa kiautai*	长翅目	蝎蛉科		
311	周氏蝎蛉	*Panorpa choui*	长翅目	蝎蛉科		
312	黄边厚龙虱	*Cyrinidae limbatus*	鞘翅目	龙虱科		
313	红金步甲	*Carabus ignimetalla*	鞘翅目	步甲科		
314	堂皇步甲	*Carabus augustus*	鞘翅目	步甲科		
315	拉步甲	*Carabus lafossei*	鞘翅目	步甲科	近危（NT）	二级
316	绿翅虎甲	*Cicindela specularis*	鞘翅目	虎甲科		
317	中华虎甲	*Cicindela chinenesis*	鞘翅目	虎甲科		
318	光背树虎甲	*Collyris bonelli*	鞘翅目	虎甲科		
319	瘦虎甲	*Tricandyla palchripes*	鞘翅目	虎甲科		
320	花葬甲	*Necrophorus maculifrons*	鞘翅目	葬甲科		
321	华长丽金龟	*Adoretosoma chinense*	鞘翅目	金龟科		
322	铜绿异丽金龟	*Anomala corpulenta*	鞘翅目	金龟科		
323	暗黑鳃金龟	*Holotrichia parallela*	鞘翅目	金龟科		
324	黄裙彩丽金龟	*Mimela flavocincta*	鞘翅目	金龟科		
325	墨绿彩丽金龟	*Mimela splendens*	鞘翅目	金龟科		
326	小青花金龟	*Oxycetonia jucunda*	鞘翅目	金龟科		
327	曲带弧丽金龟	*Popillia pustulata*	鞘翅目	金龟科		
328	白星花金龟	*Protaetia brevitarsis*	鞘翅目	金龟科		
329	绿罗花金龟	*Rhomborrhina unicolor*	鞘翅目	金龟科		
330	黑绒金龟子	*Serica orientalis*	鞘翅目	金龟科		
331	红边鬼艳锹甲	*Odontolabis cuvera*	鞘翅目	锹甲科		
332	瓜茄瓢虫	*Afissa admirabilis*	鞘翅目	瓢虫科		
333	四斑月瓢虫	*Chilomenes quadriplagiata*	鞘翅目	瓢虫科		
334	异色瓢虫	*Harmonia axyridis*	鞘翅目	瓢虫科		
335	中国豆芫菁	*Epicauta chinensis*	鞘翅目	芫菁科		
336	星天牛	*Anoplophora chinensis*	鞘翅目	天牛科		
337	瘤胸簇天牛	*Aristobia hispida*	鞘翅目	天牛科		
338	椎天牛	*Spondylis buprestoides*	鞘翅目	天牛科		
339	蚤瘦花天牛	*Strangalia fortunei*	鞘翅目	天牛科		
340	稻负泥虫	*Lema oryzae*	鞘翅目	负泥虫科		
341	黑额光肖叶甲	*Smaragdina nigrifrons*	鞘翅目	肖叶甲科		
342	黑足黑守瓜	*Aulacophora nigripennis*	鞘翅目	叶甲科		
343	印度黄守瓜	*Aulacophora indica*	鞘翅目	叶甲科		
344	黑腹米萤叶甲	*Gallerucida bifasciata*	鞘翅目	叶甲科		

序号	中文名	学名	目名	科名	濒危等级	保护等级
345	黑跗瓢萤叶甲	*Mimastra soreli*	鞘翅目	叶甲科		
346	十星瓢萤叶甲	*Oides decempunctatus*	鞘翅目	叶甲科		
347	绿尾大蚕蛾	*Actias ningpoana*	鳞翅目	大蚕蛾科		
348	黄豹大蚕蛾	*Loepa katinka*	鳞翅目	大蚕蛾科		
349	樗蚕蛾	*Philosamia cynthia*	鳞翅目	大蚕蛾科		
350	鬼脸天蛾	*Acherontia lachesis*	鳞翅目	天蛾科		
351	芝麻鬼脸天蛾	*Acherontia styx*	鳞翅目	天蛾科		
352	灰天蛾	*Acosmerycoides leucocraspis*	鳞翅目	天蛾科		
353	平背线天蛾	*Cechetra minor*	鳞翅目	天蛾科		
354	大星天蛾	*Dolbina inexacta*	鳞翅目	天蛾科		
355	青背长喙天蛾	*Macroglossum bombylans*	鳞翅目	天蛾科		
356	青球箩纹蛾	*Brahmaea hearseyi*	鳞翅目	箩纹蛾科		
357	斑带蛾	*Apha tychoona*	鳞翅目	枯叶蛾科		
358	马尾松毛虫	*Dendrolimus punctatus*	鳞翅目	枯叶蛾科		
359	思茅松毛虫	*Dendrolimus kiktichit*	鳞翅目	枯叶蛾科		
360	云南松毛虫	*Dendrolimus grisea*	鳞翅目	枯叶蛾科		
361	灰线苹枯叶蛾	*Odonestis bheroba*	鳞翅目	枯叶蛾科		
362	锚纹蛾	*Pterodecta felderi*	鳞翅目	锚纹蛾科		
363	洋麻圆钩蛾	*Cyclidia substigmaria*	鳞翅目	钩蛾科		
364	仲黑缘黄钩蛾	*Tridrepana crocea*	鳞翅目	钩蛾科		
365	丝棉木金星尺蛾	*Abraxas suspecta*	鳞翅目	尺蛾科		
366	亚肾纹绿尺蛾	*Comibaena subprocumbaria*	鳞翅目	尺蛾科		
367	椴尺蛾	*Comostola subtiliaria*	鳞翅目	尺蛾科		
368	哈氏尺蛾	*Hemerophila harutai*	鳞翅目	尺蛾科		
369	隔封尺蛾	*Hydatocapnia gemina*	鳞翅目	尺蛾科		
370	茶用克尺蛾	*Jankowskia athleta*	鳞翅目	尺蛾科		
371	橄璃尺蛾	*Krananda oliveomarginata*	鳞翅目	尺蛾科		
372	雪尾尺蛾	*Ourapteryx nivea*	鳞翅目	尺蛾科		
373	海绿尺蛾	*Pelagodes antiquadraria*	鳞翅目	尺蛾科		
374	竹篦舟蛾	*Besaia goddrica*	鳞翅目	舟蛾科		
375	竹拟皮舟蛾	*Mimopydna anaemica*	鳞翅目	舟蛾科		
376	黄臀黑污灯蛾	*Arctinia caesarea*	鳞翅目	灯蛾科		
377	条纹艳苔蛾	*Asura strigipennis*	鳞翅目	灯蛾科		
378	东方葩苔蛾	*Barsine orientalis*	鳞翅目	灯蛾科		
379	优葩苔蛾	*Barsine striata*	鳞翅目	灯蛾科		
380	猩红苔蛾	*Chionaema coccinea*	鳞翅目	灯蛾科		
381	八点灰灯蛾	*Creatonotos transiens*	鳞翅目	灯蛾科		
382	黑条灰灯蛾	*Creatonotos gangis*	鳞翅目	灯蛾科		

序号	中文名	学名	目名	科名	濒危等级	保护等级
383	优雪苔蛾	*Cyana hamata*	鳞翅目	灯蛾科		
384	豪恩丹苔蛾	*Danielithosia hoenei*	鳞翅目	灯蛾科		
385	同卡苔蛾	*Katha conformis*	鳞翅目	灯蛾科		
386	尘白灯蛾	*Spilarctia obliqua*	鳞翅目	灯蛾科		
387	红腹白灯蛾	*Spilarctia subcamea*	鳞翅目	灯蛾科		
388	强污灯蛾	*Spilarctia robusta*	鳞翅目	灯蛾科		
389	白灯蛾	*Spilosoma nivea*	鳞翅目	灯蛾科		
390	白毒蛾	*Arctornis l-nigrum*	鳞翅目	毒蛾科		
391	肾毒蛾	*Cifuna locuples*	鳞翅目	毒蛾科		
392	双弓黄毒蛾	*Euproctis diploxutha*	鳞翅目	毒蛾科		
393	黑褐盗毒蛾	*Porthesia atereta*	鳞翅目	毒蛾科		
394	小地老虎	*Agrotis ypsilon*	鳞翅目	夜蛾科		
395	紫黑扁身夜蛾	*Amphipyra coevina*	鳞翅目	夜蛾科		
396	苎麻夜蛾	*Arcte coerula*	鳞翅目	夜蛾科		
397	满卜膜夜蛾	*Bomolocha mandarina*	鳞翅目	夜蛾科		
398	黑缘伯夜蛾	*Borsippa marginata*	鳞翅目	夜蛾科		
399	红晕散纹夜蛾	*Callopistria repleta*	鳞翅目	夜蛾科		
400	直壶夜蛾	*Calyptra orthograpta*	鳞翅目	夜蛾科		
401	尖裙夜蛾	*Crithote horridipes*	鳞翅目	夜蛾科		
402	长阳狄夜蛾	*Diomea fasciata*	鳞翅目	夜蛾科		
403	粉缘钻夜蛾	*Earias pudicana*	鳞翅目	夜蛾科		
404	线夜蛾	*Elydna lineosa*	鳞翅目	夜蛾科		
405	光腹粘虫	*Eriopyga grandis*	鳞翅目	夜蛾科		
406	二红白虫	*Eublemma dimidialis*	鳞翅目	夜蛾科		
407	东方粉翠夜蛾	*Hylophilodes orientalis*	鳞翅目	夜蛾科		
408	白脉粘夜蛾	*Leucania venalba*	鳞翅目	夜蛾科		
409	黄斑粘虫	*Leucania flavostigma*	鳞翅目	夜蛾科		
410	哥梦尼夜蛾	*Orthosia gothica*	鳞翅目	夜蛾科		
411	白肾灰夜蛾	*Polia persicariae*	鳞翅目	夜蛾科		
412	白肾裙剑夜蛾	*Polyphaenis oberthuri*	鳞翅目	夜蛾科		
413	美裙剑夜蛾	*Polyphaenis pulcherrima*	鳞翅目	夜蛾科		
414	裂社夜蛾	*Pseudosphetta fissisigna*	鳞翅目	夜蛾科		
415	葡萄修虎蛾	*Sarbanissa subflava*	鳞翅目	夜蛾科		
416	大螟	*Sesamia inferens*	鳞翅目	夜蛾科		
417	黑点贫夜蛾	*Simplicia rectalis*	鳞翅目	夜蛾科		
418	扇夜蛾	*Sineugraphe bipartita*	鳞翅目	夜蛾科		
419	晦旋目夜蛾	*Speiredonia martha*	鳞翅目	夜蛾科		
420	日月明夜蛾	*Sphragifera biplagiata*	鳞翅目	夜蛾科		

序号	中文名	学名	目名	科名	濒危等级	保护等级
421	八字地老虎	*Xestia c-nigrum*	鳞翅目	夜蛾科		
422	绿鲁夜蛾	*Xestia semiherbida*	鳞翅目	夜蛾科		
423	角镰须夜蛾	*Zanclognatha angulina*	鳞翅目	夜蛾科		
424	杉镰须夜蛾	*Zanclognatha griselda*	鳞翅目	夜蛾科		
425	变色裳蛾	*Hypopyra vespertilia*	鳞翅目	裳蛾科		
426	茶鹿子蛾	*Amata germare*	鳞翅目	鹿蛾科		
427	广鹿蛾	*Amata emma*	鳞翅目	鹿蛾科		
428	甘薯麦蛾	*Brachmia triannuella*	鳞翅目	麦蛾科		
429	大蓑蛾	*Cryptothelea variegata*	鳞翅目	蓑蛾科		
430	二化螟	*Chilo suppressalis*	鳞翅目	螟蛾科		
431	稻纵卷叶螟	*Cnaphalocrocis medinalis*	鳞翅目	螟蛾科		
432	草螟	*Crambus hayachinensis*	鳞翅目	螟蛾科		
433	瓜绢螟	*Diaphania indica*	鳞翅目	螟蛾科		
434	三条螟	*Dichocrocis chlorophanta*	鳞翅目	螟蛾科		
435	葡萄切叶野螟	*Herpetogramma luctuosalis*	鳞翅目	螟蛾科		
436	大豆卷叶螟	*Maruca testulalis*	鳞翅目	螟蛾科		
437	稻简螟	*Nymphula fluctuosalis*	鳞翅目	螟蛾科		
438	盐肤木瘤丛螟	*Orthaga euadrusalis*	鳞翅目	螟蛾科		
439	玉米螟	*Ostrinia nubilalis*	鳞翅目	螟蛾科		
440	稻切叶螟	*Psara licarsisalis*	鳞翅目	螟蛾科		
441	白带网丛螟	*Teliphasa albifusa*	鳞翅目	螟蛾科		
442	三化螟	*Tryporyza incertulas*	鳞翅目	螟蛾科		
443	橙黑纹野螟	*Tyspanodes striata*	鳞翅目	螟蛾科		
444	缘斑须野螟	*Analthes insignis*	鳞翅目	野螟科		
445	泡桐卷野螟	*Pycnarmon cribrata*	鳞翅目	野螟科		
446	迹斑绿刺蛾	*Latoia pastoralis*	鳞翅目	刺蛾科		
447	基褐绿刺蛾	*Parasa consocia*	鳞翅目	刺蛾科		
448	茶柄脉锦斑蛾	*Eterusia aedea*	鳞翅目	斑蛾科		
449	萱草斑蛾	*Pidorus gemina*	鳞翅目	斑蛾科		
450	宽尾凤蝶	*Agehana elwesi*	鳞翅目	凤蝶科	易危（VU）	
451	灰绒麝凤蝶	*Byasa mencius*	鳞翅目	凤蝶科		
452	麝凤蝶	*Byasa alcinous*	鳞翅目	凤蝶科	易危（VU）	
453	褐斑凤蝶	*Chilasa agestor*	鳞翅目	凤蝶科		
454	小黑斑凤蝶	*Chilasa epycides*	鳞翅目	凤蝶科		
455	宽带青凤蝶	*Graphium cloanthus*	鳞翅目	凤蝶科		
456	黎氏青凤蝶	*Graphium leechi*	鳞翅目	凤蝶科		
457	木兰青凤蝶	*Graphium doson*	鳞翅目	凤蝶科		
458	青凤蝶	*Graphium sarpedon*	鳞翅目	凤蝶科		

序号	中文名	学名	目名	科名	濒危等级	保护等级
459	碎斑青凤蝶	*Graphium chironides*	鳞翅目	凤蝶科		
460	褐钩凤蝶	*Meandrusa sciron*	鳞翅目	凤蝶科		
461	红珠凤蝶	*Pachliopta aristolochiae*	鳞翅目	凤蝶科		
462	巴黎翠凤蝶	*Papilio paris*	鳞翅目	凤蝶科		
463	碧凤蝶	*Papilio bianor*	鳞翅目	凤蝶科		
464	柑橘凤蝶	*Papilio xuthus*	鳞翅目	凤蝶科		
465	金凤蝶	*Papilio machaon*	鳞翅目	凤蝶科		
466	蓝凤蝶	*Papilio protenor*	鳞翅目	凤蝶科		
467	绿带翠凤蝶	*Papilio maackii*	鳞翅目	凤蝶科		
468	美凤蝶	*Papilio memnon*	鳞翅目	凤蝶科		
469	玉斑凤蝶	*Papilio helenus*	鳞翅目	凤蝶科		
470	玉带凤蝶	*Papilio polytes*	鳞翅目	凤蝶科		
471	金斑剑凤蝶	*Pazala alebion*	鳞翅目	凤蝶科		
472	丝带凤蝶	*Sericinus montelus*	鳞翅目	凤蝶科		
473	窄斑翠凤蝶	*Papilio arcturus*	鳞翅目	凤蝶科		
474	黄尖襟粉蝶	*Anthocharis scolymus*	鳞翅目	粉蝶科		
475	大翅绢粉蝶	*Aporia largeteaui*	鳞翅目	粉蝶科		
476	斑缘豆粉蝶	*Colias erate*	鳞翅目	粉蝶科		
477	侧条斑粉蝶	*Delias lativitta*	鳞翅目	粉蝶科		
478	艳妇斑粉蝶	*Delias belladonna*	鳞翅目	粉蝶科		
479	黑角方粉蝶	*Dercas lycorias*	鳞翅目	粉蝶科		
480	宽边黄粉蝶	*Eurema hecabe*	鳞翅目	粉蝶科		
481	圆翅钩粉蝶	*Gonepteryx amintha*	鳞翅目	粉蝶科		
482	暗脉粉蝶	*Pieris napi*	鳞翅目	粉蝶科		
483	菜粉蝶	*Pieris rapae*	鳞翅目	粉蝶科		
484	东方菜粉蝶	*Pieris canidia*	鳞翅目	粉蝶科		
485	黑纹粉蝶	*Pieris melete*	鳞翅目	粉蝶科		
486	云粉蝶	*Pontia edusa*	鳞翅目	粉蝶科		
487	飞龙粉蝶	*Talbotia naganum*	鳞翅目	粉蝶科		
488	婀蛱蝶	*Abrota ganga*	鳞翅目	蛱蝶科		
489	苎麻珍蝶	*Acraea issoria*	鳞翅目	蛱蝶科		
490	纹环蝶	*Aemona amathusia*	鳞翅目	蛱蝶科		
491	柳紫闪蛱蝶	*Apatura ilia*	鳞翅目	蛱蝶科		
492	豹蛱蝶	*Argynnis ornatissima*	鳞翅目	蛱蝶科		
493	绿豹蛱蝶	*Argynnis paphia*	鳞翅目	蛱蝶科		
494	斐豹蛱蝶	*Argyreus hyperbius*	鳞翅目	蛱蝶科		
495	老豹蛱蝶	*Argyronome laodice*	鳞翅目	蛱蝶科		
496	虬眉带蛱蝶	*Athyma opalina*	鳞翅目	蛱蝶科		

序号	中文名	学名	目名	科名	濒危等级	保护等级
497	幸福带蛱蝶	*Athyma fortuna*	鳞翅目	蛱蝶科		
498	玉杵带蛱蝶	*Athyma jina*	鳞翅目	蛱蝶科		
499	珠履带蛱蝶	*Athyma asura*	鳞翅目	蛱蝶科		
500	绢蛱蝶	*Calinaga buddha*	鳞翅目	蛱蝶科		
501	白带螯蛱蝶	*Charaxes bernardus*	鳞翅目	蛱蝶科		
502	银豹蛱蝶	*Childrena childreni*	鳞翅目	蛱蝶科		
503	网丝蛱蝶	*Cyrestis thyodamas*	鳞翅目	蛱蝶科		
504	青豹蛱蝶	*Damora sagana*	鳞翅目	蛱蝶科		
505	电蛱蝶	*Dichorragia nesimachus*	鳞翅目	蛱蝶科		
506	蓝点紫斑蝶	*Euploea midamus*	鳞翅目	蛱蝶科		
507	褐蓓翠蛱蝶	*Euthalia hebe*	鳞翅目	蛱蝶科	近危（NT）	
508	红裙边翠蛱蝶	*Euthalia irrubescens*	鳞翅目	蛱蝶科		
509	华东翠蛱蝶	*Euthalia rickettsi*	鳞翅目	蛱蝶科		
510	绿裙边翠蛱蝶	*Euthalia niepelti*	鳞翅目	蛱蝶科		
511	珀翠蛱蝶	*Euthalia pratti*	鳞翅目	蛱蝶科	近危（NT）	
512	珠翠蛱蝶	*Euthalia perlella*	鳞翅目	蛱蝶科	易危（VU）	
513	灿福蛱蝶	*Fabriciana adippe*	鳞翅目	蛱蝶科		
514	蟾福蛱蝶	*Fabriciana nerippe*	鳞翅目	蛱蝶科		
515	灰翅串珠环蝶	*Faunis aerope*	鳞翅目	蛱蝶科		
516	银白蛱蝶	*Helcyra subalba*	鳞翅目	蛱蝶科		
517	黑脉蛱蝶	*Hestina assimilis*	鳞翅目	蛱蝶科		
518	多纹云眼蝶	*Hyponephele violiaceopicta*	鳞翅目	蛱蝶科		
519	黄翅云眼蝶	*Hyponephele davendra*	鳞翅目	蛱蝶科		
520	翠蓝眼蛱蝶	*Junonia orithya*	鳞翅目	蛱蝶科		
521	美眼蛱蝶	*Junonia almana*	鳞翅目	蛱蝶科		
522	琉璃蛱蝶	*Kaniska canace*	鳞翅目	蛱蝶科		
523	多眼蝶	*Kirinia epaminondas*	鳞翅目	蛱蝶科		
524	八目黛眼蝶	*Lethe oculatissima*	鳞翅目	蛱蝶科	近危（NT）	
525	白带黛眼蝶	*Lethe confusa*	鳞翅目	蛱蝶科		
526	边纹黛眼蝶	*Lethe marginalis*	鳞翅目	蛱蝶科		
527	波纹黛眼蝶	*Lethe rohria*	鳞翅目	蛱蝶科		
528	黛眼蝶	*Lethe dura*	鳞翅目	蛱蝶科		
529	尖尾黛眼蝶	*Lethe sinorix*	鳞翅目	蛱蝶科		
530	连纹黛眼蝶	*Lethe syrcis*	鳞翅目	蛱蝶科		
531	蛇神黛眼蝶	*Lethe satyrina*	鳞翅目	蛱蝶科		
532	深山黛眼蝶	*Lethe insana*	鳞翅目	蛱蝶科		
533	苔娜黛眼蝶	*Lethe diana*	鳞翅目	蛱蝶科		
534	圆翅黛眼蝶	*Lethe butleri*	鳞翅目	蛱蝶科		

序号	中文名	学名	目名	科名	濒危等级	保护等级
535	长纹黛眼蝶	*Lethe europa*	鳞翅目	蛱蝶科		
536	棕褐黛眼蝶	*Lethe christophi*	鳞翅目	蛱蝶科		
537	朴喙蝶	*Libythea lepita*	鳞翅目	蛱蝶科		
538	残锷线蛱蝶	*Limenitis sulpitia*	鳞翅目	蛱蝶科		
539	红线蛱蝶	*Limenitis populi*	鳞翅目	蛱蝶科		
540	戟眉线蛱蝶	*Limenitis homeyeri*	鳞翅目	蛱蝶科		
541	扬眉线蛱蝶	*Limenitis helmanni*	鳞翅目	蛱蝶科		
542	折线蛱蝶	*Limenitis sydyi*	鳞翅目	蛱蝶科		
543	蓝斑丽眼蝶	*Mandarinia regalis*	鳞翅目	蛱蝶科		
544	暮眼蝶	*Melanitis leda*	鳞翅目	蛱蝶科		
545	迷蛱蝶	*Mimathyma chevana*	鳞翅目	蛱蝶科		
546	蛇眼蝶	*Minois dryas*	鳞翅目	蛱蝶科		
547	稻眉眼蝶	*Mycalesis gotama*	鳞翅目	蛱蝶科		
548	褐眉眼蝶	*Mycalesis unica*	鳞翅目	蛱蝶科	近危（NT）	
549	拟稻眉眼蝶	*Mycalesis francisca*	鳞翅目	蛱蝶科		
550	僧袈眉眼蝶	*Mycalesis sangaica*	鳞翅目	蛱蝶科		
551	黄斑荫眼蝶	*Neope pulaha*	鳞翅目	蛱蝶科		
552	蒙链荫眼蝶	*Neope muirheadii*	鳞翅目	蛱蝶科		
553	丝链荫眼蝶	*Neope yama*	鳞翅目	蛱蝶科		
554	云豹蛱蝶	*Nephargynnis anadyomene*	鳞翅目	蛱蝶科		
555	断环蛱蝶	*Neptis sankara*	鳞翅目	蛱蝶科		
556	黄环蛱蝶	*Neptis themis*	鳞翅目	蛱蝶科		
557	莲花环蛱蝶	*Neptis hesione*	鳞翅目	蛱蝶科		
558	链环蛱蝶	*Neptis pryeri*	鳞翅目	蛱蝶科		
559	司环蛱蝶	*Neptis speyeri*	鳞翅目	蛱蝶科		
560	小环蛱蝶	*Neptis sappho*	鳞翅目	蛱蝶科		
561	折环蛱蝶	*Neptis beroe*	鳞翅目	蛱蝶科		
562	中环蛱蝶	*Neptis hylas*	鳞翅目	蛱蝶科		
563	古眼蝶	*Palaeonympha opalina*	鳞翅目	蛱蝶科		
564	大绢斑蝶	*Parantica sita*	鳞翅目	蛱蝶科		
565	白斑眼蝶	*Penthema adelma*	鳞翅目	蛱蝶科		
566	白钩蛱蝶	*Polygonia c-album*	鳞翅目	蛱蝶科		
567	黄钩蛱蝶	*Polygonia c-aureum*	鳞翅目	蛱蝶科		
568	大二尾蛱蝶	*Polyura eudamippus*	鳞翅目	蛱蝶科		
569	二尾蛱蝶	*Polyura narcaea*	鳞翅目	蛱蝶科		
570	忘忧尾蛱蝶	*Polyura nepenthes*	鳞翅目	蛱蝶科		
571	黑紫蛱蝶	*Sasakia funebris*	鳞翅目	蛱蝶科	易危（VU）	二级
572	黄帅蛱蝶	*Sephisa princeps*	鳞翅目	蛱蝶科		

序号	中文名	学名	目名	科名	濒危等级	保护等级
573	素饰蛱蝶	*Stibochiona nicea*	鳞翅目	蛱蝶科		
574	箭环蝶	*Stichophthalma howqua*	鳞翅目	蛱蝶科		
575	双星箭环蝶	*Stichophthalma neumogeni*	鳞翅目	蛱蝶科		
576	花豹盛蛱蝶	*Symbrenthia hypselis*	鳞翅目	蛱蝶科		
577	猫蛱蝶	*Timelaea maculata*	鳞翅目	蛱蝶科		
578	大红蛱蝶	*Vanessa indica*	鳞翅目	蛱蝶科		
579	小红蛱蝶	*Vanessa cardui*	鳞翅目	蛱蝶科		
580	东亚矍眼蝶	*Ypthima motschulskyi*	鳞翅目	蛱蝶科		
581	幽矍眼蝶	*Ypthima conjuncta*	鳞翅目	蛱蝶科		
582	中华矍眼蝶	*Ypthima chinensis*	鳞翅目	蛱蝶科		
583	卓矍眼蝶	*Ypthima zodia*	鳞翅目	蛱蝶科		
584	尼采梳灰蝶	*Ahlbergia nicevillei*	鳞翅目	灰蝶科		
585	梳灰蝶	*Ahlbergia ferrea*	鳞翅目	灰蝶科		
586	丫灰蝶	*Amblopala avidiena*	鳞翅目	灰蝶科		
587	安灰蝶	*Ancema ctesia*	鳞翅目	灰蝶科		
588	青灰蝶	*Antigius attilia*	鳞翅目	灰蝶科		
589	百娆灰蝶	*Arhopala bazala*	鳞翅目	灰蝶科		
590	齿翅娆灰蝶	*Arhopala rama*	鳞翅目	灰蝶科		
591	小娆灰蝶	*Arhopala paramuta*	鳞翅目	灰蝶科		
592	绿灰蝶	*Artipe eryx*	鳞翅目	灰蝶科		
593	大紫琉璃灰蝶	*Celastrina oreas*	鳞翅目	灰蝶科		
594	琉璃灰蝶	*Celastrina argiolus*	鳞翅目	灰蝶科		
595	曲纹紫灰蝶	*Chilades pandava*	鳞翅目	灰蝶科		
596	缪斯金灰蝶	*Chrysozephyrus mushaellus*	鳞翅目	灰蝶科		
597	闪光金灰蝶	*Chrysozephyrus scintillans*	鳞翅目	灰蝶科		
598	尖翅银灰蝶	*Curetis acuta*	鳞翅目	灰蝶科		
599	圆翅银灰蝶	*Curetis saronis*	鳞翅目	灰蝶科	近危（NT）	
600	银纹尾蚬蝶	*Dodona eugenes*	鳞翅目	灰蝶科		
601	蓝灰蝶	*Everes argiades*	鳞翅目	灰蝶科		
602	长尾蓝灰蝶	*Everes lacturnus*	鳞翅目	灰蝶科		
603	雅灰蝶	*Jamides bochus*	鳞翅目	灰蝶科		
604	亮灰蝶	*Lampides boeticus*	鳞翅目	灰蝶科		
605	红珠灰蝶	*Lycaeides argyrognomon*	鳞翅目	灰蝶科		
606	红灰蝶	*Lycaena phlaeas*	鳞翅目	灰蝶科		
607	玛灰蝶	*Mahathala ameria*	鳞翅目	灰蝶科		
608	黑灰蝶	*Niphanda fusca*	鳞翅目	灰蝶科		
609	锯灰蝶	*Orthomiella pontis*	鳞翅目	灰蝶科		
610	酢浆灰蝶	*Pseudozizeeria maha*	鳞翅目	灰蝶科		

序号	中文名	学名	目名	科名	濒危等级	保护等级
611	燕灰蝶	*Rapala varuna*	鳞翅目	灰蝶科		
612	大洒灰蝶	*Satyrium grandis*	鳞翅目	灰蝶科		
613	优秀洒灰蝶	*Satyrium eximia*	鳞翅目	灰蝶科		
614	山灰蝶	*Shijimia moorei*	鳞翅目	灰蝶科		
615	银线灰蝶	*Spindasis lohita*	鳞翅目	灰蝶科		
616	蚜灰蝶	*Taraka hamada*	鳞翅目	灰蝶科		
617	皮铁灰蝶	*Teratozephyrus picquenardi*	鳞翅目	灰蝶科		
618	波太玄灰蝶	*Tongeia potanini*	鳞翅目	灰蝶科		
619	点玄灰蝶	*Tongeia filicaudis*	鳞翅目	灰蝶科		
620	玄灰蝶	*Tongeia fischeri*	鳞翅目	灰蝶科		
621	白斑妩灰蝶	*Udara albocaerulea*	鳞翅目	灰蝶科		
622	赭灰蝶	*Ussuriana michaelis*	鳞翅目	灰蝶科		
623	波蚬蝶	*Zemeros flegyas*	鳞翅目	灰蝶科		
624	白弄蝶	*Abraximorpha davidii*	鳞翅目	弄蝶科		
625	黑锷弄蝶	*Aeromachus piceus*	鳞翅目	弄蝶科		
626	钩形黄斑弄蝶	*Ampittia virgata*	鳞翅目	弄蝶科		
627	窄翅弄蝶	*Apostictopterus fuliginosus*	鳞翅目	弄蝶科	近危（NT）	
628	绿伞弄蝶	*Bibasis striata*	鳞翅目	弄蝶科		
629	籼弄蝶	*Borbo cinnara*	鳞翅目	弄蝶科		
630	斑星弄蝶	*Celaenorrhinus maculosus*	鳞翅目	弄蝶科		
631	绿弄蝶	*Choaspes benjaminii*	鳞翅目	弄蝶科		
632	窗弄蝶	*Coladenia maeniata*	鳞翅目	弄蝶科		
633	梳翅弄蝶	*Ctenoptilum vasava*	鳞翅目	弄蝶科		
634	黑弄蝶	*Daimio tethys*	鳞翅目	弄蝶科		
635	黄斑蕉弄蝶	*Erionota torus*	鳞翅目	弄蝶科		
636	珠弄蝶	*Erynnis tages*	鳞翅目	弄蝶科		
637	白斑捷弄蝶	*Gerosis bhagava*	鳞翅目	弄蝶科		
638	匪夷捷弄蝶	*Gerosis phisara*	鳞翅目	弄蝶科		
639	旖弄蝶	*Isoteinon lamprospilus*	鳞翅目	弄蝶科		
640	双带弄蝶	*Lobocla bifasciata*	鳞翅目	弄蝶科		
641	曲纹袖弄蝶	*Notocrypta curvifascia*	鳞翅目	弄蝶科		
642	白斑赭弄蝶	*Ochlodes subhyalina*	鳞翅目	弄蝶科		
643	黄赭弄蝶	*Ochlodes crataeis*	鳞翅目	弄蝶科		
644	宽边赭弄蝶	*Ochlodes ochracea*	鳞翅目	弄蝶科		
645	曲纹稻弄蝶	*Parnara ganga*	鳞翅目	弄蝶科		
646	幺纹稻弄蝶	*Parnara bada*	鳞翅目	弄蝶科		
647	直纹稻弄蝶	*Parnara guttata*	鳞翅目	弄蝶科		
648	隐纹谷弄蝶	*Pelopidas mathias*	鳞翅目	弄蝶科		

序号	中文名	学名	目名	科名	濒危等级	保护等级
649	中华谷弄蝶	*Pelopidas sinensis*	鳞翅目	弄蝶科		
650	花弄蝶	*Pyrgus maculatus*	鳞翅目	弄蝶科		
651	密纹飒弄蝶	*Satarupa monbeigi*	鳞翅目	弄蝶科		
652	黑边裙弄蝶	*Tagiades menaka*	鳞翅目	弄蝶科		
653	黄弄蝶	*Taractrocera flavoides*	鳞翅目	弄蝶科		
654	姜弄蝶	*Udaspes folus*	鳞翅目	弄蝶科		
655	稻杆潜蝇	*Chlorops oryzae*	双翅目	黄潜蝇科		

7. 淡水鱼类名录

序号	中文名	学名	目名	科名	濒危等级	保护等级	中国特有种	外来入侵种
1	花鳗鲡	*Anguilla marmorata*	鳗鲡目	鳗鲡科	濒危（EN）	二级		
2	青鱼	*Mylopharyngodon piceus*	鲤形目	鲤科	无危（LC）			
3	草鱼	*Ctenopharyngodon idella*	鲤形目	鲤科	无危（LC）			
4	鲢	*Hypophthalmichthys molitrix*	鲤形目	鲤科	无危（LC）			
5	鳙	*Hypophthalmichthys nobilis*	鲤形目	鲤科	无危（LC）			
6	马口鱼	*Opsariichthys bidens*	鲤形目	鲤科	无危（LC）			
7	长鳍马口鱼	*Opsariichthys evolans*	鲤形目	鲤科	无危（LC）			
8	赤眼鳟	*Squaliobarbus curriculus*	鲤形目	鲤科	无危（LC）			
9	圆吻鲴	*Distoechodon tumirostris*	鲤形目	鲤科	无危（LC）			
10	高体鳑鲏	*Rhodeus ocellatus*	鲤形目	鲤科	无危（LC）			
11	中华鳑鲏	*Rhodeus sinensis*	鲤形目	鲤科	无危（LC）		是	
12	大鳍鱊	*Acheilognathus macropterus*	鲤形目	鲤科	无危（LC）			
13	兴凯鱊	*Acheilognathus chankaensis*	鲤形目	鲤科	无危（LC）			
14	齐氏副田中鱊	*Paratanakia chii*	鲤形目	鲤科	无危（LC）		是	
15	刺鲃	*Spinibarbus caldwelli*	鲤形目	鲤科	无危（LC）		是	
16	温州光唇鱼	*Acrossocheilus wenchowensis*	鲤形目	鲤科	无危（LC）		是	
17	台湾白甲鱼	*Onychostoma barbatulum*	鲤形目	鲤科	无危（LC）		是	
18	鲫	*Carassius auratus*	鲤形目	鲤科	无危（LC）			
19	鲤	*Cyprinus carpio*	鲤形目	鲤科	无危（LC）			
20	唇	*Hemibarbus labeo*	鲤形目	鲤科	无危（LC）			
21	黑鳍鳈	*Sarcocheilichthys nigripinnis*	鲤形目	鲤科	无危（LC）			
22	小鳈	*Sarcocheilichthys parvus*	鲤形目	鲤科	无危（LC）		是	
23	麦穗鱼	*Pseudorasbora parva*	鲤形目	鲤科	无危（LC）			
24	点纹银鮈	*Squalidus wolterstorff*	鲤形目	鲤科	无危（LC）		是	
25	福建小鳔鮈	*Microphysogobio fukiensis*	鲤形目	鲤科	数据缺乏（DD）		是	
26	建德小鳔鮈	*Microphysogobio tafangensis*	鲤形目	鲤科	数据缺乏（DD）		是	

序号	中文名	学名	目名	科名	濒危等级	保护等级	中国特有种	外来入侵种
27	小口小鳔鮈	*Microphysogobio microstomus*	鲤形目	鲤科	数据缺乏（DD）		是	
28	浙江花鳅	*Cobitis zhejiangensis*	鲤形目	鳅科	无危（LC）			
29	斑条花鳅	*Cobitis laterimaculata*	鲤形目	鳅科	无危（LC）		是	
30	泥鳅	*Misgurnus anguillicaudatus*	鲤形目	鳅科	无危（LC）			
31	拟腹吸鳅	*Pseudogastromyzon fasciatus*	鲤形目	平鳍鳅科	数据缺乏（DD）		是	
32	原缨口鳅	*Vanmanenia stenosoma*	鲤形目	平鳍鳅科	数据缺乏（DD）		是	
33	鲇	*Silurus asotus*	鲇形目	鲇科	无危（LC）			
34	南方大口鲇	*Silurus meridionalis*	鲇形目	鲇科	无危（LC）			
35	黄颡鱼	*Tachyurus fulvidraco*	鲇形目	鲿科	无危（LC）			
36	鳗尾	*Liobagrus anguillicauda*	鲇形目	钝头鮠科	无危（LC）		是	
37	福建纹胸鮡	*Glyptothorax fokiensis*	鲇形目	鮡科	无危（LC）		是	
38	食蚊鱼	*Gambusia affinis*	鳉形目	胎鳉科	外来种			是
39	黄鳝	*Monopterus albus*	合鳃鱼目	合鳃科	无危（LC）			
40	大眼鳜	*Siniperca kneri*	鲈形目	鳜科	无危（LC）			
41	斑鳜	*Siniperca scherzeri*	鲈形目	鳜科	无危（LC）			
42	波纹鳜	*Siniperca undulata*	鲈形目	鳜科	近危（NT）		是	
43	暗鳜	*Siniperca obscura*	鲈形目	鳜科	近危（NT）		是	
44	长身鳜	*Coreosiniperca roulei*	鲈形目	鳜科	易危（VU）			
45	河川沙塘鳢	*Odontobutis potamophila*	鲈形目	虾虎鱼科	无危（LC）			
46	子陵吻虾虎鱼	*Rhinogobius similis*	鲈形目	虾虎鱼科	无危（LC）			
47	波氏吻虾虎鱼	*Rhinogobius cliffordpopei*	鲈形目	虾虎鱼科	无危（LC）		是	
48	无斑吻虾虎鱼	*Rhinogobius immaculatus*	鲈形目	虾虎鱼科	数据缺乏（DD）		是	
49	网纹吻虾虎鱼	*Rhinogobius reticulatus*	鲈形目	虾虎鱼科	数据缺乏（DD）		是	
50	黑吻虾虎鱼	*Rhinogobius niger*	鲈形目	虾虎鱼科	濒危（EN）		是	
51	戴氏吻虾虎鱼	*Rhinogobius davidi*	鲈形目	虾虎鱼科	数据缺乏（DD）		是	
52	雀斑吻鰕虎鱼	*Rhinogobius maculafasciatus*	鲈形目	虾虎鱼科	无危（LC）		是	
53	乌鳢	*Channa argus*	鲈形目	鳢科	无危（LC）			
54	月鳢	*Channa asiatica*	鲈形目	鳢科	无危（LC）			
55	中华刺鳅	*Sinobdella sinensis*	鲈形目	刺鳅科	无危（LC）		是	

注：“+”表示该种类在此季节被发现

8. 大型底栖无脊椎动物名录

序号	中文名	学名	门名	纲名
1	三角涡虫	*Dugesia japonica*	扁形动物门	涡虫纲
2	日本医蛭	*Hirudo nipponica*	环节动物门	蛭纲

序号	中文名	学名	门名	纲名
3	八目石蛭	*Erpodella octoculata*	环节动物门	蛭纲
4	霍甫水丝蚓	*Limnodrilus hoffmeisteri*	环节动物门	寡毛纲
5	苏氏尾鳃蚓	*Branchiura sowerbyi*	环节动物门	寡毛纲
6	中华颤蚓	*Tubifex sinicus*	环节动物门	寡毛纲
7	角形环棱螺	*Bellamya angularis*	软体动物门	腹足纲
8	长河螺	*Rivularia elongata*	软体动物门	腹足纲
9	色带短沟蜷	*Semisulcospira mandarina*	软体动物门	腹足纲
10	椭圆萝卜螺	*Radix swinhoei*	软体动物门	腹足纲
11	卵萝卜螺	*Radix ovata*	软体动物门	腹足纲
12	二翼蜉	*Cloeon dipterum*	节肢动物门	昆虫纲
13	动蜉属一种	*Cinygma* sp.	节肢动物门	昆虫纲
14	斜纹似动蜉	*Cinygmina obliguistrita*	节肢动物门	昆虫纲
15	红斑似动蜉	*Cinygmina rubromaculata*	节肢动物门	昆虫纲
16	宜兴似动蜉	*Cinygmina yixingensis*	节肢动物门	昆虫纲
17	扁蜉属一种	*Heptagenia* sp.	节肢动物门	昆虫纲
18	假蜉蝣属一种	*Iron* sp.	节肢动物门	昆虫纲
19	双刺花翅蜉	*Baetiella bispinosa*	节肢动物门	昆虫纲
20	宜兴宽基蜉	*Choroterps yixingensis*	节肢动物门	昆虫纲
21	带肋蜉属一种	*Cincticostella* sp.	节肢动物门	昆虫纲
22	大鳃蜉属一种	*Torleya* sp.	节肢动物门	昆虫纲
23	小蜉属一种	*Ephemerella* sp.	节肢动物门	昆虫纲
24	细裳蜉属一种	*Leptophlebia* sp.	节肢动物门	昆虫纲
25	思罗蜉属一种	*Thraulus* sp.	节肢动物门	昆虫纲
26	黑点细蜉	*Caenis nigropunctata*	节肢动物门	昆虫纲
27	蜉蝣属一种	*Ephemera* sp.	节肢动物门	昆虫纲
28	纯石蝇属一种	*Paragnetina* sp.	节肢动物门	昆虫纲
29	亚力施春蜓	*Sieboldius alexanderi*	节肢动物门	昆虫纲
30	曦春蜓属一种	*Heliogomphus* sp.	节肢动物门	昆虫纲
31	金光伪蜻属一种	*Somatochlora* sp.	节肢动物门	昆虫纲
32	绿综蟌属一种	*Megalestes* sp.	节肢动物门	昆虫纲
33	准鱼蛉属一种	*Parachauliodes* sp.	节肢动物门	昆虫纲
34	塘水螟属一种	*Elophila* sp.	节肢动物门	昆虫纲
35	斑水螟属一种	*Eoophyia* sp.	节肢动物门	昆虫纲
36	端毛龙虱属一种	*Agabus* sp.	节肢动物门	昆虫纲
37	纯扁泥甲属一种	*Mataeopsephus* sp.	节肢动物门	昆虫纲
38	扁泥甲属一种	*Psephenus* sp.	节肢动物门	昆虫纲
39	原石蛾属一种	*Rhyacophila* sp.	节肢动物门	昆虫纲

序号	中文名	学名	门名	纲名
40	长角纹石蛾属一种	*Macrostemum* sp.	节肢动物门	昆虫纲
41	角石蛾属一种	*Stenopsyche* sp.	节肢动物门	昆虫纲
42	栖长角石蛾属一种	*Oecetis* sp.	节肢动物门	昆虫纲
43	鳞石蛾属一种	*Lepidostoma* sp.	节肢动物门	昆虫纲
44	库蠓属一种	*Culicoides* sp.	节肢动物门	昆虫纲
45	黑大蚊属一种	*Hexatoma* sp.	节肢动物门	昆虫纲
46	锥长足虻属一种	*Rhaphium* sp.	节肢动物门	昆虫纲
47	双大蚊属一种	*Dicranota* sp.	节肢动物门	昆虫纲
48	帕摇蚊属一种	*Pagastia* sp.	节肢动物门	昆虫纲
49	项圈无突摇蚊	*Ablabesmyia monilis*	节肢动物门	昆虫纲
50	长铗无突摇蚊	*Ablabesmyia longistyla*	节肢动物门	昆虫纲
51	宽斑壳粗腹摇蚊	*Conchapelopia togamaculosa*	节肢动物门	昆虫纲
52	拉粗腹摇蚊属一种	*Larsia* sp.	节肢动物门	昆虫纲
53	大粗腹摇蚊属一种	*Macropelopia* sp.	节肢动物门	昆虫纲
54	尼罗长足摇蚊属一种	*Nilotanypus* sp.	节肢动物门	昆虫纲
55	彩拟麦氏摇蚊	*Paramerina divisa*	节肢动物门	昆虫纲
56	蚊型前突摇蚊	*Procladius culiciformis*	节肢动物门	昆虫纲
57	三叉粗腹摇蚊属一种	*Trissopelopia* sp.	节肢动物门	昆虫纲
58	扎长足摇蚊属一种	*Zavrelimyia* sp.	节肢动物门	昆虫纲
59	端心突摇蚊	*Cardiocladius capcinus*	节肢动物门	昆虫纲
60	小型棒脉摇蚊	*Corynoneura carriana*	节肢动物门	昆虫纲
61	双斑环足摇蚊	*Cricotopus bimaculatus*	节肢动物门	昆虫纲
62	棒脉摇蚊属一种	*Corynoneura* sp.	节肢动物门	昆虫纲
63	双线环足摇蚊	*Cricotopus bicinctus*	节肢动物门	昆虫纲
64	浮得真开氏摇蚊	*Eukiefferiella fuldensis*	节肢动物门	昆虫纲
65	瘦真开氏摇蚊	*Eukiefferiella clypeata*	节肢动物门	昆虫纲
66	陆生光中足摇蚊	*Gymnometriocnemus terestris*	节肢动物门	昆虫纲
67	施密摇蚊属一种	*Krenosmittia* sp.	节肢动物门	昆虫纲
68	矮突摇蚊属一种	*Nanocladius* sp.	节肢动物门	昆虫纲
69	滤水直突摇蚊	*Orthocladius rivicola*	节肢动物门	昆虫纲
70	溪流直突摇蚊	*Orthocladius rivulorum*	节肢动物门	昆虫纲
71	克拉直突摇蚊	*Orthocladius clarki*	节肢动物门	昆虫纲
72	茨城直突摇蚊	*Orthocladius makabensis*	节肢动物门	昆虫纲
73	刀突摇蚊属一种	*Psectrocladius* sp.	节肢动物门	昆虫纲
74	散步趋流摇蚊	*Rheocricotopus effuses*	节肢动物门	昆虫纲
75	褐色流环足摇蚊	*Rheocricotopus fucipes*	节肢动物门	昆虫纲
76	流环足摇蚊属一种	*Rheocricotopus* sp.	节肢动物门	昆虫纲

序号	中文名	学名	门名	纲名
77	半绿同直突	*Synorthocladius semivirens*	节肢动物门	昆虫纲
78	提尼曼摇蚊属一种	*Thienemanniella* sp.	节肢动物门	昆虫纲
79	雅明摇蚊属一种	*Tokunagia* sp.	节肢动物门	昆虫纲
80	花翅摇蚊	*Chironomus kiiensis*	节肢动物门	昆虫纲
81	锥昏眼摇蚊属一种	*Constempellina* sp.	节肢动物门	昆虫纲
82	范德枝长跗摇蚊	*Cladotanytarsus vanderwulpi*	节肢动物门	昆虫纲
83	胫斑隐摇蚊	*Cryptochironomus maculus*	节肢动物门	昆虫纲
84	叶二叉摇蚊	*Dicrotendipes lobifer*	节肢动物门	昆虫纲
85	哈摇蚊属一种	*Harnischia* sp.	节肢动物门	昆虫纲
86	日本哈摇蚊	*Harnischia japonica*	节肢动物门	昆虫纲
87	软铗小摇蚊	*Microchironomus tene*	节肢动物门	昆虫纲
88	小足倒毛摇蚊	*Microtendipes pedellus*	节肢动物门	昆虫纲
89	伦氏乌烈摇蚊	*Olecryptotendipes lenzi*	节肢动物门	昆虫纲
90	拟长跗摇蚊属一种	*Paratanytarsus* sp.	节肢动物门	昆虫纲
91	白角多足摇蚊	*Polypedilum albicorne*	节肢动物门	昆虫纲
92	筑波多足摇蚊	*Polypedilum tsukubaense*	节肢动物门	昆虫纲
93	浅川多足摇蚊	*Polypedilum asakawaense*	节肢动物门	昆虫纲
94	云集多足摇蚊	*Polypedilum nubifer*	节肢动物门	昆虫纲
95	九斑多足摇蚊	*Polypedilum masudai*	节肢动物门	昆虫纲
96	细铗突多足摇蚊	*Polypedilum surugense*	节肢动物门	昆虫纲
97	刀铗多足摇蚊	*Polypedilum cultellatum*	节肢动物门	昆虫纲
98	台湾长跗摇蚊	*Tanytarsus formosanus*	节肢动物门	昆虫纲

9. 大型真菌名录

序号	中文名	学名	目名	科名	濒危等级	中国特有种
1	黄小孢盘菌	*Acervus flavidus*	盘菌目	火丝菌科	无危（LC）	
2	蛾蛹虫草	*Cordyceps polyarthra*	粪壳菌目	虫草科	无危（LC）	
3	粉被虫草	*Cordyceps pruinosa*	粪壳菌目	虫草科	无危（LC）	
4	蝉花	*Isaria cicadae*	粪壳菌目	虫草科	数据缺乏（DD）	
5	江西线虫草	*Ophiocordyceps jiangxiensis*	粪壳菌目	线虫草科	无危（LC）	是
6	蚂蚁线虫草	*Ophiocordyceps myrmecophila*	粪壳菌目	线虫草科	无危（LC）	
7	下垂线虫草	*Ophiocordyceps nutans*	粪壳菌目	线虫草科	无危（LC）	
8	香灰菌	*Annulohypoxylon stygium*	炭角菌目	炭团菌科	数据缺乏（DD）	

序号	中文名	学名	目名	科名	濒危等级	中国特有种
9	提契诺炭团菌	*Hypoxylon ticinense*	炭角菌目	炭团菌科	数据缺乏（DD）	
10	大孢炭角菌	*Xylaria berkeleyi*	炭角菌目	炭角菌科	数据缺乏（DD）	
11	枫香炭角菌	*Xylaria liquidambaris*	炭角菌目	炭角菌科	数据缺乏（DD）	
12	黑柄炭角菌	*Xylaria nigripes*	炭角菌目	炭角菌科	数据缺乏（DD）	
13	紫褐炭角菌	*Xylaria brunneovinosa*	炭角菌目	炭角菌科	数据缺乏（DD）	是
14	灰肉蘑菇	*Agaricus moelleri*	蘑菇目	蘑菇科	无危（LC）	
15	粗柄白鬼伞	*Leucocoprinus cepistipes*	蘑菇目	蘑菇科	无危（LC）	
16	高大环柄菇	*Macrolepiota procera*	蘑菇目	蘑菇科	无危（LC）	
17	剧毒环柄菇	*Lepiota venenata*	蘑菇目	蘑菇科	数据缺乏（DD）	
18	绢毛小蘑菇	*Micropsalliota albosericea*	蘑菇目	蘑菇科	数据缺乏（DD）	
19	拟白色小蘑菇	*Micropsalliota pseudoarginea*	蘑菇目	蘑菇科	数据缺乏（DD）	
20	灰褶鹅膏	*Amanita griseofolia*	蘑菇目	鹅膏科	无危（LC）	是
21	粉褶鹅膏	*Amanita incarnatifolia*	蘑菇目	鹅膏科	数据缺乏（DD）	
22	异味鹅膏	*Amanita kotohiraensis*	蘑菇目	鹅膏科	无危（LC）	
23	假灰托鹅膏	*Amanita pseudovaginata*	蘑菇目	鹅膏科	无危（LC）	
24	残托鹅膏有环变型	*Amanita sychnopyramis* f. *subannulata*	蘑菇目	鹅膏科	无危（LC）	
25	锥鳞白鹅膏	*Amanita virgineoides*	蘑菇目	鹅膏科	无危（LC）	
26	侧火菇	*Pleuroflammula flammea*	蘑菇目	靴耳科	数据缺乏（DD）	
27	波纹斜盖伞	*Clitopilus crispus*	蘑菇目	粉褶菌科	无危（LC）	
28	脐状斜盖伞	*Clitopilus umbilicatus*	蘑菇目	粉褶菌科	数据缺乏（DD）	
29	尖顶粉褶菌	*Entoloma stylophorum*	蘑菇目	粉褶菌科	数据缺乏（DD）	
30	近杯伞状粉褶菌	*Entoloma subclitocyboides*	蘑菇目	粉褶菌科	易危（VU）	是
31	久住粉褶菌	*Entoloma kujuense*	蘑菇目	粉褶菌科	数据缺乏（DD）	
32	喇叭状粉褶菌	*Entoloma tubaeforme*	蘑菇目	粉褶菌科	数据缺乏（DD）	
33	穆雷粉褶菌	*Entoloma murrayi*	蘑菇目	粉褶菌科	数据缺乏（DD）	
34	紫丝膜菌	*Cortinarius purpurascens*	蘑菇目	丝膜菌科	数据缺乏（DD）	
35	红蜡蘑	*Laccaria laccata*	蘑菇目	轴腹菌科	无危（LC）	
36	弯柄蜡蘑	*Laccaria prava*	蘑菇目	轴腹菌科	数据缺乏（DD）	
37	变黑湿伞	*Hygrocybe conica*	蘑菇目	湿伞科	无危（LC）	
38	具尖湿伞	*Hygrocybe cuspidata*	蘑菇目	湿伞科	无危（LC）	

序号	中文名	学名	目名	科名	濒危等级	中国特有种
39	小红湿伞	*Hygrocybe miniata*	蘑菇目	湿伞科	无危（LC）	
40	舟湿伞	*Hygrocybe cantharellus*	蘑菇目	伞科	无危（LC）	
41	酒红褶滑锈伞	*Hebeloma vinosophyllum*	蘑菇目	层腹菌科	数据缺乏（DD）	
42	土味丝盖伞	*Inocybe cervicolor*	蘑菇目	丝盖伞科	无危（LC）	
43	小静灰球菌	*Bovista pusilla*	蘑菇目	马勃科	无危（LC）	
44	头状秃马勃	*Calvatia craniiformis*	蘑菇目	马勃科	数据缺乏（DD）	
45	锐棘秃马勃	*Calvatia holothurioides*	蘑菇目	马勃科	数据缺乏（DD）	
46	褐马勃	*Lycoperdon scabrum*	蘑菇目	马勃科	数据缺乏（DD）	
47	近网纹马勃	*Lycoperdon subperlatum*	蘑菇目	马勃科	数据缺乏（DD）	
48	莫尔马勃	*Lycoperdon molle*	蘑菇目	马勃科	数据缺乏（DD）	
49	欧石楠状马勃	*Lycoperdon ericaeum*	蘑菇目	马勃科	数据缺乏（DD）	
50	网纹马勃	*Lycoperdon perlatum*	蘑菇目	马勃科	无危（LC）	
51	小果鸡枞	*Termitomyces microcarpus*	蘑菇目	离褶伞科	无危（LC）	
52	脉褶菌	*Campanella junghuhnii*	蘑菇目	小皮伞科	无危（LC）	
53	毛皮伞	*Crinipellis scabella*	蘑菇目	小皮伞科	无危（LC）	
54	异常小皮伞	*Marasmius insolitus*	蘑菇目	小皮伞科	数据缺乏（DD）	
55	梅内胡裸脚菇	*Gymnopus menehune*	蘑菇目	光茸菌科	数据缺乏（DD）	
56	双型裸脚伞	*Gymnopus biformis*	蘑菇目	光茸菌科	数据缺乏（DD）	
57	蒜头状微菇	*Mycetinis scorodonius*	蘑菇目	光茸菌科	无危（LC）	
58	特洛伊微皮伞	*Marasmiellus troyanus*	蘑菇目	光茸菌科	数据缺乏（DD）	
59	乳酪粉金钱菌	*Rhodocollybia butyracea*	蘑菇目	光茸菌科	无危（LC）	
60	金黄鳞盖伞	*Cyptotrama asprata*	蘑菇目	膨瑚菌科	无危（LC）	
61	黄白小脆柄菇	*Psathyrella candolleana*	蘑菇目	小脆柄菇科	无危（LC）	
62	裂褶菌	*Schizophyllum commune*	蘑菇目	裂褶菌科	无危（LC）	
63	威帕特假小包菌	*Pseudobaeospora wipapatiae*	蘑菇目	口蘑科	数据缺乏（DD）	
64	紫色假小包	*Pseudobaeospora lilacina*	蘑菇目	口蘑科	数据缺乏（DD）	
65	近褐盖圆盖菇	*Cyclocybe erebioides*	蘑菇目	假脐菇科	数据缺乏（DD）	
66	杯伞	*Clitocybe gibba*	蘑菇目	科地位未定	无危（LC）	
67	粪生黑蛋巢	*Cyathus stercoreus*	蘑菇目	科地位未定	无危（LC）	
68	杯盖大金钱菌	*Megacollybia clitocyboidea*	蘑菇目	科地位未定	无危（LC）	
69	具缘大金钱菌	*Megacollybia marginata*	蘑菇目	科地位未定	数据缺乏（DD）	
70	白绒红蛋巢菌	*Nidularia farcta*	蘑菇目	科地位未定	数据缺乏（DD）	

序号	中文名	学名	目名	科名	濒危等级	中国特有种
71	白漏斗囊泡杯伞	*Singerocybe alboinfundibuliformis*	蘑菇目	科地位未定	数据缺乏（DD）	
72	土黄拟口蘑	*Tricholomopsis sasae*	蘑菇目	科地位未定	数据缺乏（DD）	
73	赭红拟口蘑	*Tricholomopsis rutilans*	蘑菇目	科地位未定	无危（LC）	
74	胶质刺银耳	*Pseudohydnum gelatinosum*	木耳目	科地位未定	无危（LC）	
75	重孔金牛肝菌	*Aureoboletus duplicatoporus*	牛肝菌目	牛肝菌科	数据缺乏（DD）	是
76	臧氏金牛肝菌	*Aureoboletus zangii*	牛肝菌目	牛肝菌科	数据缺乏（DD）	是
77	木生条孢牛肝菌	*Boletellus emodensis*	牛肝菌目	牛肝菌科	无危（LC）	
78	隐棱条孢牛肝菌（拟）	*Boletellus indistinctus*	牛肝菌目	牛肝菌科	无危（LC）	
79	壳斗牛肝（拟）	*Boletus fagacicola*	牛肝菌目	牛肝菌科	数据缺乏（DD）	
80	芝麻厚瓤牛肝菌	*Hourangia nigropunctata*	牛肝菌目	牛肝菌科	无危（LC）	是
81	深褐新牛肝菌	*Neoboletus obscureumbrinus*	牛肝菌目	牛肝菌科	无危（LC）	
82	褐盖褶孔牛肝菌	*Phylloporus brunneiceps*	牛肝菌目	牛肝菌科	数据缺乏（DD）	是
83	小果褶孔牛肝菌	*Phylloporus microcarpus*	牛肝菌目	牛肝菌科	数据缺乏（DD）	
84	苦粉孢牛肝	*Porphyrellus sordidus*	牛肝菌目	牛肝菌科	数据缺乏（DD）	
85	雷利粉末牛肝菌	*Pulveroboletus ridleyi*	牛肝菌目	牛肝菌科	数据缺乏（DD）	
86	褐金孢牛肝菌	*Xanthoconium affine*	牛肝菌目	牛肝菌科	无危（LC）	
87	亚小绒盖牛肝菌	*Xerocomus subparvus*	牛肝菌目	牛肝菌科	数据缺乏（DD）	
88	日本丽口菌	*Calostoma japonicum*	牛肝菌目	丽口菌科	无危（LC）	
89	东方豆马勃	*Pisolithus orientalis*	牛肝菌目	硬皮马勃科	数据缺乏（DD）	
90	马勃状硬皮马勃	*Scleroderma areolatum*	牛肝菌目	硬皮马勃科	无危（LC）	
91	多根硬皮马勃	*Scleroderma polyrhizum*	牛肝菌目	硬皮马勃科	无危（LC）	
92	点柄粘盖乳牛肝菌	*Suillus granulatus*	牛肝菌目	乳牛肝菌科	无危（LC）	
93	画皮乳牛肝菌	*Suillus huapi*	牛肝菌目	乳牛肝菌科	数据缺乏（DD）	
94	华南乳牛肝菌	*Suillus placidus*	牛肝菌目	乳牛肝菌科	无危（LC）	
95	毛柄小塔氏菌	*Tapinella atrotomentosa*	牛肝菌目	小塔氏菌科	无危（LC）	
96	阿帕拉契亚鸡油菌	*Cantharellus appalachiensis*	鸡油菌目	齿菌科	数据缺乏（DD）	
97	鸡油菌	*Cantharellus cinnabarinus*	鸡油菌目	齿菌科	无危（LC）	
98	小鸡油菌	*Cantharellus minor*	鸡油菌目	齿菌科	无危（LC）	
99	栗柄锁瑚菌	*Clavulina castaneipes*	鸡油菌目	齿菌科	数据缺乏（DD）	
100	冠状锁瑚菌	*Clavulina coralloides*	鸡油菌目	齿菌科	无危（LC）	

序号	中文名	学名	目名	科名	濒危等级	中国特有种
101	木生地星	*Geastrum mirabile*	地星目	地星科	无危（LC）	
102	美枝珊瑚	*Ramaria formosa*	钉菇目	钉菇科	无危（LC）	
103	厚集毛孔菌	*Coltricia crassa*	锈革孔菌目	锈革孔菌科	数据缺乏（DD）	是
104	火烧集毛孔菌	*Coltricia focicola*	锈革孔菌目	锈革孔菌科	数据缺乏（DD）	
105	微集毛孔菌	*Coltricia minima*	锈革孔菌目	锈革孔菌科	数据缺乏（DD）	
106	魏氏集毛孔菌	*Coltricia weii*	锈革孔菌目	锈革孔菌科	数据缺乏（DD）	是
107	浅褐环褶孔菌	*Cyclomyces tabacinus*	锈革孔菌目	锈革孔菌科	数据缺乏（DD）	
108	稀针嗜蓝孢孔菌	*Fomitiporia robusta*	锈革孔菌目	锈革孔菌科	数据缺乏（DD）	
109	柔毛刺革菌	*Hymenochaete villosa*	锈革孔菌目	锈革孔菌科	数据缺乏（DD）	
110	针毛刺革菌	*Hymenochaetopsis tabacinoides*	锈革孔菌目	锈革孔菌科	无危（LC）	
111	褐黄层孔菌	*Phellinus xeranticus*	锈革孔菌目	锈革孔菌科	数据缺乏（DD）	
112	楔囊锐孔菌	*Oxyporus cuneatus*	锈革孔菌目	锐孔菌科	无危（LC）	
113	银杏锐孔菌	*Oxyporus ginkgonis*	锈革孔菌目	锐孔菌科	无危（LC）	是
114	腓骨藓菇	*Rickenella fibula*	锈革孔菌目	藓菇科	无危（LC）	
115	热带产丝齿菌	*Hyphodontia tropica*	锈革孔菌目	裂孔菌科	数据缺乏（DD）	
116	近黄孢木皱孔菌（拟）	*Xylodon subflaviporus*	锈革孔菌目	裂孔菌科	数据缺乏（DD）	
117	纯黄竹荪	*Phallus luteus*	竹荪目	竹荪科	无危（LC）	
118	轮纹齿毛菌	*Cerrena zonata*	多孔菌目	齿毛菌科	无危（LC）	
119	王氏薄孔菌	*Antrodia wangii*	多孔菌目	拟层孔菌科	无危（LC）	是
120	薄皮干酪菌	*Tyromyces chioneus*	多孔菌目	Incrustoporiaceae	无危（LC）	
121	小干酪菌	*Tyromyces minutus*	多孔菌目	Incrustoporiaceae	无危（LC）	
122	白囊耙齿菌	*Irpex lacteus*	多孔菌目	耙齿菌科	无危（LC）	
123	菌索拟蜡孔菌	*Ceriporiopsis fimbriata*	多孔菌目	皱孔菌科	数据缺乏（DD）	是
124	烟管菌	*Bjerkandera adusta*	多孔菌目	原毛平革菌科	无危（LC）	
125	树舌灵芝	*Ganoderma applanatum*	多孔菌目	多孔菌科	近危（NT）	
126	有柄灵芝	*Ganoderma gibbosum*	多孔菌目	多孔菌科	无危（LC）	
127	弯柄灵芝	*Ganoderma flexipes*	多孔菌目	多孔菌科	无危（LC）	
128	灵芝	*Ganoderma lingzhi*	多孔菌目	多孔菌科	数据缺乏（DD）	
129	奶油滑孔菌	*Leiotrametes lactinea*	多孔菌目	多孔菌科	无危（LC）	
130	倒卵小孔菌	*Microporellus obovatus*	多孔菌目	多孔菌科	无危（LC）	
131	盏芝小孔菌	*Microporus xanthopus*	多孔菌目	多孔菌科	无危（LC）	
132	小多年生拟卧孔菌	*Perenniporiopsis minutissima*	多孔菌目	多孔菌科	无危（LC）	
133	近黑多孔菌	*Polyporus subdictyopus*	多孔菌目	多孔菌科	数据缺乏（DD）	
134	漏斗多孔菌	*Polyporus arcularius*	多孔菌目	多孔菌科	无危（LC）	
135	鲜红密孔菌	*Pycnoporus cinnabarinus*	多孔菌目	多孔菌科	无危（LC）	

序号	中文名	学名	目名	科名	濒危等级	中国特有种
136	毛栓菌	*Trametes hirsuta*	多孔菌目	多孔菌科	无危（LC）	
137	杂色云芝	*Trametes versicolor*	多孔菌目	多孔菌科	无危（LC）	
138	赭黄齿耳菌	*Steccherinum ochraceum*	多孔菌目	齿耳菌科	无危（LC）	
139	东方异担子菌	*Heterobasidion orientale*	红菇目	刺孢多孔菌科	无危（LC）	
140	冷杉红菇	*Russula abietina*	红菇目	红菇科	数据缺乏（DD）	
141	褐紫红菇	*Russula brunneoviolacea*	红菇目	红菇科	无危（LC）	
142	拜克红菇	*Russula buyckii*	红菇目	红菇科	数据缺乏（DD）	
143	淡味红菇	*Russula nauseosa*	红菇目	红菇科	无危（LC）	
144	拟米黄红菇	*Russula pectinatoides*	红菇目	红菇科	无危（LC）	
145	血红菇	*Russula sanguinea*	红菇目	红菇科	无危（LC）	
146	点柄黄红菇	*Russula senecis*	红菇目	红菇科	无危（LC）	
147	微紫柄红菇	*Russula violeipes*	红菇目	红菇科	无危（LC）	
148	橙色乳菇	*Lactarius akahatsu*	红菇目	红菇科	数据缺乏（DD）	
149	细弱乳菇	*Lactarius gracilis*	红菇目	红菇科	无危（LC）	
150	鲜艳乳菇	*Lactarius vividus*	红菇目	红菇科	数据缺乏（DD）	
151	头花革菌	*Thelephora anthocephala*	革菌目	革菌科	数据缺乏（DD）	
152	干巴菌	*Thelephora ganbajun*	革菌目	革菌科	易危（VU）	是
153	中国胶角耳	*Calocera sinensis*	花耳目	花耳科	无危（LC）	是
154	脆珊瑚菌	*Clavaria fragilis*	花耳目	珊瑚菌科	无危（LC）	
155	金赤拟锁瑚菌	*Clavulinopsis aurantiocinnabarina*	花耳目	珊瑚菌科	无危（LC）	
156	梭形黄拟珊瑚菌	*Clavulinopsis fusiformis*	花耳目	珊瑚菌科	无危（LC）	
157	橙红二头孢盘菌	*Dicephalospora rufocornea*	柔膜菌目	柔膜菌科	数据缺乏（DD）	
158	黄柄锤舌菌	*Leotia lubrica*	锤舌菌目	锤舌菌科	无危（LC）	
159	中华丽烛衣	*Sulzbacheromyces sinensis*	Lepidostromatales	Lepidostromataceae	数据缺乏（DD）	
160	银耳	*Tremella fuciformis*	银耳目	银耳科	无危（LC）	

附图 1 遂昌县生态系统类型

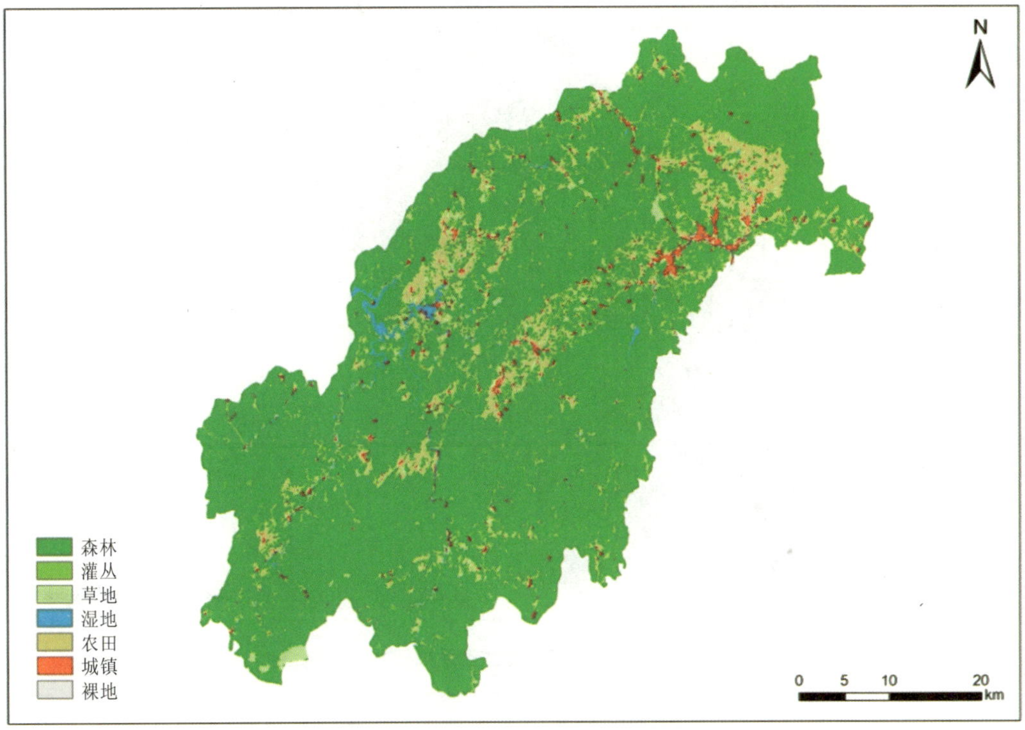

2010 年一级生态系统

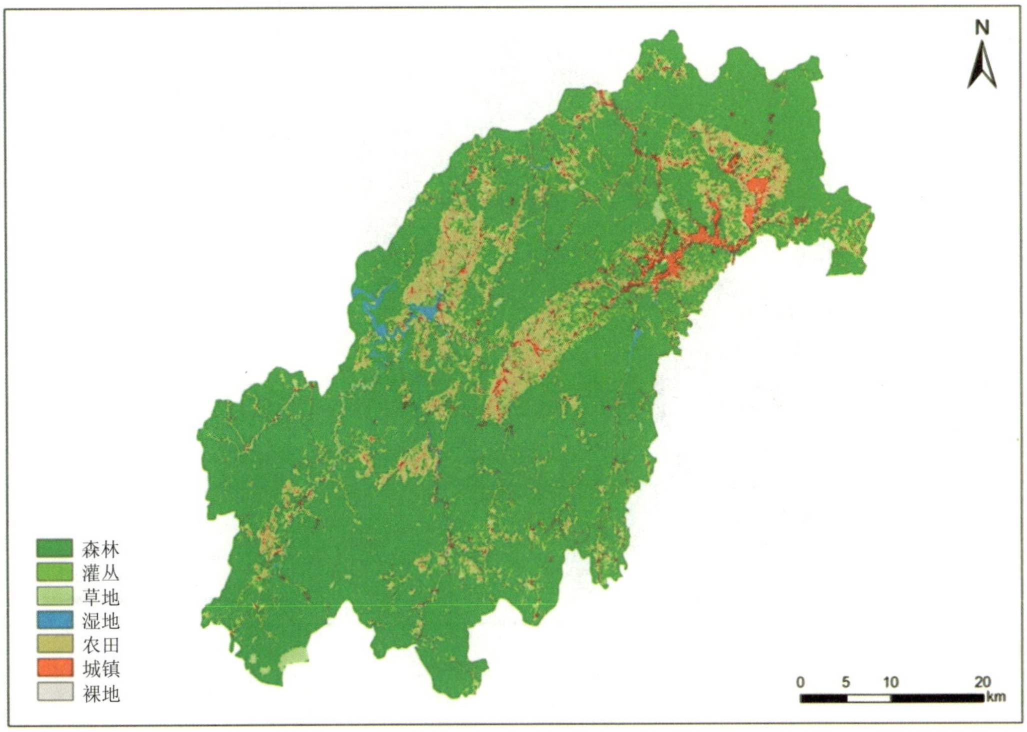

2019 年一级生态系统

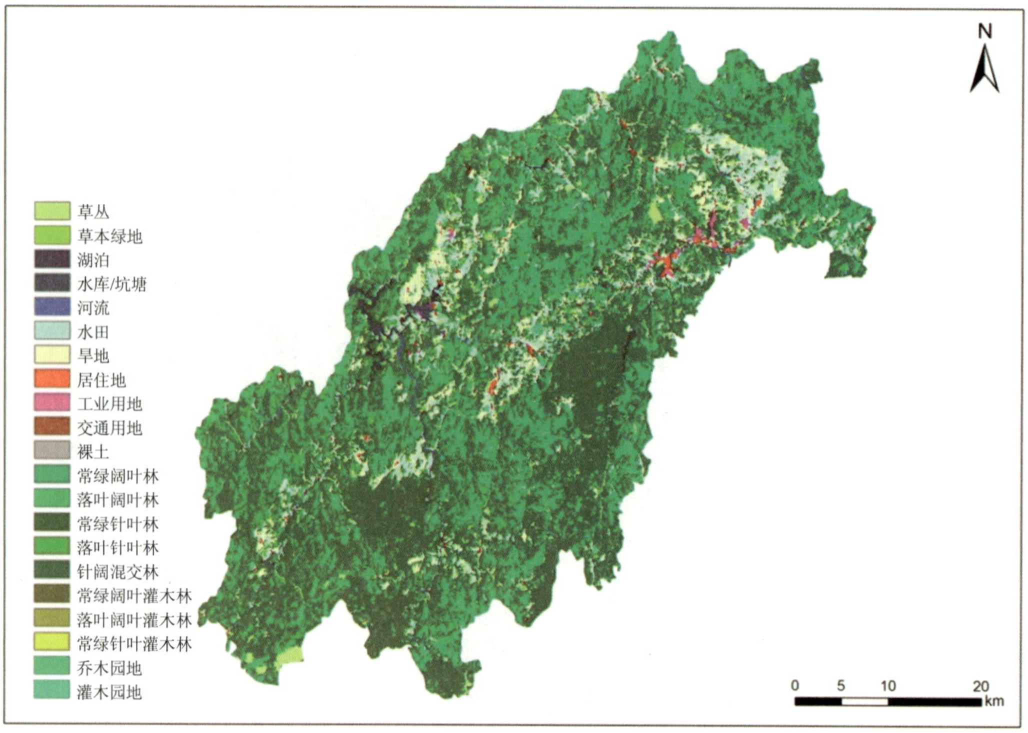

2010 年三级生态系统

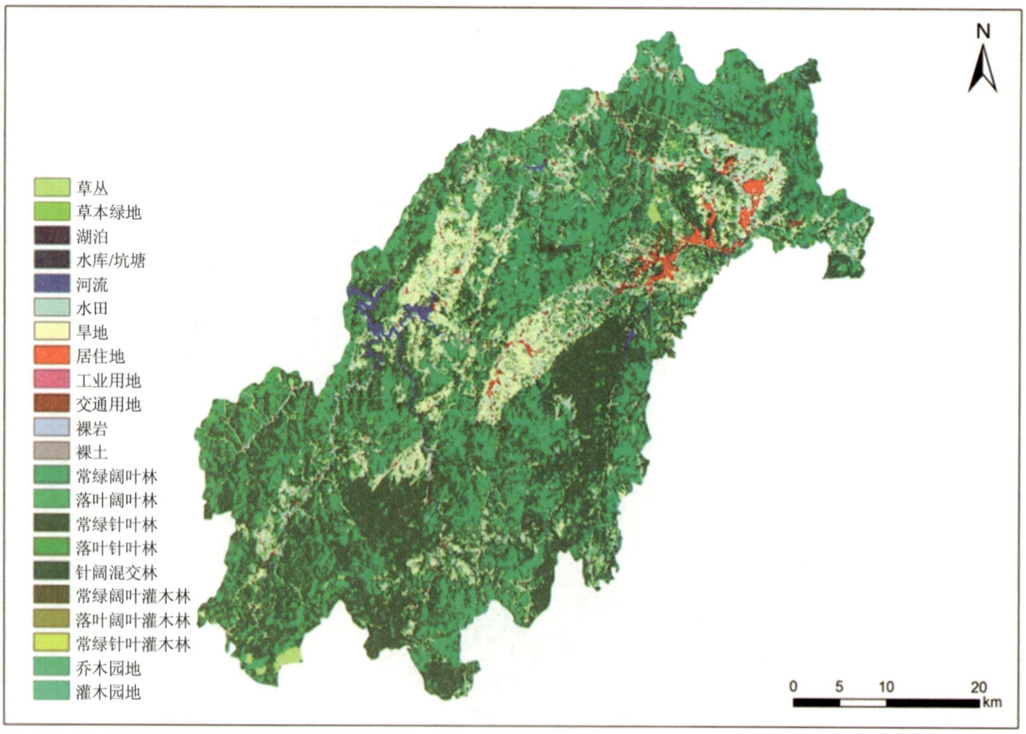

2019 年三级生态系统

附图 2　遂昌县陆生维管植物

伯乐树

短萼黄连

榧树

花榈木

闽楠

明党参（叶）

南方红豆杉

长柄石杉

蛛网萼

附图 3　遂昌县哺乳动物

食蟹獴

黑麂

果子狸

猕猴

倭花鼠

喜马拉雅水麝鼩

豹猫

中国豪猪

中华姬鼠

中华鬣羚

小麂

野猪

附图 4 遂昌县鸟类

白颈长尾雉

斑头鸺鹠

凤头鹰

黑翅鸢

黑冠鹃隼

红隼

林雕

领角鸮

领鸺鹠

日本鹰鸮

蛇雕

鹰雕

棕头鸦雀

发冠卷尾

灰林䳭

附图 5 遂昌县两栖动物

崇安髭蟾

大绿臭蛙

中国大鲵

大树蛙

淡肩角蟾

棘胸蛙

天目臭蛙

中国雨蛙

棘胸蛙

附图 6　遂昌县爬行动物

北草蜥

翠青蛇

福建竹叶青蛇

滑鼠蛇

尖吻蝮

银环蛇

玉斑锦蛇

中国石龙子

中华鳖

附图 7 遂昌县陆生昆虫

稻眉眼蝶

二尾蛱蝶

灰绒麝凤蝶

宽尾凤蝶

离斑虎甲

宁波尾大蚕蛾

透顶单脉色蟌

酢浆灰蝶

棉蝗

附图 8 遂昌县淡水鱼类

齐氏副田中鳑

大鳞副泥鳅

刺鲃

花鳗鲡

建德小鳔鮈

马口鱼

雀斑吻虾虎鱼

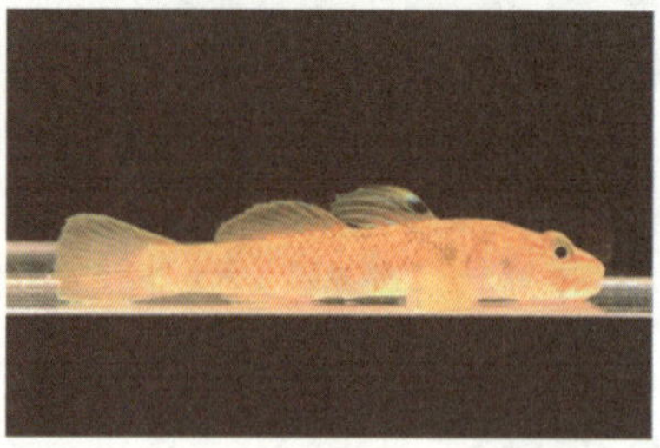
黑吻虾虎鱼

台湾白甲鱼

温州光唇鱼

细纹颌须鮈

圆吻鲴

长鳍马口鱼

浙江花鳅

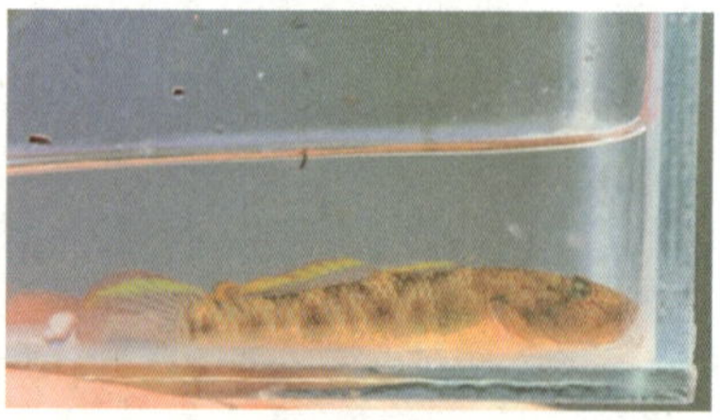
子陵吻虾虎鱼

附图 9 遂昌县大型真菌

残托鹅膏有环变型

蛾蛹虫草

粉褶鹅膏

干巴菌

黑斑厚瓤牛肝菌

黑柄炭角菌

黄小孢盘菌

江西线虫草

热带产丝齿菌

树舌灵芝

头状秃马勃

小鸡油菌

小蚁巢伞

亚小绒盖牛肝菌

中国胶角耳

后 记

本书的出版得到了生态环境部生物多样性保护重大工程、丽水市生物多样性本底调查（一期）、浙江省瓯江源头区域山水林田湖草沙一体化保护修复工程子项目——丽水市生物多样性保护项目的支持。

参与本书撰写的主要人员分工如下：全书组织、结构和内容审定由雷金松、陈灵敏和刘春龙完成，第一章由潘来根、雷根芽、邓晓玲、廖小青完成，第二章由崔鹏、刘春龙、吴翼完成，第三章由葛晓敏、吴翼完成，第四章由郑笑、骆争荣、周旭、陈水飞、丁晖完成，第五章由史杰、茅宏、赵圣军、张文文、雍凡、田静、刘煜坤、林植华、唐战胜、吴军、崔鹏完成，第六章由王晨彬、马方舟完成，第七章由朱滨清、王乐、齐鑫、吴军完成，第八章由胡亚萍、丁晖、颜俊清完成。

值此出版之际，感谢生态环境部自然生态保护司、浙江省生态环境厅对丽水市生物多样性保护工作给予的关心和指导。在本书编写过程中难免存在一些不足，有待今后深入研究并不断完善。